轴流式水轮发电机组设计与安全调控技术

鄢双红　黄洪东　熊为军　房开忠　郑涛平 等　著

科学出版社
北　京

内 容 简 介

本书针对轴流式水轮发电机组设计与安全调控技术进行详细研究，以数学模型计算、三维数值模拟、物理模型试验及现场试验相结合的方式，兼顾中低水头水电站布置结构特点，以及运行调度要求，提出河床式水电站尾水波动机理及降低尾水波动的技术措施，研发轴流转桨式双调节水轮发电机组水力过渡过程计算模型及方法，阐述轴流式水轮发电机组安全运行综合调控技术，为中低水头水电站水轮发电机组设计、泄水建筑物布置及电站安全调度运行提供参考。

本书可供水利水电领域研究人员、工程技术人员以及高等院校师生参考。

图书在版编目（CIP）数据

轴流式水轮发电机组设计与安全调控技术 / 鄢双红等著. -- 北京 : 科学出版社, 2024.8. -- ISBN 978-7-03-078910-5

Ⅰ. TM312；TV734.2

中国国家版本馆 CIP 数据核字第 20245HM124 号

责任编辑：闫　陶/责任校对：高　嵘
责任印制：彭　超/封面设计：无极书装

科 学 出 版 社 出版
北京东黄城根北街 16 号
邮政编码：100717
http://www.sciencep.com
武汉精一佳印刷有限公司印刷
科学出版社发行　各地新华书店经销
*
开本：787×1092　1/16
2024 年 8 月第　一　版　　印张：13 1/4
2024 年 8 月第一次印刷　　字数：314 000
定价：158.00 元
（如有印装质量问题，我社负责调换）

前 言

轴流式水轮发电机组主要运用于3～40 m中低水头水电站，径流式水电站泄洪建筑物及发电建筑物的位置通常比较靠近，会出现发电及泄洪同时进行的工况。在电站泄洪时，尾水出口受泄洪水流的影响，会造成尾水水位波动，影响机组出力稳定。现阶段，国内外对此还缺乏系统深入的研究，相关的理论、技术和应用的创新性和系统性需进一步提高。同时，轴流式水轮发电机组具有工作水头低、过流量大、甩负荷时引水渠中涌波较高等特点，其水力过渡过程更为复杂，如何选取最优机组特征参数，针对水电站机组在暂态过程中的特性变化规律进行准确预测，对电站的安全稳定运行至关重要。

本书依托的金沙水电站是金沙江中游十级水电枢纽规划的第九级，位于金沙江中游攀枝花西区河段，上距观音岩水电站28.9 km，距攀枝花市区11 km，下距银江水电站21.3 km，是长江上游经济带的重要组成部分，也是国家西部大开发30项重点工程之一。电站装设4台单机容量140 MW立轴轴流式水轮发电机组，主要供电攀枝花市，在电力系统中主要承担基荷和腰荷。机组转轮直径10.65 m，为投运工程世界第一。

本书作者团队依托多个国家重点工程，开展一系列科研攻关项目研究，历经十余年的持续创新，结合工程实践，提出轴流式水轮发电机组设计关键技术，研究总结河床式水电站尾水波动机理，并针对性地提出降低尾水波动的技术措施，研发轴流转桨式双调节水轮发电机组水力过渡过程计算模型及方法，并基于此凝练总结一整套考虑泄洪、发电等复杂工况下轴流式水轮发电机组安全调控关键技术的理论和方法。

全书分为6章，第1章由鄢双红、黄洪东、郑涛平、陈笙、曹云撰写，主要介绍径流式水电站运行稳定性研究现状及金沙水电站工程简介，并对本书主要研究内容进行介绍；第2章由黄洪东、熊为军、胡定辉、王立宝、王豪撰写，针对轴流式水轮发电机组选型从水力设计、结构设计及运行稳定性等方面提出优化设计方案；第3章由熊为军、安勇、曹云、夏传星、赵冉、朱元君撰写，通过数值模拟结合物理模型试验的方法，提出中低水头电站泄洪、发电条件下电站厂房尾水波动机理，并针对不同波动因素提出相应的降低尾水波动措施；第4章由郑涛平、王立宝、桂绍波、郑祥伟、彭志远、郭学洋、何峰撰写，包括机组负荷变化规律研究、轴流式转桨水轮机过渡过程通用计算理论方法和程序、轴向水推力预测模型研究以及过渡过程计算程序算例等；第 5 章由房开忠、陈笙、赵冉、邹海青、何昌炎撰写，包括调速系统设计方案及优化、导叶不同关闭规律计算及分析、下游尾水波动对机组影响分析等；第 6 章由桂绍波、陈笙、代开锋、刘政撰写，包含机组调试与试运行、启动验收和稳定性试验及运行现状，对安装、调试、运行出现的主要问题与处理方法进行总结。全书由桂绍波、陈笙统稿。

本书在编写过程中得到了刘景旺教授级高级工程师、田子勤教授级高级工程师、王建华教授级高级工程师、季定泉教授级高级工程师等的指导，在此表示衷心感谢。本书的出版得到了多位专家的大力支持，在此一并感谢！

限于作者水平和经验，本书中可能存在不当之处，敬请广大读者赐教指正。

作　者

2023 年 12 月 28 日于武汉

目 录

第1章 绪论

1.1 径流式水电站运行稳定性研究现状

水轮发电机组部分负荷压力脉动引起的机组颤抖、共振、强噪声等水力稳定性问题以及泄洪、航运等特殊动能参数约束条件下的水轮机稳定运行问题是大型水电站及水轮机制造业普遍关注的问题，也是困扰国内外水电行业的世界性难题。尤其对于低水头大流量的径流式水电站等水利枢纽工程，其水电站尾水洞出口与泄洪建筑物出口相邻布置，尾水波动幅度占电站水头比例较大，因此，由泄洪消能引起的水电站尾水洞出口水位波动对这类低水头水轮发电机组的设计和运行提出了新的挑战。

众所周知，效率、空化、稳定性是现代水轮机的三个重要指标。效率关系到对水能的利用程度，空化关系到机器的寿命，而稳定性关系到机组是否能安全正常运行。由泄洪引起的电站尾水位的大幅波动对机组而言属于强迫扰动，目前，我国在水利水电工程发展的不同阶段，对发电、泄洪、航运等多约束条件下厂房尾水波动对机组出力特性和稳定运行的影响做了一定的研究工作，其中具有代表性的相关研究工作如下：

（1）长江设计集团有限公司曾针对水布垭水电站直尾水洞方案的尾水洞出口处水位波动较大的问题，通过模拟计算、三维流体仿真计算、水工模型试验，深入研究了泄洪波浪对机组和电网稳定运行、机组出力和转速波动的影响，以及泄洪波浪引起的压力波动在尾水洞中的传递规律。其通过 1∶100 水工模型试验得出，尾水洞口门区泄洪水流表面波浪与底部压力波动幅值有较大差别，枢纽泄洪时尾水洞内的压力波动值小于尾水洞外尾水波动值，尾水波动引起的压力波动在沿尾水洞出口向尾水管进口方向传递时有衰减趋势。

（2）武汉大学曾利用水工模型试验的尾水波动测试结果作为边界条件，采用水电站过渡过程的分析方法进行数值仿真模拟试验，探讨了枢纽泄洪造成的水电站尾水波动对混流式机组稳定运行的影响。主要论证了尾水闸门井的消波作用，以及指出在研究过程中需考虑尾水波动的振幅和频率两方面的影响。但需要指出的是，该研究在进行调节保证计算时，假定尾水洞的压力波动与尾水渠的压力波动相当，即将尾水水面波动直接叠加到尾水洞出口的压力边界上。

（3）黄河勘测规划设计研究院有限公司通过新安江水电站水工模型试验与原型观测分别探讨了尾水波动对机组出力与稳定运行的影响。新安江水电站采用了厂房顶部溢流的泄洪模式，原型观测表明，溢流坝的挑流射入下游河床后激起了尾水巨大波浪，但泄洪期间机组的摆度和泄洪前基本无差异，且机组正常运行，出力稳定。又通过 1∶100 水工模型试验进行了对比，发现水工模型试验和原型观测结果相近，但波动频率有一定差别。

综上所述，目前我国仅从尾水波动对混流式机组的转速及电网调节品质的影响方面出发进行了初探，而关于高尾水位强迫扰动所诱发的机组振动问题、尾水波动频率与机组转频、尾水管涡带诱发压力脉动主频之间的关系及其潜在机理、对应的机组调节控制措施则鲜有研究，尤其是针对低水头的轴流式水轮发电机组的相关研究则更是少见。

针对水轮发电机组在满足水利枢纽泄洪、航运等多目标约束时运行工况复杂、机组运行不稳定等突出问题，本书以装设了 4 台低水头轴流转桨式水轮发电机组的金沙江金沙水电站为依托工程，通过“十三五”国家重点研发计划项目课题“水力发电系统耦联动力安全及智能运行技术”、长江设计集团有限公司自主创新课题“轴流式、贯流式水轮机水力过渡过程计算研究”、四川省能源投资集团有限责任公司科研课题“发电泄洪条件下大型轴流式水轮机水力过渡过程安全调控技术研究”以及“金沙水电站降低厂房尾水波动措施研究”等一些系列科研项目攻关，采用了理论研究、水力学物理模型试验、数值模拟（三维流场计算分析、一维水力过渡过程计算）、在线监测与现场实验相结合的技术路线，研究金沙水电站在发电、泄洪条件下下游尾水波动的规律及影响趋势，探讨降低尾水波动措施的必要性，并通过可行性及经济性等方面的比较，从研究的各工程措施中选择最适合金沙水电站工程实际的措施以指导机组安全稳定运行，确定在发电、泄洪等多约束条件下轴流转桨式水轮发电机组运行安全调控技术。

本书的研究成果可以提高轴流式水轮发电机组的安全运行可靠性，减小机组在外界扰动条件下事故停机的概率，延长机组使用寿命和电站检修周期。此外，研究成果可以推动水电行业科技进步，有效确保国家重点工程和电站的安全稳定运行，提高机组小波动的调节品质和水电站调频调峰能力，对维持电网稳定，保持水电清洁能源的可持续发展具有重要意义。

1.2 金沙水电站工程简介

金沙水电站位于金沙江干流中游末端的攀枝花河段上，该河段范围从观音岩水电站坝址至乌东德水电站库尾，天然河道长 57 km，落差 38 m，平均比降 0.69‰。

2009 年 5 月，《金沙江攀枝花河段水电规划报告》通过了水电水利规划设计总院组织的审查，该报告推荐该河段采用金沙（正常蓄水位 1 021 m）＋银江（正常蓄水位 998.5 m）两级开发方案。2010 年 6 月，国家发展和改革委员会下发了《国家发展改革委办公厅关于金沙江攀枝花河段水电规划报告的复函》（发改办能源〔2010〕1313 号），同意《金沙江攀枝花河段水电规划报告》及审查意见。

2010年6月，长江勘测规划设计研究有限责任公司编制完成《金沙江金沙水电站预可行性研究报告》，并于同年7月通过了水利部水电水利规划设计总院的审查。之后开展了可行性研究阶段的勘察设计工作，先后完成了《金沙江金沙水电站可行性研究阶段正常蓄水位选择专题报告》《金沙江金沙水电站施工总布置规划专题报告》《金沙江金沙水电站防震抗震研究设计专题报告》《金沙江金沙水电站工程环境影响报告书》《金沙江金沙水电站建设征地移民安置规划报告》等的编制和审批。

2015年9月，《金沙江金沙水电站可行性研究报告》通过审查。

2016年8月，国家发展和改革委员会以《国家发展改革委关于金沙江金沙水电站项目核准的批复》（发改能源〔2016〕1738号）核准建设金沙水电站。工程于2016年12月下旬实现大江截流，2019年11月实现三期截流，2020年10月下闸蓄水，同年11月首台机组发电，2021年10月全部机组投产发电。

金沙水电站上距观音岩水电站坝址28.9 km，下距攀枝花中心城区（攀枝花水文站断面）11.0 km，控制流域面积25.89万km^2，多年平均流量1 870 m^3/s，年径流量590亿m^3。

金沙水电站水库正常蓄水位1 022 m，死水位1 020 m，校核洪水位1 025.3 m，相应静库容1.08亿m^3，调节库容1 120万m^3，库容系数0.019%，具有日调节性能。电站装机容量560 MW，多年平均发电量25.07亿kW·h。

金沙水电站为II等大（2）型工程，枢纽主体工程建筑物由混凝土重力坝、泄洪消能设施、引水发电系统、过鱼设施等组成。挡水、泄洪和电站等主要建筑物为2级建筑物，次要建筑物为3级建筑物，水工建筑物结构安全级别为II级。

坝顶高程1 027.0 m，最大坝高66.0 m，坝轴线总长394.5 m，工程枢纽布置格局为：右岸布置导流明渠，纵向围堰坝段以左布置3个泄洪表孔，以右布置2个泄洪表孔，河床及左岸布置河床式电站厂房，安装4台单机容量为140 MW的水轮发电机组，厂房尾水与泄洪表孔之间设厂闸导墙。金沙水电站的枢纽平面布置图，如图1.1.1所示。

1.3 本书的主要研究内容

1.3.1 大型轴流式水轮发电机组设计

金沙水电站为低水头河床式水电站，坝址位于金沙江干流中游末端的攀枝花江段，装设4台单机容量140 MW立轴轴流式水轮发电机组，电站主要供电攀枝花市，在电力系统中将主要承担基荷和腰荷，具有举足轻重的地位，因此对电站及机组运行的总体要求是：既要高效节能，更要安全可靠。同时，对于轴流式水轮发电机组而言，金沙水电站水轮发电机组单机容量140 MW、机组额定流量940.2 m^3/s，机组转轮直径10.65 m，上述参数在国内外类似工程中均首屈一指，因此，机组调节保证设计的合理性，将直接影响机组安全稳定运行、供电的可靠与品质，以及厂房结构的安全。

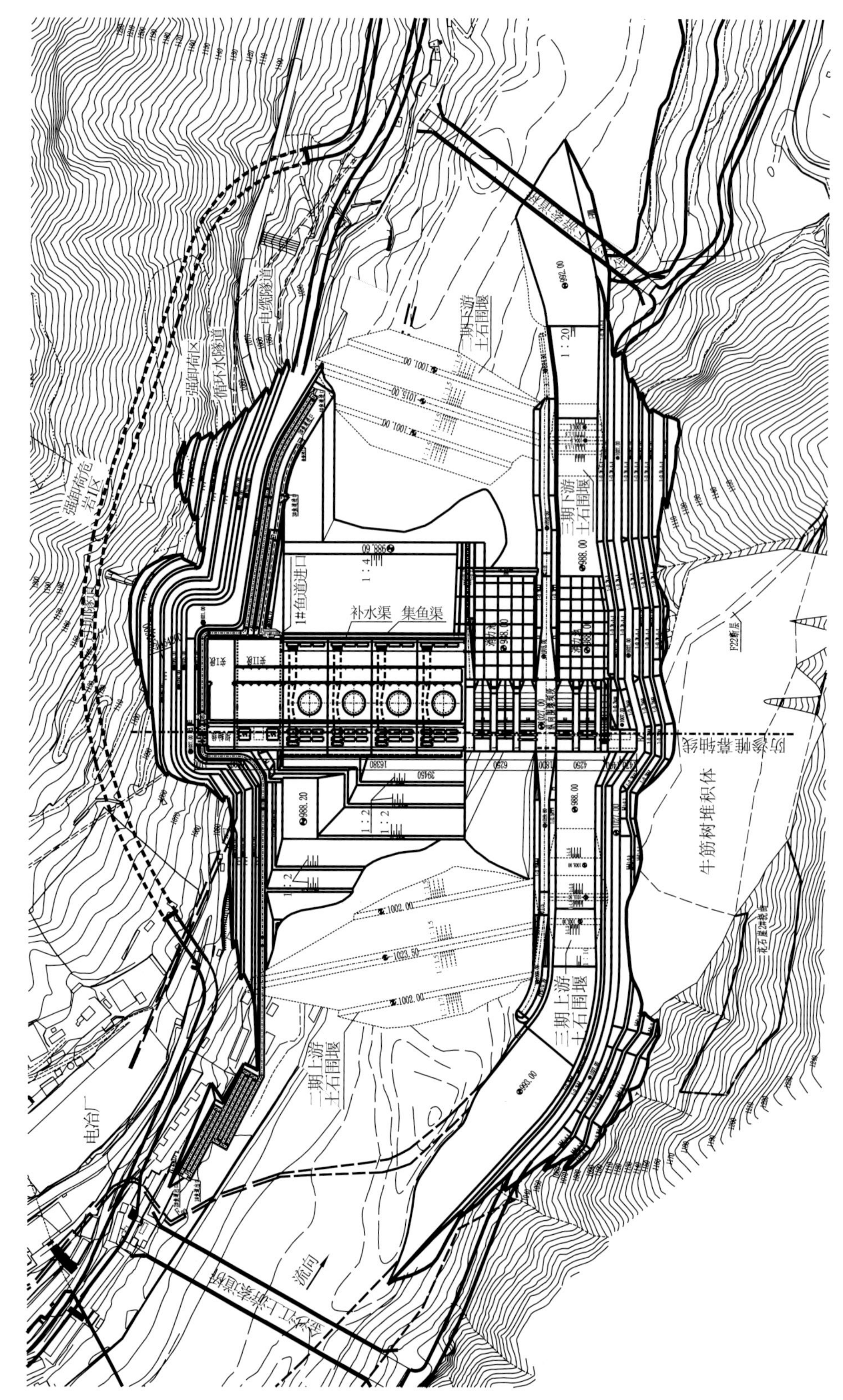

图 1.1.1 金沙水电站枢纽布置图

1.3.2 电站尾水波动研究

径流式水电站由于水电工程枢纽布置格局的限制，泄洪建筑物及发电建筑物的位置通常比较靠近，而且会出现电站发电的同时泄洪建筑物进行泄洪的工况。在电站泄洪时，尾水出口处难以避免会受到泄洪水流的影响，造成尾水处的水位波动。对高水头的水电站而言，厂房尾水波动的波高占发电水头的比例较小，此时尾水波动对发电机组影响有限，可以通过一定的系统调节将影响控制在电站和电网能接受的范围之内，对水电站发电效益的影响很小。而对具有“低水头、大流量”特点的河床式水电站，由于发电水头较低，厂房尾水波动值占发电水头的比例较高。发电水头的过大波动，将导致机组出力、接力器开度等参数的波动，可能影响机组运行的稳定性。同时，目前国内外对相关问题的专题研究较少，缺乏深入的认识。

金沙水电站属于低水头河床式水电站，发电水头变化范围为 8.0～26.8 m，单机引用流量 954.5 m^3/s，4 台机组满发流量 3 818 m^3/s，4 台水轮发电机组单机容量 140 MW。

（1）根据金沙水电站水位流量关系测算，在遭遇 30 年一遇洪水时，泄流流量为 12 100 m^3/s，上游水位为 1 022.00 m，下游水位为 1 014.00 m，此时为机组可发电的最大流量。由此可知，当金沙水电站来流量位于 3 818 m^3/s 与 12 100 m^3/s 之间时，将出现机组与泄洪表孔同时运行的工况。

（2）根据对金沙水电站多年平均净流量分析可知，8 月、9 月的月平均净流量均超过了 4 台机组的满发流量 3 818 m^3/s，这段时间内出现机组与泄洪表孔同时运行工况的可能性非常大。另外，在汛期（6～10 月）内也将有很大概率出现机组和泄洪表孔同时运行的工况。

由上述分析可知，金沙水电站出现机组和泄洪表孔同时运行工况的概率较大，在此工况下，泄洪表孔的下泄水流将会对下游河道内水位造成影响，进而造成厂房尾水的波动。

1.3.3 轴流式水轮发电机组调节保证计算

水电站水轮发电机组调节保证是一个涉及水、机、电和运行调度的系统工程。近 20 年来，随着水电建设的蓬勃发展，国内外建设了一大批大型水电站。对机组调节保证设计研究不够或采取的措施不合理，部分水电站出现了机组甩负荷事故，导致机组损坏，进而引起水淹厂房、调压井垮塌或单机降负荷运行等严重事故，造成了巨大的经济损失（刘平 等，2024；刘泽均，1995）。

水电站过渡过程的研究主要包括两个方面：一是研究水电站流道的非恒定流现象，二是研究机组的过渡过程特性。其中水电站机组在暂态过程中的特性变化规律的准确预测一直都是水电站工程设计的一个重点和难点。现阶段对于中高水头的混流式水轮机过渡过程的预测方法的研究已经取得了相对令人满意的研究成果，但目前大多数相关高校及设计院对于轴流式水轮机过渡过程数值预测的相关研究报道还较为少见，而且目前对这一类型电站的过渡过程计算也普遍通过简单的经验公式进行预测，电算方法较少，还没有达到类似于混流式水轮机过渡过程预测的准确、可靠的电算方法，因此对电站的安全稳定运行存在一定的安全隐患。

与混流式水轮发电机组相比，轴流式水轮发电机组除具有导叶与桨叶双重调节的特点外，还具有工作水头低、过流量大、甩负荷时引水渠中涌波较高等特点。金沙水电站属于低水头水电站，机组运行特点是只要厂房上下游水位差大于 8 m，均存在机组发电的可能性，因此有很大概率存在机组发电与泄洪表孔同时运行的情况。同时由于由泄洪引发的尾水波动占电站水头比重较高，泄洪引发的尾水强迫扰动势必将对机组的安全稳定运行产生较大影响。因此轴流式水轮发电机组水力过渡过程数值预测相比混流式水轮发电机组要更为复杂，研发工作具有一定的难度。

1.3.4 泄洪或发电条件下电站安全调控技术

针对金沙水电站枢纽布置以及电站泄洪对下游水位的影响规律，有必要对金沙水电站轴流式水轮发电机组在发电和泄洪等各种可能工况下的水力过渡过程进行数值模拟计算和分析，并根据计算结果和已有的设计理论、设计经验对输水系统进行优化，同时优选确定水轮发电机组及调速系统 PID（proportion integration differentiation）控制参数，并制定相应的调控策略，确保水轮发电机组的安全运行。

1.3.5 研究成果

基于上述考虑，长江勘测规划设计研究有限责任公司经过多个重大科研课题的研究和积累，历经近十年的持续创新，结合工程实践，提出了大型轴流式水轮发电机组设计关键技术、泄洪发电组合条件下大型河床式水电站尾水波动机理及降低尾水波动的技术措施、轴流转桨式节水轮发电机组水力过渡过程计算模型及方法、复杂条件下轴流转桨式水轮发电机组安全运行综合调控技术等 4 个方面的创新成果，凝练总结了一整套考虑泄洪发电等复杂条件下轴流式水轮发电机组安全调控关键技术的理论和方法。

1）轴流式水轮发电机组优化设计

在水轮机设计时，采用了超常规加大导叶开口的设计方案（额定水头以下导叶开度裕度不小于 5%），大大提高了水轮机在低水头大流量时的发电能力，为电站创造了可观的经济效益。

同时，有效解决了大水头变幅机组运行稳定性问题。金沙水电站水头变幅较大，为了全面考验水轮机在 8.0～26.8 m 水头范围内运行的稳定性和强度，对水轮机模型验收给予了足够的重视，开展了水轮机模型初步验收及国际中立试验平台验收，同时对水轮机全流道流场开展了数值仿真计算研究，对水轮发电机组关键结构部件开展了三维有限元数值计算研究。真机运行结果表明，水轮机在全水头范围内水力和结构稳定性良好。

2）电站尾水波动机理研究

采用水力学物理模型试验和计算流体力学数值模拟两种方法进行对比分析，研究金沙水电站尾水波动的规律及影响，最终提出以下工程措施。

（1）采用水工模型试验方法，对试验工况中电站尾水波动特性开展研究。

（2）采用数值仿真方法，复核各计算工况下的泄流能力、流速分布、压强分布等相关水力学参数，并与模型试验结果对比验证。

（3）在数值模拟计算中，采用合适的时间步长和网格捕捉水面波动，并研究电站尾水波动特性。

（4）综合物理模型试验和数值模拟计算成果，深入分析泄洪波浪和尾水波动的相关性，以及水面波动的传播规律，研究降低厂房尾水波动的必要性及相关措施。

3）轴流式水轮发电机组水力过渡过程研究

（1）基于国内外长期研究并相对成熟的特征线方法，分析建立管内流体在暂态过程中流动的微分方程数学模型及各类复杂的边界条件方程（包括水轮机、管路、下游尾水明渠等元件），研究控制式的数值求解算法，以及水电站输水管路系统和水轮发电机组特性参数及不同桨叶角度特性曲线和综合特性曲线等基本资料的处理方法。

（2）研究在双调节模式下，调速器方程的求解思路及其对机组在暂态过程中特征参数的影响。

（3）计算水轮发电机组在事故停机情况下的水头包络线、压力包络线，以及机组转速、蜗壳进口压力、尾水管真空度、抬机力等参数的变化规律；提出水轮机活动导叶和桨叶的最佳关闭规律。

4）泄洪发电条件下轴流式水轮发电机组安全调控关键技术研究

（1）根据课题“金沙江金沙水电站降低厂房尾水波动措施研究专题”中电站泄洪时对尾水波动影响的研究成果，计算分析电站泄洪对机组稳定性的影响及相应技术措施。

（2）根据水轮机初步流道及安装高程设计，结合电站实际进行优化，并针对水轮机及调速器特性提出控制要求。

（3）结合电站特点，优化水轮机过流通道及安装高程的设计。

第2章 轴流式水轮发电机组设计关键技术

2.1 轴流式水轮发电机组选型设计

水力机械内部的水流运动是非常复杂的三维黏性流动。近年来，随着计算机技术的迅速发展及湍流流动研究的不断深入，求解水力机械内部的三维性流动已成为可能。作为技术进步的一个重要标志，国际上一些大的制造厂商开始采用计算流体力学（computational fluid dynamics，CFD）辅助设计的方法进行水力机械的优化设计，用 CFD 求解水轮机流道内部流场分布一般称为正问题数值计算。其中，快速、准确的转轮叶片设计则是优化设计的一个主要部分，也是使用 CFD 技术寻优的前提，设计转轮型号通常称为反问题设计计算方法。转轮叶片设计程序本身也可以作为一个独立的设计系统，利用计算机快速、准确的特性，可以对各种不同的设计参数及经验参数进行反复的比较，及时对设计中的不足进行修正，以获取满意的结果（陈宏川 等，2011；程礼彬，2011；鲍海艳 等，2007）。

对于轴流式叶轮，通常在叶片水力计算时做下列假定：①水是无黏的和不可压缩的单相匀质液体；②转轮中液流的相对运动定常；③转轮区域中，绝对运动的径向分量 $C_r = 0$。

根据上述假定，转轮内部复杂的三维流动可简化成圆柱面上无黏、不可压、相对运动定常的二维流动。若将每个圆柱流面展开成平面，可得一无限平面直列叶栅，只要研究绕流叶栅中一个翼型的流动就可以代表整个叶栅的流动。于是研究轴流式转轮内部的流动，就简化成研究若干个平面直列叶栅中绕流翼型的流动，如图 2.1.1 所示。图中β表示相对速度 $\boldsymbol{W}$ 与圆周速度 $\boldsymbol{U}$ 之间的夹角，带下标“1”的是进口速度三角形，带下标“2”的是出口速度三角形。

2.1.1 轴流式水轮机水力设计方法

1. 设计参数及设计要求

在水轮机转轮水力设计时，下列参数是已知的。

（1）水头 H：最大水头 H_{max}、额定水头 H_r 和最小水头 H_{min}。

（2）出力 N。

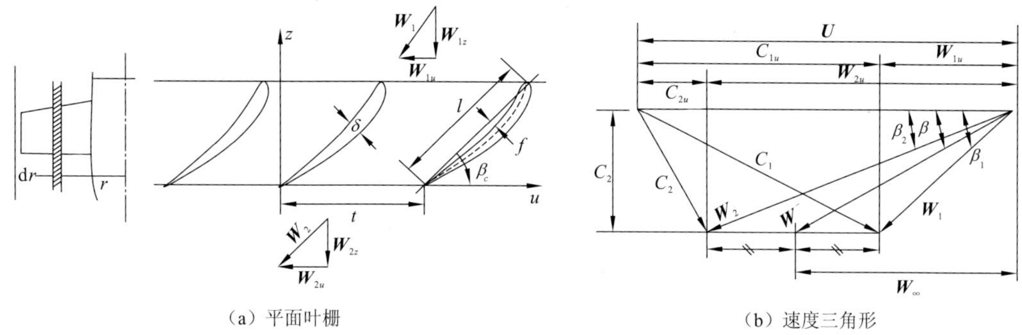

（a）平面叶栅　　　　（b）速度三角形

图 2.1.1　轴流转桨式水轮机转轮平面叶栅及速度三角形

$\boldsymbol{W}_1$ 为叶栅前相对速度；$\boldsymbol{W}_{1z}$ 为轴向速度分量；$\boldsymbol{W}_{1u}$ 为圆周速度分量；δ为翼型厚度；l 为翼型弦长；β_c 为翼型安放角；dr 为厚度；r 为半径；t 为叶栅栅距；f 为翼型中线弯度；$\boldsymbol{W}_2$ 为叶栅后相对速度；$\boldsymbol{W}_{2z}$ 为轴向速度分量；$\boldsymbol{W}_{2u}$ 为圆周速度分量；C_2 为速度轴向分量；$\boldsymbol{W}$ 为几何平均相对速度；C_1 为绝对速度；C_{1u} 为绝对速度圆周分量；$\boldsymbol{W}_\infty$为几何平均相对速度圆周分速度

（3）允许吸出高度 H_s。

（4）水质条件。

（5）用户提出的性能要求：η，σ，运行稳定性等。

（6）绕流速度 W。

2. 水力设计方法

水轮机水力设计主要是确定过流部件的计算参数及其主要几何参数，选取用于设计过流部件的流动模型，确定过流部件水力设计方法，绘制过流部件几何形线图，最后进行必要的校核计算。轴流式转轮水力设计主要有升力法、奇点分布法、保角变换法和统计法等四种方法。

1）升力法

升力法是最早用于设计轴流式水力机械转轮叶片的一种方法。其基本思路是利用单个翼型的空气动力特性，同时考虑叶片组成叶栅后翼型间的相互影响，并对计算结果进行修正，从而得到平面直列叶栅的动力特性，再根据综合反映叶栅动力特性、几何参数和环量之间关系的升力方程，按环量要求确定合适的叶栅参数。升力法是一种半理论、半经验性的设计方法。其关键是掌握叶栅的动力特性。在积累了丰富的实践经验的前提下，这种方法能够方便而准确地设计出性能优秀的转轮。该方法的优点是计算工作量小，缺点是无法求出叶型表面的速度和压力，所以很难事先预估有关力特性和汽蚀特性。

2）奇点分布法

奇点分布法是被广泛应用的解决绕流问题的方法。这种方法通过采用一系列分布在翼型骨线上的奇点（分布涡、源、汇）代替翼型，使奇点对水流的作用相当于翼型对水流的作用。将叶栅的绕流计算转化为基本势流诱导的速度场的叠加，从而设计出叶片。奇点分布法能有目的地控制翼型表面各点的速度和压力分布，从而设计出空化性能较好的转轮，它对实验资料的依赖性也较低；主要缺点是计算工作量大。但是随着计算技术的发展，这种方法应用逐渐广泛。

（1）环量密度的确定。

对于微弯薄翼问题，如图 2.1.2 所示，中点为坐标原点，则 A、B 点的曲线坐标分别为 $s=-l/2$、$s=+l/2$。引入相对坐标 $\xi=2s/l$，则翼型骨线上环量密度的形式通常为

$$\sigma(\xi)=A_0\sqrt{\frac{1+\xi}{1-\xi}}+A_1\sqrt{1-\xi^2}+\cdots \tag{2.1}$$

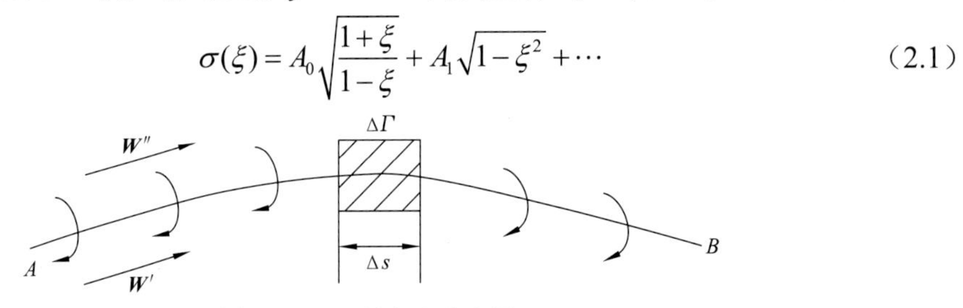

图 2.1.2　环量密度分布图

ΔΓ 为绕流翼型环量变化值，W 为绕流速度，Δs 为坐标差值

令 $\xi=\cos\theta$，则可得到傅里叶级数形式的 $\sigma(\theta)$：

$$\sigma(\theta)=A_0\cot\frac{\theta}{2}+\sum_{k=1}^{\infty}A_k\sin(k\theta) \tag{2.2}$$

式中：A_0、A_k 为常数；θ为平面角。积分式（2.2）可得到绕流翼型环量 $\varGamma$ 的表达式为

$$\varGamma=\frac{\pi l}{2}\left(A_0+\frac{A_1}{2}\right) \tag{2.3}$$

由此可见，绕流翼型的环量仅与 $\sigma(\theta)$ 中前两项的系数 A_0 和 A_1 有关。因此在以往的薄翼叶栅的设计中，通常 $\sigma(\theta)$ 只取前两项，即令 $A_k=0$，$k\geqslant 2$。然而，这些项虽然不影响环量的大小，但对于骨线的形状以及骨线上速度和压力的分布有一定的影响。因此，在反问题设计计算中，可取 $k\geqslant 2$。其具体做法是在骨线的迭代计算中，A_0、A_1 由环量条件确定，$A_k\,(k\geqslant 2)$ 由下列骨线为流线的绕流条件确定：

$$A_k=-\frac{4W_\infty}{\pi}\int_0^{\pi}\frac{\mathrm{d}y}{\mathrm{d}x}\cos(k\theta)\mathrm{d}\theta \tag{2.4}$$

由此可得到所期望的环量密度分布函数。

（2）诱导速度的计算。

在薄翼直列叶栅上，平面上任何一点的绕流速度 $\boldsymbol{W}$ 按叠加原理表示为

$$\boldsymbol{W}=\boldsymbol{W}_\infty+\boldsymbol{V} \tag{2.5}$$

式中：$\boldsymbol{W}_\infty$ 为平面平行来流速度；$\boldsymbol{V}$ 为翼型上分布涡的诱导速度，$\boldsymbol{V}=\boldsymbol{V}_1+\boldsymbol{V}_2$，$\boldsymbol{V}_1$ 为基本翼型上分布涡的诱导速度，$\boldsymbol{V}_2$ 为其他翼型上分布涡的诱导速度。

在图 2.1.3 所示直角坐标 (u,z) 中，总的诱导速度 $\boldsymbol{V}$ 的周向分量 V_u 和垂直方向的分量 V_z 的表达式为

$$\begin{aligned}V_u&=\int_{-l/2}^{l/2}\frac{\sigma(S)\mathrm{d}s}{2t}\frac{\sinh\frac{2\pi}{t}(z_0-z)}{\cosh\frac{2\pi}{t}(z_0-z)-\cos\frac{2\pi}{t}(u_0-u)}\\V_z&=-\int_{-l/2}^{l/2}\frac{\sigma(S)\mathrm{d}s}{2t}\frac{\sin\frac{2\pi}{t}(u_0-u)}{\cosh\frac{2\pi}{t}(z_0-z)-\cos\frac{2\pi}{t}(u_0-u)}\end{aligned} \tag{2.6}$$

式中：t 为叶栅栅距；V_u 为总诱导速度周向分量；V_z 为总诱导速度垂直方向分量。

对于基本翼型上分布涡诱导速度的计算，如图 2.1.3 所示，考虑到微弯，S 和 S_0 之间的距离可近似地表示为 $|\overline{SS_0}|=S_0-S$，因此，由 S 点微元涡 $\sigma(S)\mathrm{d}s$ 对 S_0 点诱导速度的法向分量可近似为

$$\mathrm{d}V_{1n}=\frac{\sigma(S)\mathrm{d}s}{2\pi(S_0-S)}$$

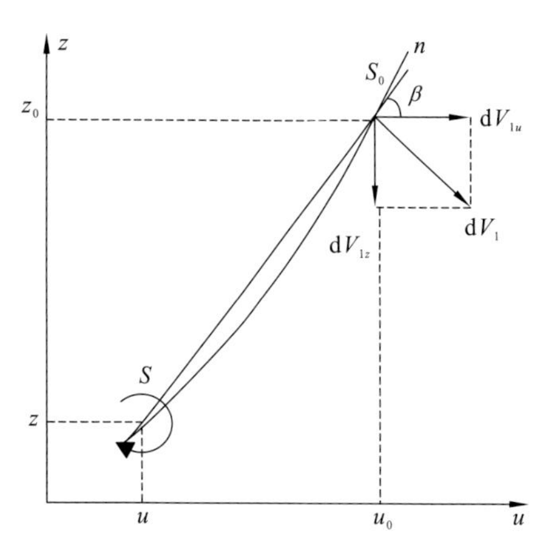

图 2.1.3　微弯薄翼绕流

所以，

$$V_{1n}=\frac{1}{2}[-A_0+\xi_0 A_1+(2\xi_0^2-1)A_2+\cdots] \quad (2.7)$$

$$\begin{cases} V_{1u}=V_{1n}\sin\beta \\ V_{1z}=-V_{1n}\cos\beta \end{cases} \quad (2.8)$$

基于式（2.7）、式（2.8），其他翼型上分布涡对 S_0 点的诱导速度可表示为

$$\begin{cases} V_{2u}=V_u-V_{1u}=\dfrac{1}{t}\displaystyle\int_{-\frac{l}{2}}^{\frac{l}{2}}a(S_0,S)\sigma(S)\mathrm{d}s \\ V_{2z}=V_z-V_{1z}=\dfrac{1}{t}\displaystyle\int_{-\frac{l}{2}}^{\frac{l}{2}}b(S_0,S)\sigma(S)\mathrm{d}s \end{cases} \quad (2.9)$$

式中：

$$a(S_0,S)=\frac{1}{2}\frac{\sinh\frac{2\pi}{t}(z_0-z)}{\cosh\frac{2\pi}{t}(z_0-z)-\cos\frac{2\pi}{t}(u_0-u)}-\frac{t}{2\pi}\frac{z_0-z}{(u_0-u)^2+(z_0-z)^2}$$

$$b(S_0,S)=-\frac{1}{2}\frac{\sin\frac{2\pi}{t}(u_0-u)}{\cosh\frac{2\pi}{t}(z_0-z)-\cos\frac{2\pi}{t}(u_0-u)}+\frac{t}{2\pi}\frac{u_0-u}{(u_0-u)^2+(z_0-z)^2}$$

V_{2u} 和 V_{2z} 通常用莱布尼茨数值积分公式计算。为提高计算精度，采用高斯–切比雪夫求积公式：

$$\int_{-1}^{1}\frac{f(x)}{\sqrt{1-x^2}}\mathrm{d}x=\frac{\pi}{n}\sum_{k=1}^{n}f(x_k) \quad (2.10)$$

式中：$x_k=\cos\dfrac{(2k-1)\pi}{2n}$，$k=1,2,\cdots,n$。

计算出上述各速度分量后，绕流速度 W 可表示为

$$\begin{cases} W_u=W_{\infty u}+V_{1u}+V_{2u} \\ W_z=W_{\infty z}+V_{1z}+V_{2z} \end{cases} \quad (2.11)$$

3）保角变换法

保角变换法是将平面直列叶栅的绕流保角变换为一已知绕流图像来分析研究的方法（如儒可夫斯基变换），其理论性较强，对于复杂边界要确定保角变换函数仍然很困难，使得该法的应用事实上受到很大的限制，目前在水轮机转轮设计上很少采用该法。但它仍是很有价值的一种方法，把它作为其他方法的理论基础来看，就更显得重要。

4）统计法

统计法是将现有转轮的性能、过流通道形状尺寸及叶栅几何参数进行综合统计、并作充分的分析研究，掌握转轮的叶栅几何参数对转轮性能影响的规律，根据这些规律进行设计或对现有转轮进行改型，以得到符合预设参数的新转轮。

综合对比上述四种轴流式水轮机转轮水力设计方法，可以看出：升力法、统计法计算简便且已积累相当丰富的经验；奇点分布法可解任意翼型组成的叶栅绕流，计算时能考虑汽蚀性能的要求，有广泛的发展前途。所以，在轴流式水力机械转轮设计中，常以升力法、奇点分布法和统计法为主。

3. 水力设计步骤

水轮机水力设计步骤如下。

（1）确定设计参数。

（2）选定合理的流道形状尺寸及转轮的主要参数。

（3）进行流型设计，确定转轮进、出口速度三角形。

（4）选定叶栅参数，设计叶栅翼型。

（5）进行汽蚀校核及效率计算（估算）。

（6）绘制叶片木模图，并进行光滑性检查。

2.1.2　大容量轴流式水轮机流场计算及分布规律

1. 水轮机几何造型

水轮机各过流部件几何结构复杂，相互间还存在配合问题，为了在造型过程中精确模拟真实水轮机的流道形状，采用 Unigraphics NX 7.5 软件对水轮机全流道进行几何造型，整个计算区域包括蜗壳、导叶、转轮、尾水管。整体计算域几何模型及各过流部件几何模型如图 2.1.4、图 2.1.5 所示。

2. 水轮机各部件网格划分

为了准确地模拟水轮机各过流部件内部流动，并且尽量减少数值计算误差，所以采用高精度六面体网格对各过流部件进行网格划分。各过流部件网格如图 2.1.6 所示。

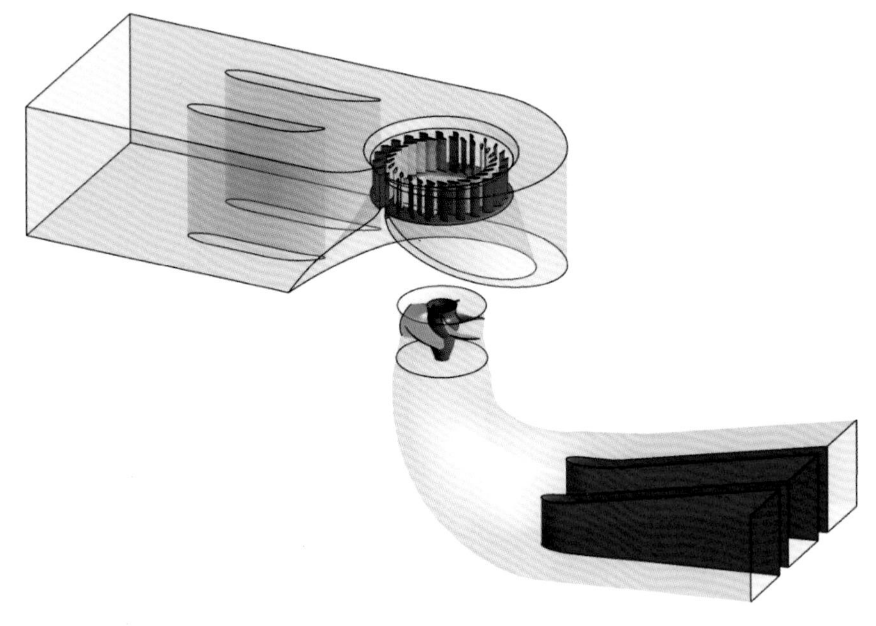

图 2.1.4　整体计算域几何模型

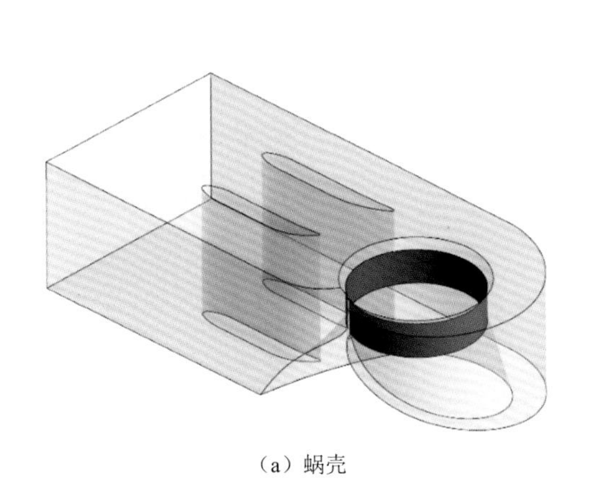

（a）蜗壳

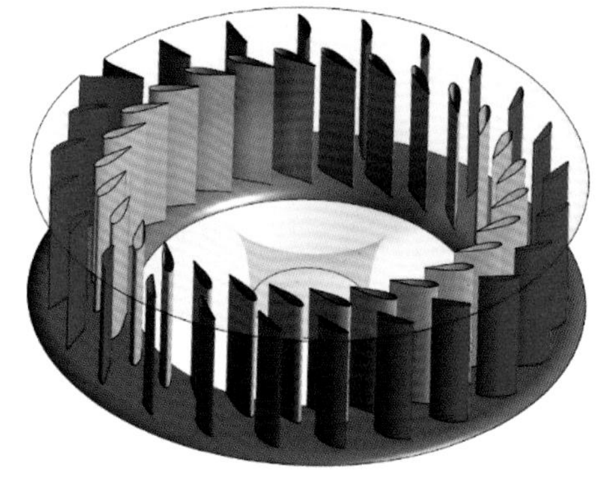

（b）导叶（红色为固定导叶，紫色为活动导叶）

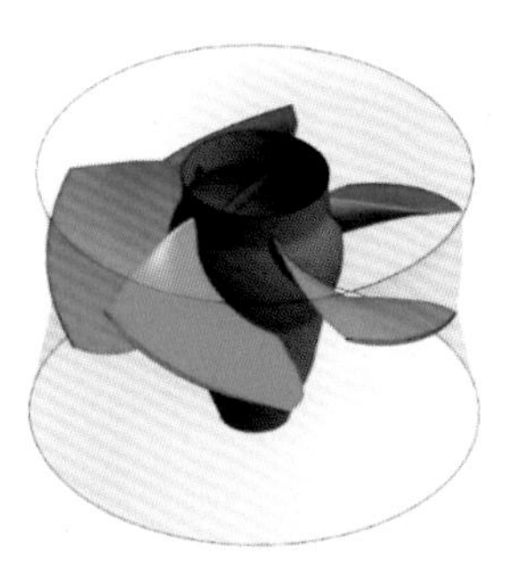

（c）转轮

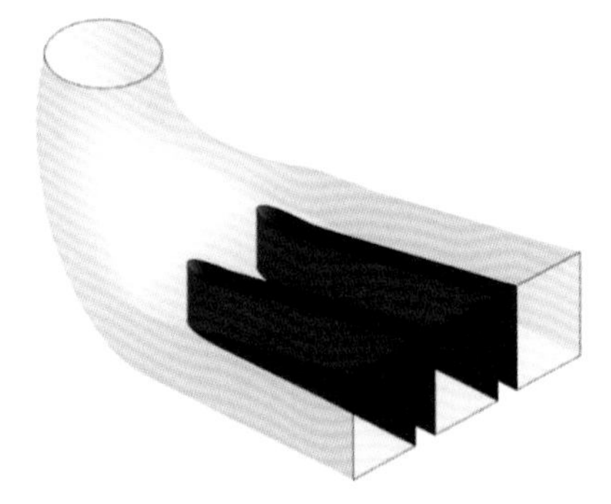

（d）尾水管

图 2.1.5　各过流部件几何模型

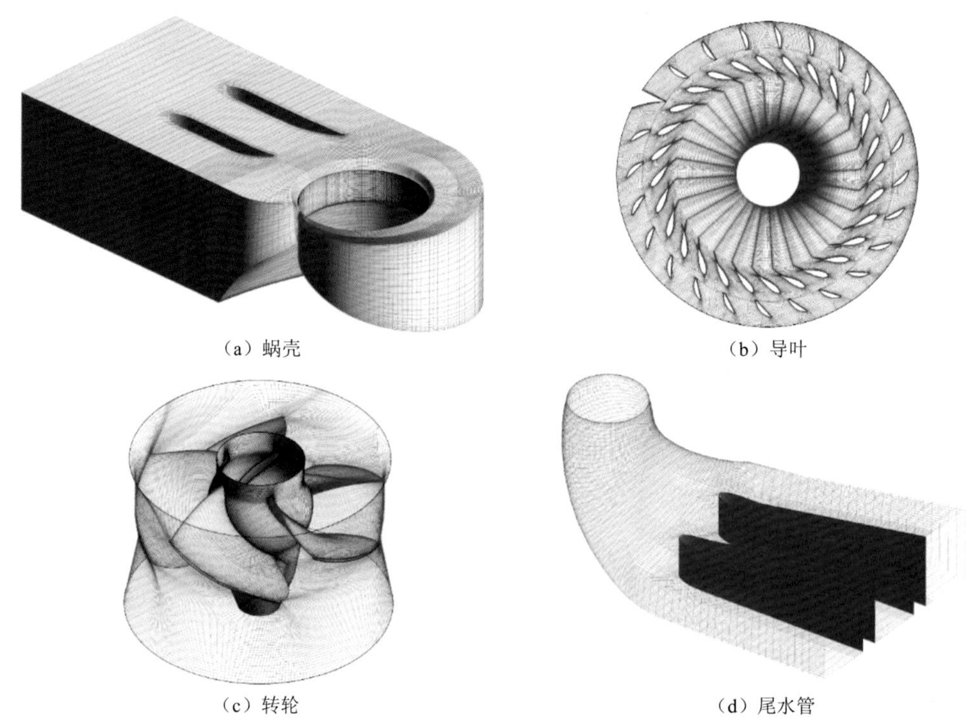

（a）蜗壳　（b）导叶

（c）转轮　（d）尾水管

图 2.1.6　各过流部件网格

采用 ANSYS CFX 对水轮机各过流部件的内部流动进行数值模拟，进口边界为蜗壳进口断面，指定总压为边界条件，出口边界为尾水管出口断面，指定流量为边界条件。紊流模型采用能预测和模拟分离涡的 k-ω SST 模型，以最大残差小于 0.000 1 作为计算收敛的唯一标准。通过 CFD 计算边界条件，见表 2.1.1。

表 2.1.1　计算边界条件

CFD求解器	ANSYS CFX
进口	①总压 ②5%湍流度
出口	流量
固壁边界	光滑，无滑移
空间离散方法	二阶精度
紊流模型	剪应力传输（shear stress transport，SST）模型
计算收敛准则	最大残差低于 10^{-4}

3. 水轮机各部件最优工况流动分析

1）蜗壳

从图 2.1.7 中可以看出，蜗壳内部流动顺畅，沿周向出流均匀，这将会为固定导叶进口提供周向均匀的来流。

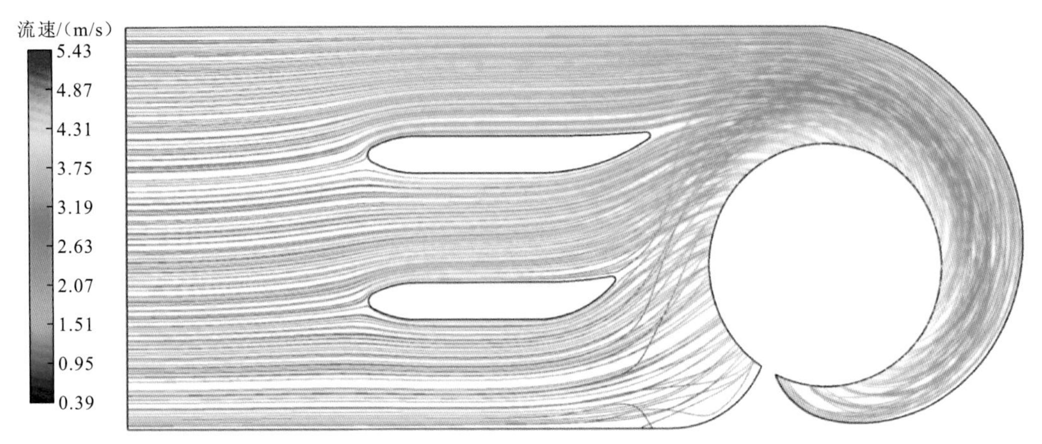

图 2.1.7　蜗壳区域流线图

2）固定导叶和活动导叶

从图 2.1.8 和图 2.1.9 中可以看出，固定导叶和活动导叶通道内均无脱流，固定导叶头部无撞击，固定导叶出流较为均匀，给活动导叶进口提供了均匀的来流，并且从图中可以看出，固定导叶出口角和活动导叶进口角配合很好。活动导叶进口实现无撞击入流，内部压降均匀，出流周向分布均匀，给转轮提供了周向均布的来流条件。

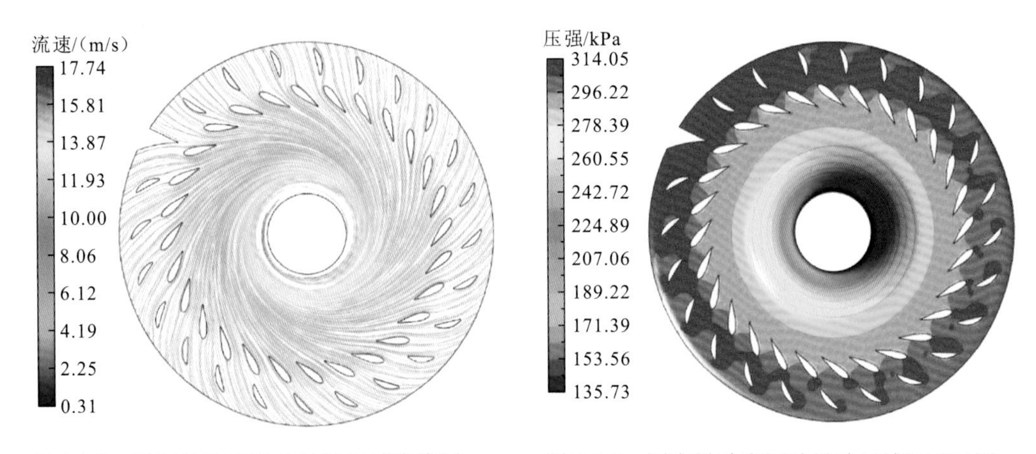

图 2.1.8　固定导叶和活动导叶区域流线图　　图 2.1.9　固定导叶和活动导叶区域压强云图

3）转轮区域

从图 2.1.10 可以看出，叶片表面压强分布均匀，转轮叶片压力面上的压强从叶片的进口边到出口边逐渐降低，等压线与进口边基本平行，叶片背面压强分布也较均匀，说明叶片表面负荷从进口到出口均匀分布。从图 2.1.11 可以看出，转轮内部流动没有旋涡，流动顺畅，叶片头部没有脱流，基本实现无撞击进口，这也为水轮机的稳定运行提供了保证。

从图 2.1.12 至图 2.1.14 中可以看出，叶片头部入流情况良好，从轮毂到轮缘均能实现无撞击入流，减小了叶片头部撞击造成的损失，提高了效率。叶片尾部进行了特殊的修圆处理，这样可以降低尾部分离层厚度，能有效提高叶片卡门涡街的频率，增强机组稳定性。

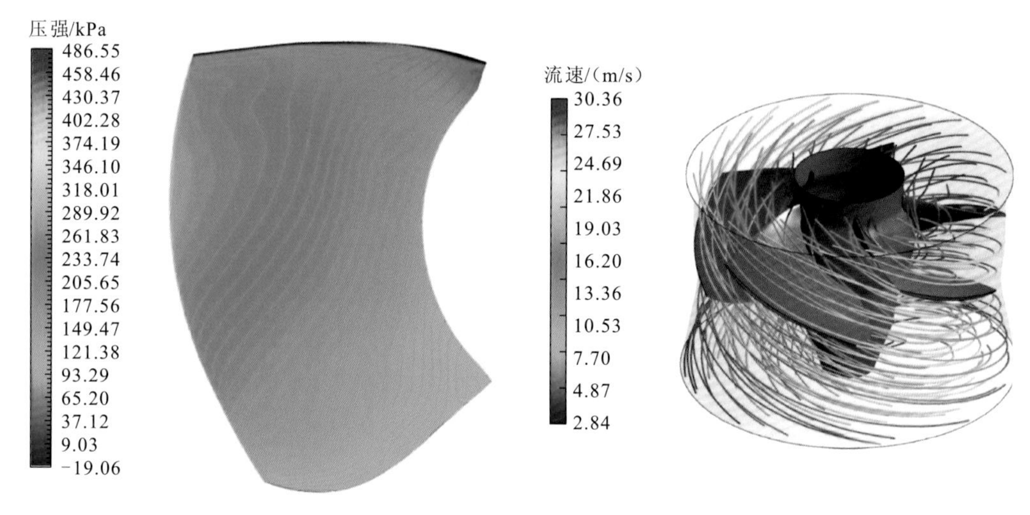

图 2.1.10　转轮叶片压强分布云图

图 2.1.11　转轮内部流线图

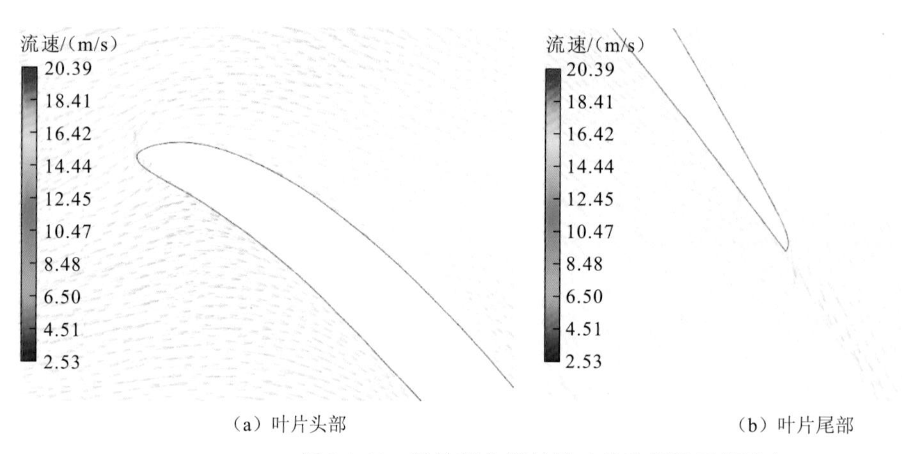

(a) 叶片头部　　(b) 叶片尾部

图 2.1.12　近轮毂位置转轮叶片头部及尾部流态

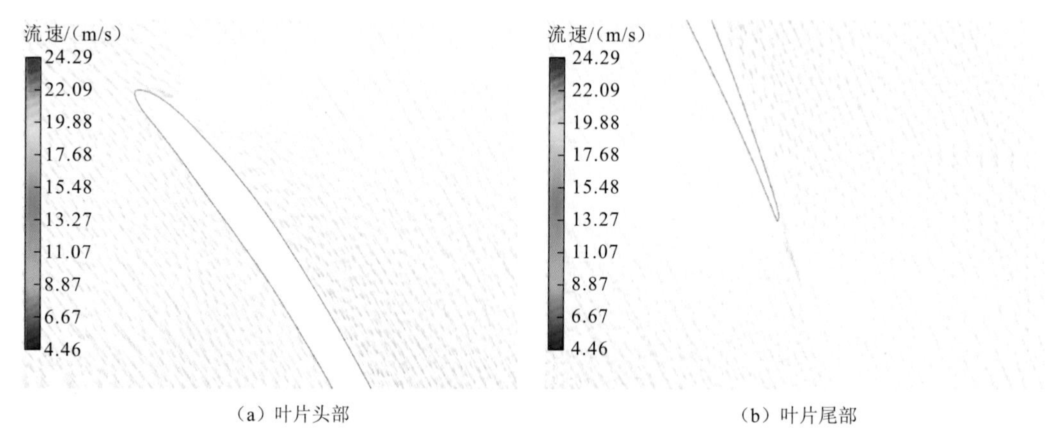

(a) 叶片头部　　(b) 叶片尾部

图 2.1.13　中间位置转轮叶片头部及尾部流态

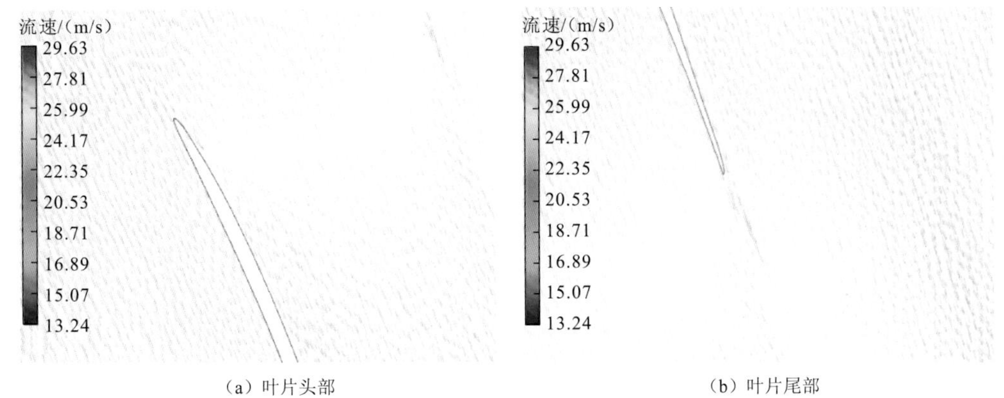

（a）叶片头部　　（b）叶片尾部

图 2.1.14　近轮缘位置转轮叶片头部及尾部流态

4）尾水管区域

从图 2.1.15 至图 2.1.17 可以看出，尾水管出口段流速分布均匀，内部水流从尾水管进口到出口压强逐渐升高，回收转轮出口水流动能效用明显，说明转轮与尾水管匹配较好。从图 2.1.15 尾水管内部流线图中可以看出，尾水管内部流态良好，流线光顺。

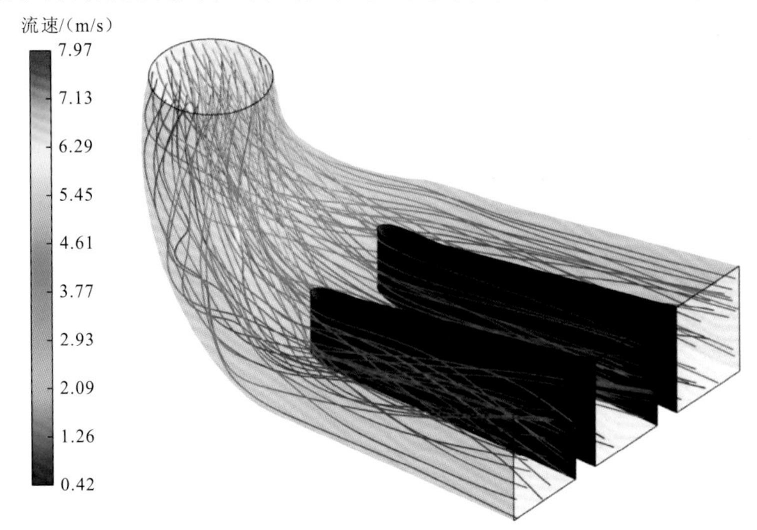

图 2.1.15　尾水管内部流线图

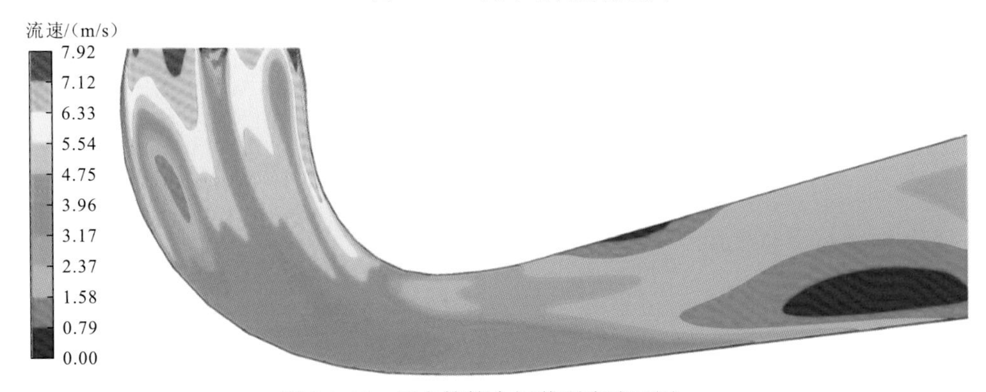

图 2.1.16　尾水管管中间截面流速云图

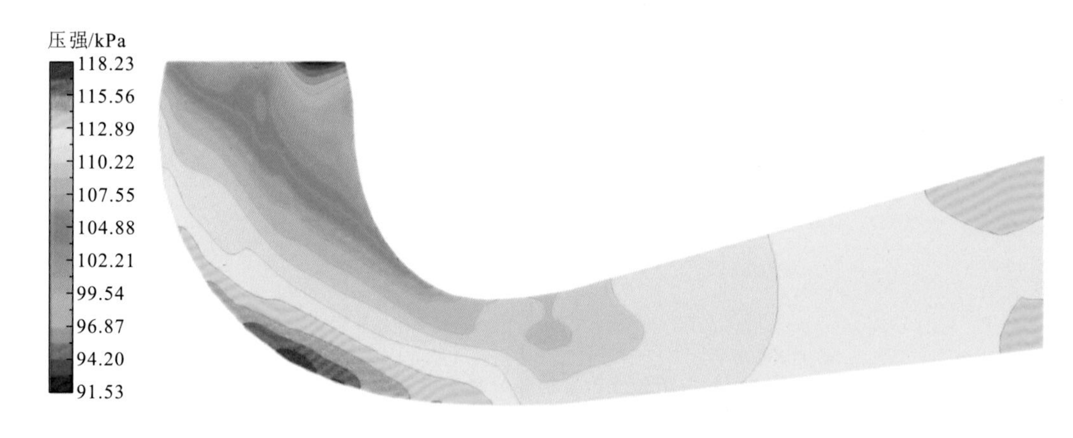

图 2.1.17　尾水管管中间剖面压强云图

4. 水轮机各部件额定工况流动分析

1）蜗壳

从图 2.1.18 中可以看出，蜗壳内部流动顺畅，沿周向出流均匀，这将会为固定导叶进口提供周向均匀的来流，同时由于流量的增加，蜗壳内部流速提高，蜗壳内部的水力摩阻损失会有所增加。

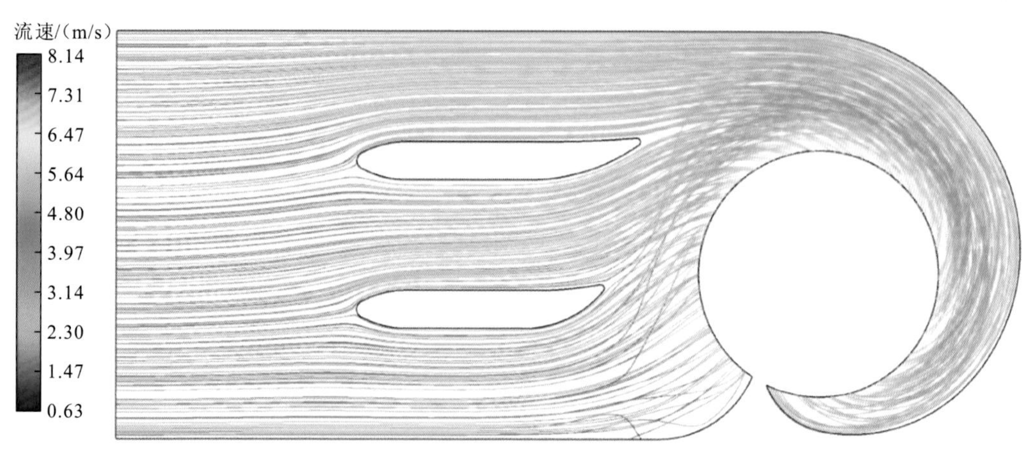

图 2.1.18　蜗壳区域流线图

2）固定导叶和活动导叶

从图 2.1.19 和图 2.1.20 中可以看出，固定导叶和活动导叶通道内部压降均匀，流动顺畅，无脱流。活动导叶周向出流均匀，给转轮提供良好的来流条件，有利于转轮出力。

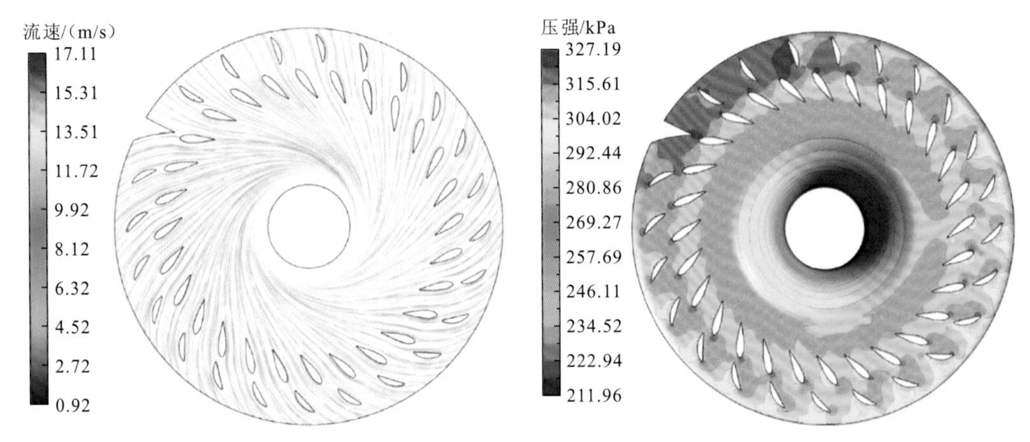

图 2.1.19　固定导叶和活动导叶区域流线图　　图 2.1.20　固定导叶和活动导叶区域压强云图

3）转轮区域

额定工况时，转轮叶片表面压强分布均匀，转轮叶片压力面上的压强从叶片的进口边到出口边逐渐降低，等压线与进口边基本平行，叶片背面压强分布也较均匀，说明叶片表面负荷从进口到出口均匀分布。转轮内部流动没有旋涡，流动顺畅，叶片头部没有脱流，基本实现无撞击进口，这也为水轮机的稳定运行提供了保证。

从图 2.1.21 至图 2.1.25 可以看出，在额定工况时，转轮叶片进口达到了无撞击入流，叶片进口边从上冠到下环无脱流，流动光顺，说明在额定工况点转轮内部流动平稳、顺畅，完全能保证在额定工况点稳定、高效地运行。

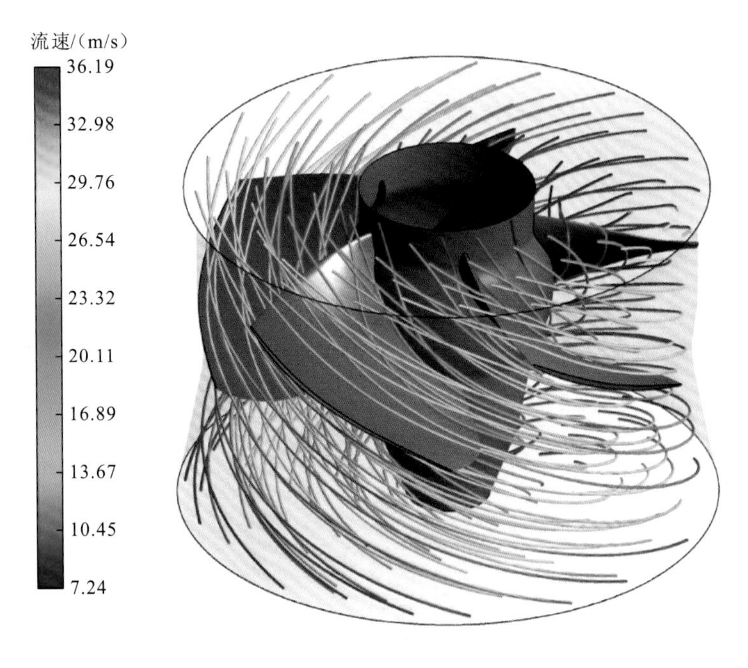

图 2.1.21　转轮内部流线图

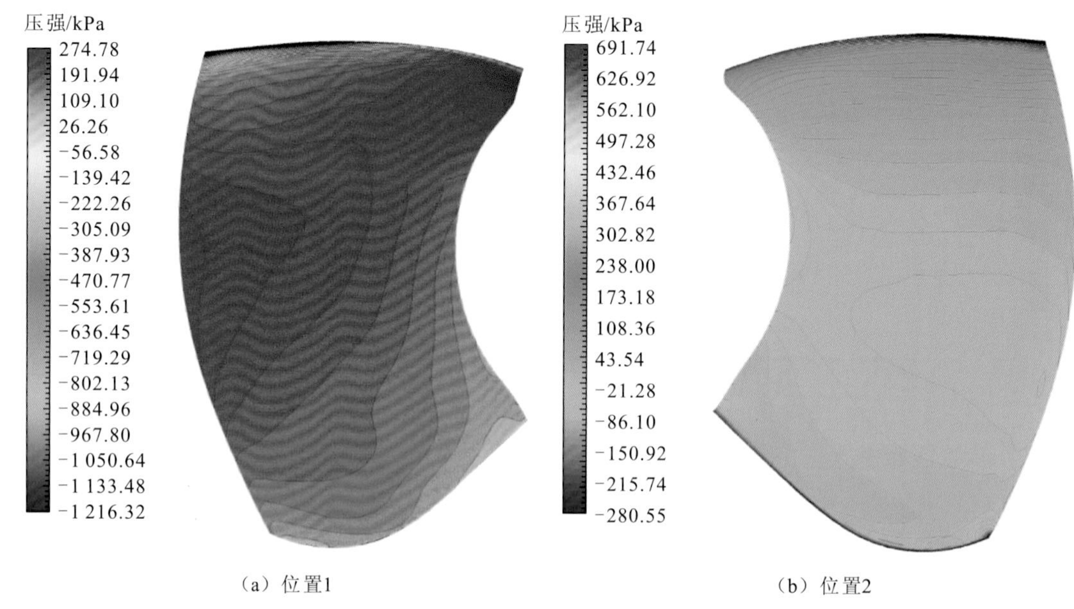

（a）位置1　　（b）位置2

图 2.1.22　不同位置转轮叶片压强云图

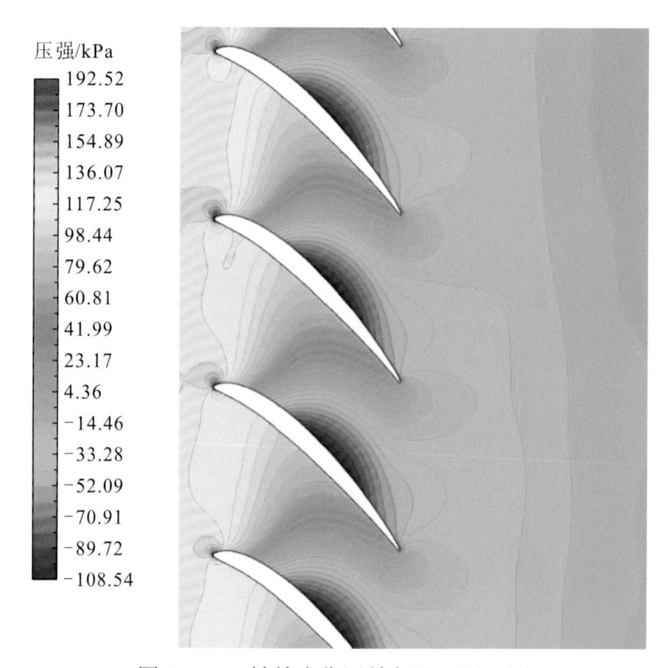

图 2.1.23　转轮内靠近轮毂处压强云图

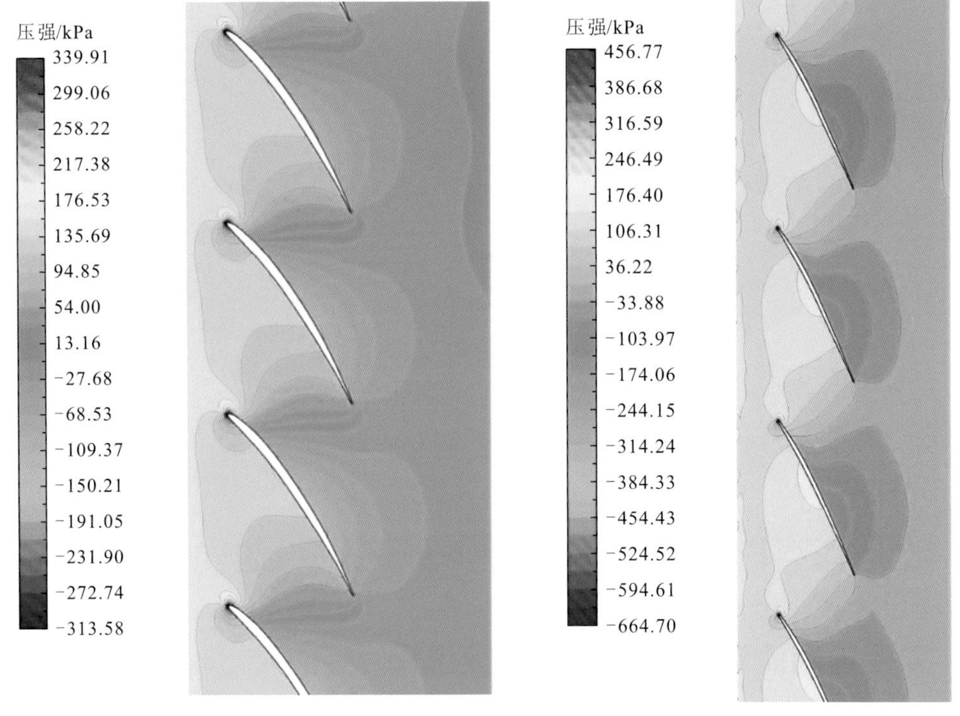

图 2.1.24　转轮中间流面处压强云图　　图 2.1.25　转轮内靠近轮缘处压强云图

4）尾水管区域

从图 2.1.26 和图 2.1.27 中可以看出，在额定工况时，尾水管内部流动无脱流，从尾水管进口至出口，流速降低，说明转轮出口的水流动能得到回收。同时尾水管内流线光顺，流动稳定，能保证在额定工况点运行平稳。

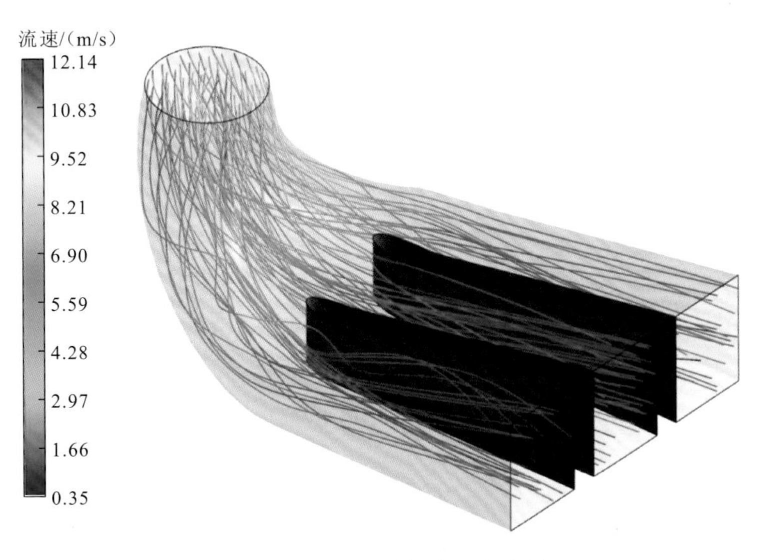

图 2.1.26　尾水管内部流线图

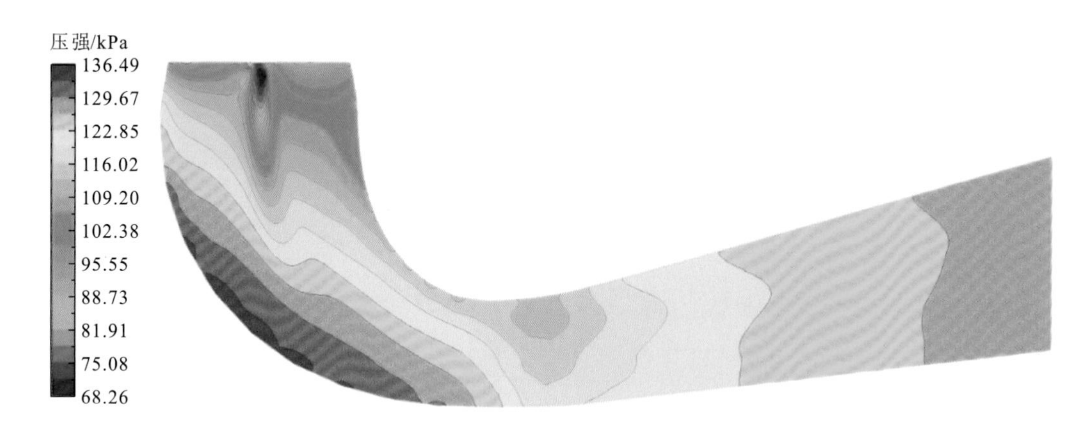

图 2.1.27　尾水管中间剖面压强云图

2.2　轴流式水轮发电机组性能参数优化及运行稳定性研究

2.2.1　大容量轴流式水轮机水力参数选择

比转速 n_s 及比速系数 K 值是表征水轮机综合技术经济水平的重要特征参数。比转速定义为 1 m 水头下发出 1 kW 出力时的转速。比转速是反映机组的参数水平和经济性的一项综合参数。

水轮机比转速的计算公式为

$$n_s = 3.13 n_{11} \sqrt{Q_{11} \eta} \tag{2.12}$$

式中：n_{11} 为单位转速；Q_{11} 为单位流速；η 为效率。

从式（2.12）可知，提高水轮机比转速的主要途径有：一是提高单位转速，二是提高水轮机的使用单位流量和效率。而实践中比转速的高低除了与模型参数有关外，还与不同的水轮机转轮的选型方案有关。

为了提高比转速，近年来一些水头段的水轮机转轮的水力通道也在向邻近的较高比转速通道过渡发展。提高轴流式水轮机的使用单位流量，空化系数会增加，必然增加电站挖深，以前限制比转速提高的主要因素是吸出高度，但是随着设计水平的提高，可以通过优化降低空化系数，从而提高使用单位流量。

提高水轮机比转速可减小机组尺寸和质量，从而带来明显的经济效益，但提高水轮机比转速往往又受到水轮机的效率特性、空化特性等因素的制约。因此，应根据电站特点、水轮机的运行范围，合理确定水轮机的比转速和比速系数 K 值。近年来我国投产的平班水电站、银盘水电站、深溪沟水电站等的水轮机比速系数均已达到 2 800 左右的水平，甚至有水轮机的最高比速系数达 3 000 以上。20 世纪 80 年代以后已运行的部分国内外中低水头水轮机的主要参数见表 2.2.1。

表 2.2.1　国内外中低水头水轮机的主要参数（按 H_r 降序列出）

序号	水电站名称	定额水头 /m	额定功率 /MW	额定转速 /（r/min）	转轮直径 /m	比转速 /（m·kW）	比速系数 K	投运年份
1	水口	47.00	204.00	107.00	8.00	393.0	2 694	1993
2	舒里宾斯克（哈萨克斯坦）	40.00	230.00	93.80	8.50	447.2	2 828	1983
3	拉热阿杜（巴西）	39.10	180.00	100.00	8.00	433.9	2 713	2001
4	里加（拉脱维亚）	39.00	181.70	107.10	7.50	468.0	2 923	1981
5	布里塞（加拿大）	37.50	193.00	94.70	8.60	448.3	2 745	1990
6	卡鲁阿奇（委内瑞拉）	35.60	180.00	94.70	7.80	462.0	2 757	1993
7	平班	34.00	135.00	107.40	7.22	480.6	2 802	2002
8	高坝洲	32.50	85.80	125.00	5.80	471.9	2 690	1999
9	铜街子	31.00	154.00	88.20	8.50	473.2	2 635	1992
10	深溪沟	30.00	168.40	90.90	8.50	531.3	2 910	2010
11	拉佛际（加拿大）	27.40	153.30	85.70	8.45	535.3	2 802	1996
12	银盘	26.50	152.60	83.30	8.80	541.2	2 786	2011
13	佩绍图（巴西）	26.36	168.80	85.70	8.60	589.5	3 026	2003
14	大藤峡	25.00	204.10	68.2	10.42	551.2	2 756	2022
15	瓦纳普姆（美国）	24.40	111.86	85.70	7.75	528.5	2 611	1995
16	万安	22.00	103.00	76.90	8.50	518.0	2 430	1990
17	亚西雷塔（阿根廷）	21.30	154.00	71.40	9.50	612.0	2 824	1994
18	草街	20.00	128.20	68.18	9.50	577.2	2 582	2008
19	桐子林	20.00	153.10	66.70	10.10	617.1	2 760	2015
20	乐滩	19.50	153.10	62.50	10.40	597.0	2 636	2005
21	克里赛（加拿大）	18.90	96.20	78.26	8.10	616.0	2 678	2002
22	葛洲坝（大机）	18.60	175.50	54.60	11.30	592.0	2 553	1981
23	葛洲坝（小机）	18.60	129.00	62.50	10.20	581.0	2 506	1981
24	葛洲坝（改造）	18.60	149.50	62.50	10.20	629.8	2 716	2006
25	金沙	16.80	142.90	57.70	10.65	641.3	2 629	2022
26	西津	15.50	67.70	71.40	8.00	604.1	2 378	2002

1. 水轮机比转速及比速系数

图 2.2.1 是目前已运行轴流式水轮发电机组水电站额定水头和比转速的统计曲线。在金沙水电站选型设计过程中，突出各参数最佳匹配，把稳定性放在首位，保证叶片的形状、叶片数、导叶高度、蜗壳、尾水管的水力设计达到最优组合，尽可能小的压力脉动，确保水轮机长期、安全、稳定运行。金沙水电站水轮机额定水头 16.8 m，比转速在 561.2～

650 m·kW，水轮机额定转速为 57.7 r/min，水轮机额定出力为 142.9 MW，对应比转速 n_s = 641.3 m·kW，对应的比速系数 K = 2 628.51。从图 2.2.1 中可以看到金沙水电站的比转速 n_s 处于国内外现有运行机组统计曲线合理范围内，同时具备一定先进性。

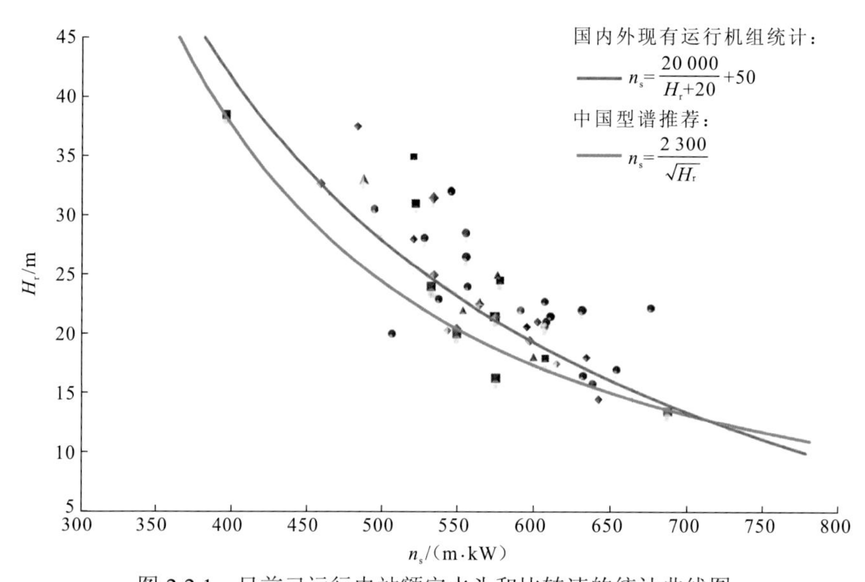

图 2.2.1 目前已运行电站额定水头和比转速的统计曲线图

图中不同形状及颜色的▲、■、●代表不同电站，目的是拟合出相对关系曲线

2. 最优单位转速和单位流量选取

根据确定的水轮机比转速和比速系数，结合工程特点，选择合适的单位转速和单位流量，进行参数合理匹配，使机组发电效益高、运行安全稳定。较高的单位转速有利于提高机组同步转速，减少发电机磁极数，缩小发电机尺寸，降低发电机质量，但单位转速的提高受到叶片强度、空化和磨损等因素的限制。转速的提高，水轮机转轮出口圆周速度增加，使出口相对流速增加，过高的相对流速造成流道内压力降低，不仅会对水轮机的空化性能、泥沙磨损、机组运行的稳定性造成不利影响，而且由于转速的升高，飞逸转速增加，机组结构部件的强度也需提高，所以单位转速的提高受到一定程度的限制。

从水轮机额定单位转速的选择来看，对各个水头段的可使用转轮，其模型单位转速是基本确定的，如轴流式水轮机 4 叶片转轮主要应用在中低水头电站，其最优单位转速为 140 r/min 左右，5 叶片转轮主要应用在中高水头电站，其最优单位转速为 133 r/min 左右。从水轮机稳定性方面考虑，轴流式水轮机一般控制最高水头对应的单位转速不小于最优单位转速的 90%，最低水头下单位转速不宜偏离最优单位转速太远。

在不降低水轮机性能的前提下，尽可能选取较大的单位流量以减小机组尺寸，但单位流量过大，将导致水轮机效率下降，空蚀系数增大，不稳定区域扩大。在机组容量一定时，水轮机直径主要受单位流量的控制，单位流量的选用主要受空化性能的限制。

近年来，结合葛洲坝水电站机组更新改造工程，相关设备制造商对轴流式水轮机进行了大量的研究和开发，并做了多次模型试验和同台对比试验。从试验的结果来看，水轮机能量特性和稳定性均较好，但高水头区域在一定的电站空化系数下的初生空化性能很难满足要求。在水轮机模型试验时，如果适当降低水轮机安装高程，水轮机的空化性能会明显提高，也就是说适当提高电站空化系数，能有效改善水轮机的空化性能；在机组安全稳定运行的前提下可适当提高额定单位流量。

图 2.2.2 是额定水头和额定单位流量的统计曲线。对于金沙水电站，考虑强度要求采用 5 叶片，经过统计，对于 5 叶片的轴流式水轮机，水轮机最优单位转速应在 130 r/min 左右，该参数更容易获得高效率的转轮。额定单位流量的选取和水头、转速、吸出高度、直径有关，选取的额定单位流量是 1 884.5 L/s，符合统计规律的平均值。

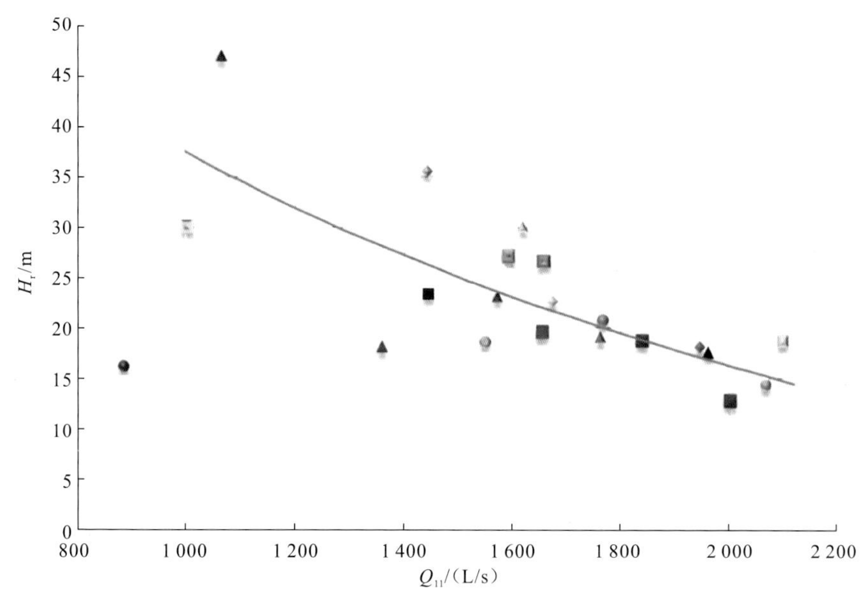

图 2.2.2　部分大型轴流式水电站额定水头和额定单位流量的统计关系曲线图

图中不同形状及颜色的▲、■、●代表不同电站，目的是拟合出相对关系曲线

最优单位流量的选取主要与额定单位流量的选取有关，轴流式水轮机的振动一般都出现在大出力运行区域，其主要原因是大桨叶转角造成的叶片头部冲角大，叶片出口环量增加，所以选取额定单位流量与最优单位流量比为 1.5 左右，最优单位流量为 1 280 L/s，这样取法的优点是不仅可以保证大出力的稳定运行，而且还留有较大的超发余量。

3. 导叶高度的选取

导叶高度的选取主要是从满足强度要求和水力性能要求的角度出发，随着科学技术的进步，材料性能的提高，目前水轮机导叶高度有提高的趋势，图 2.2.3 是水电站最大水头和导叶高度的统计规律曲线。轴流式水轮机导叶高度需要综合考虑机组过流能力、水力损失以及结构强度等因素。增加导叶高度是提高机组过流能力和参数水平的重要技术措施，但是过大的导叶高度会引起导叶开口变小，从而增加导水机构的水力损失。

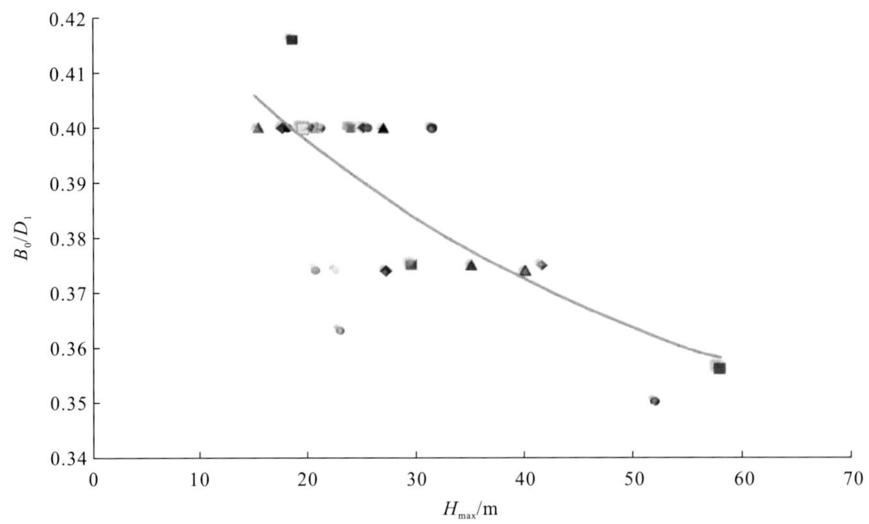

图 2.2.3　部分大型轴流式水电站最大水头和相对导叶高度的统计关系曲线图

图中不同形状及颜色的▲、■、●代表不同电站，目的是拟合出相对关系曲线

考虑到金沙水电站的水质情况和泥沙含量，适当提高导叶高度是有利的。最终推荐导叶相对高度 B_0=0.425D_1，该值是在统计规律之内的偏上限，但可以满足强度要求，取值合理。

4. 轮毂比

轴流式水轮机轮毂体内布置有转桨机构和油压操作系统，使用水头越高，叶片数越多，转桨机构的零件随之增加，这就要求有较大的轮毂直径。但是从水力设计来说，为了有效地转换能量和尽可能改善叶轮汽蚀条件，水轮机转轮轮毂体又应具有最小的截面。所以在转桨机构布置和轮毂体强度允许的条件下要尽量减小轮毂直径。图 2.2.4 给出了轴流式水轮机转轮轮毂比（$\bar{d}$）与最大水头之间的统计关系，以及轴流式水轮机转轮流道示意图，图中 d 代表转轮轮毂直径；D_2 代表转轮出口直径；β代表反球面夹角；δ代表转轮轮缘与转轮室间隙；R_1 代表转轮室直径；R_3 代表喉部反球面直径，D_e 为导叶中心线直径，D_1 为转轮直径。

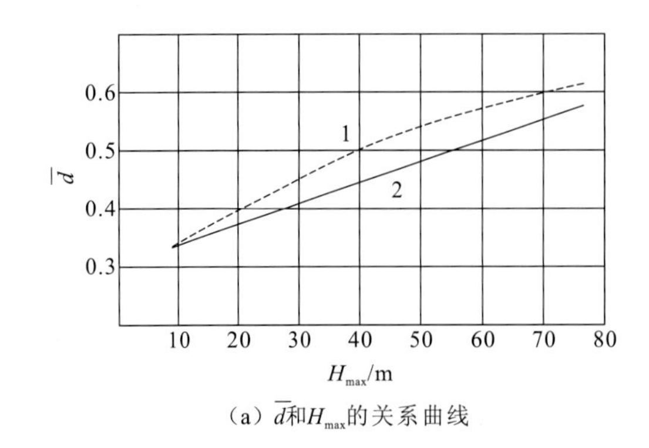

（a）$\bar{d}$和H_{max}的关系曲线

（b）轴流式水轮机转轮流道示意图

图 2.2.4　轴流式水轮机转轮轮毂比与最大水头的关系（水电站机电设计手册编写组，1989）

5. 转轮室及泄水锥

轴流式水轮机转轮室有圆柱形、球形和半球形三种。采用圆柱形叶轮室时水轮机的汽蚀性能将变差。采用球形转轮室时转轮进口液流条件受到破坏，并且增加了间隙汽蚀的作用范围，影响水轮机的性能指标。现在多采用半球形转轮室。所谓半球形转轮室是指转轮叶片转动轴线以上采用圆柱形而在其下采用球形。轴流式水轮机以采用喉部直径为（0.955～0.985）D_1 的半球形转轮室较为适宜。

轴流式水轮机泄水锥位于转轮轮毂下方，它的形状呈流线形，以便水流可以平顺地流入尾水管。较短的泄水锥可以减少摩擦损失，受力也小，但泄水锥过短会引起脱流。研究表明，同一转轮配备不同高度泄水锥时，高度为 $0.65D_1$ 的泄水锥较好，其效率高于高度为 $0.83D_1$ 和 $0.53D_1$ 的泄水锥。泄水锥的形状有圆锥形和抛物线形，现有研究成果表明，抛物线形泄水锥配圆柱形轮毂体、圆锥形泄水锥配球形轮毂体比较合适，可以有效降低水轮机临界空化系数，如图 2.2.5 所示。

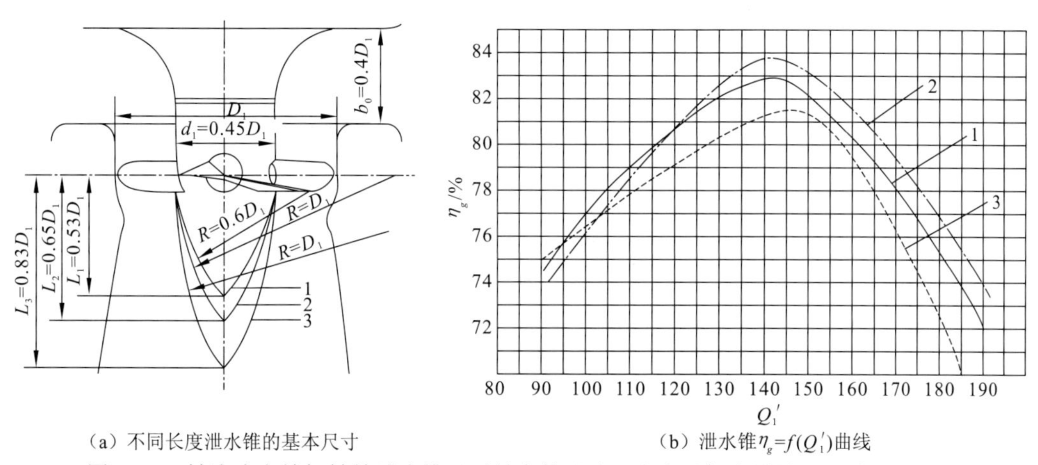

（a）不同长度泄水锥的基本尺寸　　（b）泄水锥 $\eta_g=f(Q_1')$ 曲线

图 2.2.5　轴流式水轮机转轮泄水锥及对效率的影响（水电站机电设计手册编写组，1989）

D_1 为转轮直径，L_1、L_2、L_3 为泄水锥长度

6. 空化系数和压力脉动幅值的选择

水轮机空化性能直接影响机组的安全运行和使用寿命，因此合理选择电站装置空化系数至关重要。

意大利的 Siervo 通过统计 132 台机组，给出的电站装置空化系数（σ_p）与比转速（n_s）之间的统计关系如下：

$$\sigma_p = 6.4\times10^{-5} n_s^{1.46} \tag{2.13}$$

美国垦务局设计部对混流式和轴流式水轮机建议使用同一公式进行如下计算：

$$\sigma_p = 2.56\times10^{-5} n_s^{1.64} \tag{2.14}$$

我国对 23 台轴流式水轮机的统计结果如下：

$$\sigma_p = 1.74\times10^{-5} n_s^{1.7} \tag{2.15}$$

空化系数决定水轮机的安装高程，吸出高度增加会增加土建投资，同时装置空化系数也影响压力脉动幅值。轴流式水轮机压力脉动一般保证在 0%～35%出力小于 7%，35%～70%出力小于 6.5%，70%～100%出力小于 6%。

2.2.2 轴流式水轮机运行稳定性影响因素及指标

影响机组运行稳定性的因素比较复杂，包括电磁、机械、水力等诸多因素，其中水力因素是影响运行稳定性的关键因素。在机组尚未投运前，水轮机模型试验是评价和预测原型机今后运行稳定性的重要依据。

1. 尾水管压力脉动

水轮机偏离最优工况运行时，由于受转轮出口处的旋转水流及脱流旋涡和气蚀等的影响，在尾水管内常引起压力的波动，在尾水管中心一带形成强制旋涡，即尾水管涡带。当脉动频率与机组自振频率或厂房自振频率接近时，就会产生共振，引起机组或厂房的剧烈振动。

一方面，尾水管涡带作用在管壁上的动水荷载相当复杂，在特定的条件下会引起管壁的强烈振动，轻则影响水力机组的正常运行，重则破坏管道。另一方面，由于它的特殊形状，给从理论上研究诱发振动的机理带来了困难。另外，当出现尾水管涡带后，水流就从不可压缩变为可压缩，给流体计算带来了许多麻烦。

2. 卡门涡

当流体流过一圆柱体或翼型（包括一般不良绕流体）时且雷诺数大于 40 时，在物体尾部会产生一系列规则的、交叉排列的、方向不同的旋涡列。这些交替从物体尾部脱流出来的涡称为卡门涡。在水轮机的导叶和转轮叶片具有钝尾时，会出现卡门涡。当卡门涡的频率与某些过流部件的固有频率接近时，会引起过流部件的共振。

3. 稳定运行保障措施

从以上分析情况可知，影响水轮发电机组稳定运行的因素有水力、机械以及电气等几个方面。导致电站运行出现不稳定现象的根本原因现在还没有可靠的理论依据，需要进行进一步的探索和研究。就目前来看，在改善机组运行稳定性方面，可以采取以下几个方面的措施。

1）选择合理的性能参数

合理选择水轮机参数是保证水轮机稳定运行的前提，在设计选型过程中，要突出各参数最佳匹配，不片面追求高效率，把稳定性放在首位，保证叶片的形状、叶片数、导叶高度、蜗壳、尾水管的水力设计达到最优组合，确保尽可能小的尾水管压力脉动、正常稳定运行范围内没有明显可见的卡门涡，为水轮机稳定运行打下良好的基础。

2）改善水轮机设计

在水轮机设计阶段尽可能仔细选择转轮参数，诸如叶片数、叶片厚度和叶片几何形状等。合理设计转轮，改善转轮内的流态，尤其在偏离最优工况时应适当减少转轮出口环量，改善水轮机的压力脉动和空化性能。

优化转轮叶片的设计，使转轮叶片的自振频率避开机组激振频率，不会发生共振。优化活动导叶的设计，使活动导叶的自振频率避开机组激振频率，不会发生共振。优化固定导叶的设计，使固定导叶卡门涡的频率避开机组自振频率，不会发生共振。

对水轮机各个部件进行详细的刚度和强度分析，以保证它们的强度。为了防止转轮裂纹的产生，需要分析转轮工作的工况、每个工况的受力特征、转轮在水中的动力特征及其机械性能等，设计时加强转轮的刚度和强度，降低转轮工作应力。

3）优化机组结构设计

为了减小或避免机组在启动、运行、变负荷情况下的有害压力脉动、振动或共振，应优化机组的结构设计，甚至对机组进行专门的抗震设计，找出水流通道中可能出现的激振频率，计算过流部件在水中的固有频率，优化机组的结构设计使机组部件的固有频率不在水力激振频率范围内，避免共振。

提高部件的结构刚度，减小变形和振动。

4）合理安排机组运行方式

目前各电站都在不断努力，力图通过运行实践，更准确划分运行区域，缩小禁运区，扩大稳定运行区，这既有利于增强电网调度的灵活性，又增加了电厂的发电效益。

5）提高转轮叶片制作、加工精度

制造、加工时，转轮叶片采用数控加工，减小叶片的型线误差，减小运行时水力不平衡引起的振动。保证机组转动部件的加工精度，降低转轮和转子静平衡的残余不平衡力矩。

4. 金沙水电站机组稳定性指标水平

金沙水电站装设 4 台 140 MW 轴流式水轮发电机组，水轮机由美国通用电气（GE）公司供货，发电机由浙江富春江水电设备有限公司供货。水轮机第一次模型验收试验从 2017 年 4 月 10 日至 4 月 14 日在美国通用电气公司位于法国格勒诺布尔的实验室进行，主要验收试验结果基本满足合同保证值。水轮机第二次模型验收试验从 2017 年 6 月 13 日至 6 月 16 日在位于瑞士洛桑的洛桑联邦理工学院（École Polytechnique Fédérale de Lausanne，EPEL）实验室进行，试验结果与美国通用电气公司实验室完成的第一次模型试验结果一致。

1）尾水管压力脉动

根据合同规定及模型试验验收成果，在电站空化系数和不补气的条件下，原/模型水轮机在各种运行工况下，距转轮出口处 $0.3D_2$（D_2 为转轮出口直径）的上、下游侧的尾水管测压孔测得的压力脉动混频双振幅值详见表 2.2.2。

表 2.2.2 原/模型水轮机尾水锥管压力脉动时域峰峰值 $\Delta H/H$ 保证值

水头范围/m	出力范围	转轮桨叶中心线以下 0.65 D_1 处测得的 $\Delta H/H$ 不大于/%	
		模型	原型
8.0～16.8	空载（含空载）～35%预想功率	8	8
	35%（含该出力）～70%预想功率	5	5
	70%（含该出力）～100%预想功率（含该出力）	5	5
16.9～26.8	空载（含空载）～35%预想功率	5	5
	35%（含该出力）～70%预想功率	3	3
	70%（含该出力）～100%预想功率（含该出力）	4.5	4.5

2）导叶后、转轮前区域压力脉动

水轮机在不补气的条件下，原型水轮机和模型水轮机在各种运行工况下，水轮机在活动导叶后、转轮前测得的压力脉动混频双振幅值详见表 2.2.3。

表 2.2.3 原/模型水轮机导叶后、转轮前压力脉动时域峰峰值 $\Delta H/H$ 保证值

水头范围/m	出力范围	在导叶后、转轮前测得的 $\Delta H/H$ 不大于/%	
		模型	原型
8.0～16.8	空载（含空载）～35%预想功率	4	4
	35%（含该出力）～70%预想功率	4	4
	70%（含该出力）～100%预想功率（含该出力）	4	4
16.9～26.8	空载（含空载）～35%预想功率	4	4
	35%（含该出力）～70%预想功率	4	4
	70%（含该出力）～100%预想功率（含该出力）	4	4

3）蜗壳进口压力脉动

水轮机在各种运行工况下，蜗壳进口最大压力脉动混频双振幅值，见表 2.2.4。

表 2.2.4 原/模型水轮机蜗壳进口压力脉动混频峰峰值 $\Delta H/H$ 保证值

水头范围/m	水轮机功率范围	在蜗壳进口段距离 X—X 断面上游侧 1.0 D_1 处测得的 $\Delta H/H$ 不大于/%	
		模型	原型
8.0～26.8	35%～100%预想功率或额定功率	4	4
	其余功率范围	4	4

4）叶片进水边正、负压面空化

经水轮机模型试验验证，在电站运行水头范围内，叶片进水边负压面初生空化线和正压面初生空化线应位于规定的稳定运行范围之外。

5）水轮机振动和摆度

水轮机在各种运行工况下各部件不应产生共振和有害变形。在机组所有运行水头范围内，水轮机顶盖的垂直方向和水平方向的振动值，应不大于表 2.2.5 的规定要求。测量方法按《水力机械（水轮机、蓄能泵和水泵水轮机）振动和脉动现场测试规程》（GB/T 17189—2017）执行。

表 2.2.5　水轮机各部位振动允许值（混频双幅值）

净水头/m	水轮机出力范围	顶盖振动值/mm		水导处主轴摆度/mm
		垂直振动	水平振动	
全部运行水头	35%～100%预想功率或额定功率	0.09	0.08	≤0.27，且不超过轴承设计间隙的 75%
全部运行水头	35%预想功率或额定功率以下（含空载）	0.1	0.09	≤0.27，且不超过轴承设计间隙的 75%

在正常运行工况下，主轴相对振动（摆度）位移峰峰值应小于《旋转机械转轴径向振动的测量和评定　第 5 部分：水力发电厂和泵站机组》（GB/T 11348.5—2008）中所规定的 270 μm，且不超过轴承设计间隙的 75%。

机组轴系的第一阶临界转速应不小于最大飞逸转速的 125%。

6）抗振设计

各种水力激振频率（包括导叶、叶片出口的卡门涡频率、过流频率等）应避开固定导叶、活动导叶及转轮叶片、顶盖和座环等部件固有频率，防止共振。

2.3　轴流式水轮发电机组结构设计

以金沙水电站为例，金沙水电站装设 4 台 140 MW 轴流式水轮发电机组，其水轮机形式为混凝土蜗壳立轴轴流式。金沙水电站水轮发电机为三相凸极同步发电机，采用立轴半伞式、密闭循环、自通风、空气冷却的形式。

2.3.1　水轮机

1. 水轮机外形控制尺寸

水轮机外形控制尺寸是确定厂房控制尺寸的主要因素之一。水轮机各阶段设计主要外形控制尺寸及控制高程见表 2.3.1。

表 2.3.1　水轮机各阶段设计主要外形控制尺寸及控制高程

序号	项目		参数
一	单机容量		140 MW
二	水轮机直径		10.65 m
三	蜗壳控制尺寸	$+X$	18.316 m
		$-Y$	16.133 m
		$-X$	12 187 m
		$+Y$	—
四	尾水管控制尺寸	最大宽度	30.83 m
		总高（至导叶中心）	30.42 m
		总长	51.55 m
五	控制高程	水轮机室进入廊道高程	1 003.65 m
		水轮机安装高程	997.50 m
		尾水管底板高程	967.08 m
		机组检修排水廊道高程	964.50 m

2. 主要部件尺寸

水轮机主要部件尺寸见表 2.3.2。

表 2.3.2　电站水轮机主要部件参数表

部件名称			分件（瓣）数	部件尺寸/mm	分件重/t	部件重/t
埋件	基础环		4	ϕ14 860×ϕ11 390×835	20	80
	座环		6	ϕ17 150×ϕ14 604×840	23	138
	机坑里衬		8	ϕ15 500×7 307	12	96
	主要埋件总重/t					600
可拆部件	底环		4	ϕ14 540×ϕ10 650×720	26	104
	顶盖		4	ϕ15 050×1 600	44	176
	导水机构	控制环	2	ϕ9 880×630	31	62
		导叶	24	1 801×460×6 285	8.7	334（含连杆等）
	桨叶接力器		4		9.7	38.8
	导轴承（轴瓦）		12	360×360×120	0.12	1.44
	主轴密封		1			
	转轮		1	ϕ10 650×6 498		408
	水轮机轴		1	ϕ1 800×ϕ1 330×7 720（外径×内径×高度）		101
	主要可拆部件总重/t					1 226.24
水轮机本体单机安装总重/t						3 272

3. 主要部件结构

1）尾水管

尾水管形式为弯肘形，水平扩散段设有 2 个中墩，尾水管与验收后的模型水轮机尾水管相似。尾水管装设金属尾水管里衬，金属尾水管里衬自转轮室下环开始延伸至弯肘管出口与扩散段进口连接断面处。尾水管高度（导叶中心线至尾水管最低点距离）30.42 m，尾水管长度（水轮机中心线至尾水管扩散段出口的水平距离）51.55 m，尾水管扩散段中间设 2 个中墩，每个中墩的宽度 2.7 m。尾水管扩散段出口宽度 30.83 m，扩散段出口高度 14.40 m，扩散段顶板翘角 21.1°。

在尾水管里衬锥管段顶部，有不小于 1 000 mm 的不锈钢段，其厚度不小于 35 mm，下段衬料（碳钢）不低于 Q235B 标准。不锈钢里衬与转轮室的连接采用现场焊接。

在尾水管锥管段设置 1 个净尺寸宽为 800 mm、高为 1 000 mm 的密封进人门，在尾水管扩散段合适位置设 1 个直径为 800 mm 的密封进人门。尾水管扩散段进人门与门座采用螺栓连接结构，门座焊接在基础板上，基础板与尾水管内表面形状相一致，基础板厚度不小于 30 mm，基础板面积不小于 2.5 m^2，在基础板上设置锚筋，使其与混凝土接触密实，并能承受尾水管内的压力脉动，防止疲劳破坏。

尾水管测量包括各部位的压力、压力脉动测量，仪表盘布置在 986.80 m 高程交通廊道上游侧。

2）底环和基础环

底环采用钢板焊接结构，具有足够的强度和刚度。在满足运输要求的条件下分为 4 瓣。底环置于基础环上，用螺栓与基础环连接，并能从基础环上拆下。基础环与座环永久地埋入二期混凝土中。

3）水轮机座环

水轮机座环结构形式采用支柱式，如图 2.3.1 所示。环板采用 S355J2G3 标准钢板焊接制成。固定导叶用钢板加工而成。水轮机座环的上环分 6 瓣。分瓣座环的上环在工厂内进行整体预装配。

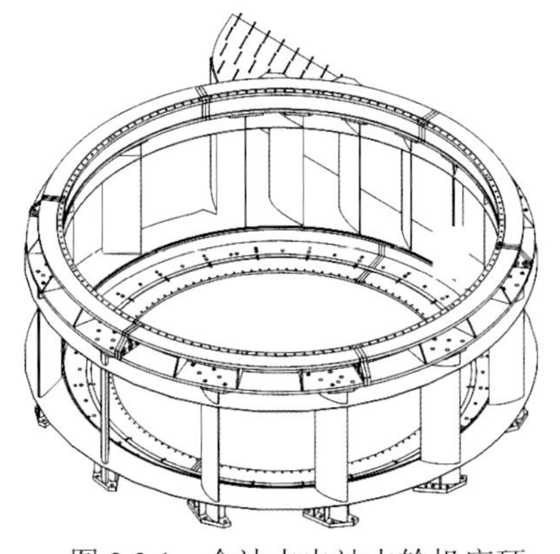

图 2.3.1　金沙水电站水轮机座环

机座环用地脚螺栓固定在混凝土内，地脚螺栓直径不小于 100 mm，长度不小于 1.5 m。机坑里衬用螺栓固定或焊接到机座环上，机坑里衬与机座环的连接段不宜采用锥形，机座环与混凝土的接触面宽度宜不小于 150 mm，以满足混凝土安全厚度要求。顶盖用螺栓固定到座环的内侧。

4）蜗壳

蜗壳为“T”形（不对称梯形断面）混凝土蜗壳，如图 2.3.2 所示，进水口设 2 个中墩，蜗壳包角 215° 左右。蜗壳尺寸符合外形尺寸及控制条件规定。蜗壳流道尺寸与模型流道尺寸相似。蜗壳全流道采用钢制护衬，从＋X 轴上游 16 m 处蜗壳开始护衬钢板，蜗壳支墩鼻端的钢制护衬沿水流方向的长度为 5 m，不少于支墩厚度的 200%（蜗壳支墩最大厚度为 2.48 m）。蜗壳所有的钢制护衬板厚度为 20 mm，护衬设置加强筋以保证刚度，加强筋有足够的排气孔以防混凝土浇筑时护衬和混凝土之间产生空腔。

蜗壳设置 1 个直径 800 mm 的内开式进人门。进人门有足够的刚度和强度，能承受蜗壳的最大内水压力，并保证无渗漏。铰链牢固可靠，铰链销的材料为不锈钢，铰链孔有足够的间隙。

蜗壳测量包括各部位的压力、压力脉动测量，仪表盘布置在水轮机机坑进人门廊道内。

5）机坑里衬

水轮机设置钢板焊接的机坑里衬，从座环到发电机下风洞盖板支架支撑面之间全部衬满，机坑里衬的高度为 1 007.6 m。里衬钢板的最小厚度为 20 mm，在靠近座环的部位厚度为 30 mm，加厚段的高度为 1 m。机坑里衬的内径允许整体顶盖吊入和吊出。在满足运输尺寸及工地的安装起吊容量限制的条件下，分节和分块数尽量少，并设置足够的内支撑以防止运输过程中机坑里衬的变形。

6）转轮

转轮公称直径 10 650 mm，转轮体高度 2 820 mm，转轮总高度 6 498 mm，轮毂比 0.415，共 5 个叶片，重 408 t，如图 2.3.3 所示。

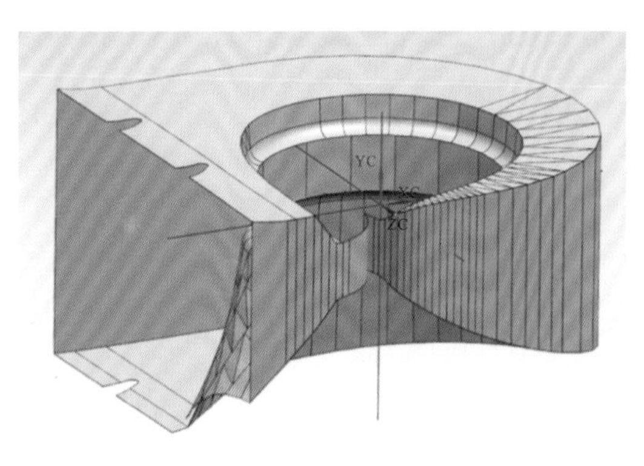

图 2.3.2　金沙水电站水轮机混凝土蜗壳

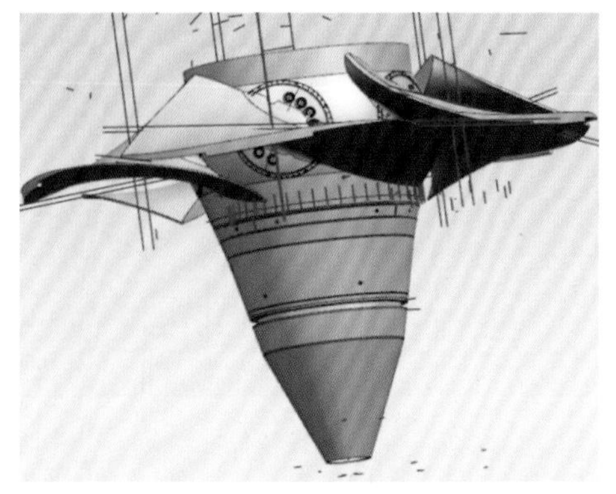

图 2.3.3　金沙水电站水轮机转轮

转轮由轮毂及 5 只转角可调的桨叶（叶片）、桨叶接力器、操作机构、泄水锥等组成。接力器及操作机构设在轮毂内。转轮和主轴采用法兰螺栓加销连接。轮毂整体铸造，表面（桨叶转动范围）堆焊不锈钢，经数控加工后的不锈钢厚度不小于 8 mm。泄水锥用螺栓连接在轮毂的下端，拆卸泄水锥和端盖后可检修轮毂内部的桨叶操作机构。

7）水轮机主轴和受油器

水轮机轴外径 1 800 mm，内径 1 330 mm，长 7 720 mm，重约 101 t。与水轮机转轮相连的法兰外径 2 850 mm，内径 350 mm，与发电机轴相连的法兰外径 2 760 mm，内径 350 mm，如图 2.3.4 所示。

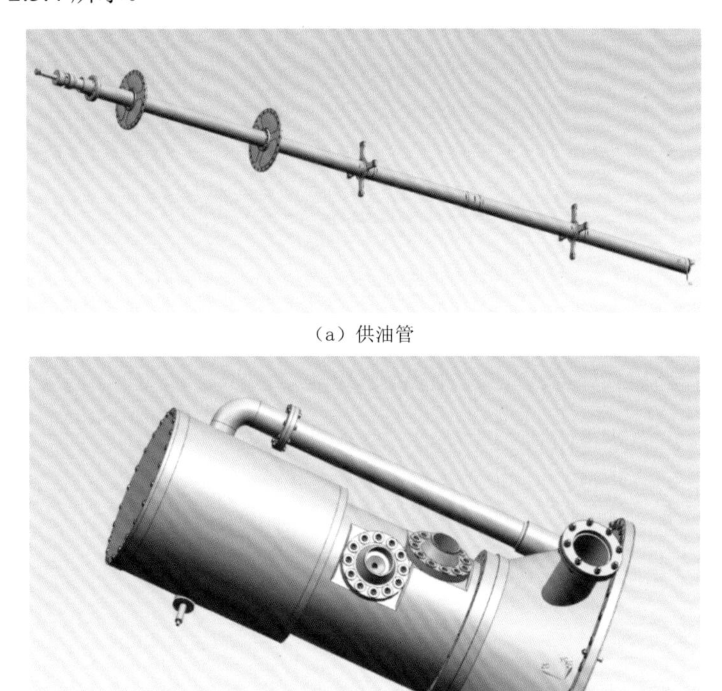

（a）供油管

（b）受油器

图 2.3.4　金沙水电站水轮机转轮受油器固定部分

机组主轴采用两段轴结构，分为水轮机轴和发电机轴，水轮机轴与发电机轴分界法兰高程 1 003.60 m。水轮机轴是中空结构，桨叶接力器操作油通过受油器和操作油管向桨叶接力器供操作油。水轮机轴采用适于热处理、可焊性强的低合金钢材料，主轴采用锻钢 20SiMn 材料。轴身采用锻件锻焊制成，钢板卷焊每节不超过 2 条纵向焊缝，不允许出现十字焊缝，法兰采用锻造制成。

水轮机轴与转轮连接的法兰螺栓孔满足转轮的互换性的要求，并在工厂内进行精加工，做上标记。水轮机轴和转轮便于连接和拆卸，以便在安装和检修期间分别起吊轴和转轮。

8）水轮机主轴密封系统

主轴密封系统分为工作密封和检修密封两部分。如图 2.3.5 所示，在导轴承下方，主轴穿过支持盖（内顶盖）部分设置主轴工作密封。主轴工作密封能在水轮机流道不排水和不拆卸主轴、水轮机导轴承、导水机构和管路系统的情况下进行检查、调整和更换密封元件，工作密封元件保证至少能运行 40 000 h 且不用更换。

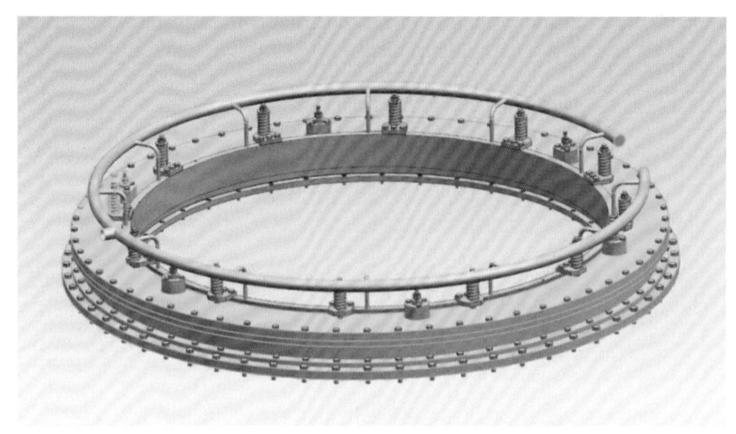

图 2.3.5　金沙水电站水轮机主轴工作密封

在机组停机时，为防止水进入支持盖，在工作密封下方采用压缩空气充气的橡胶密封装置，主轴检修密封结构设计时应考虑便于更换。检修密封由电站低压压缩空气系统提供气源，检修密封装置上设置防止机组在密封充气的情况下启动的压力开关，检修密封元件保证至少能运行 10 年且不用更换。

9）外顶盖与支持盖

外顶盖和支持盖流道部分的型线与验收模型相似，如图 2.3.6 所示。外顶盖上设置导叶上轴承座。外顶盖用螺栓连接在座环上，外顶盖下表面导叶活动范围设抗磨板，支持盖上设水轮机导轴承、主轴密封、导叶控制机构及进入通道。外顶盖和支持盖设计成能方便地装入和拆卸水轮机转动部件，并且能利用厂房起重机将顶盖整件吊入或吊出水轮机机坑。

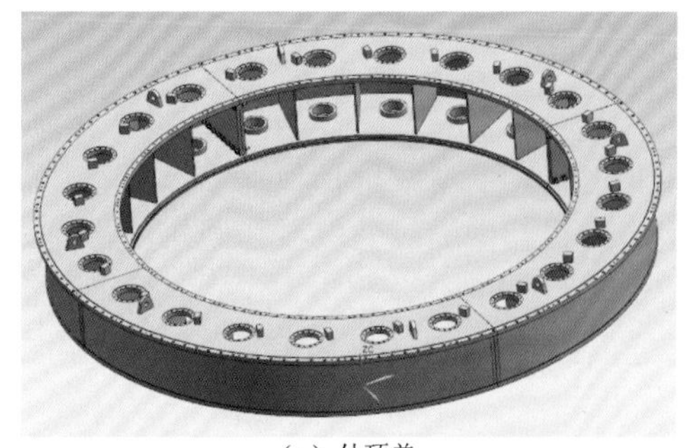

（a）外顶盖

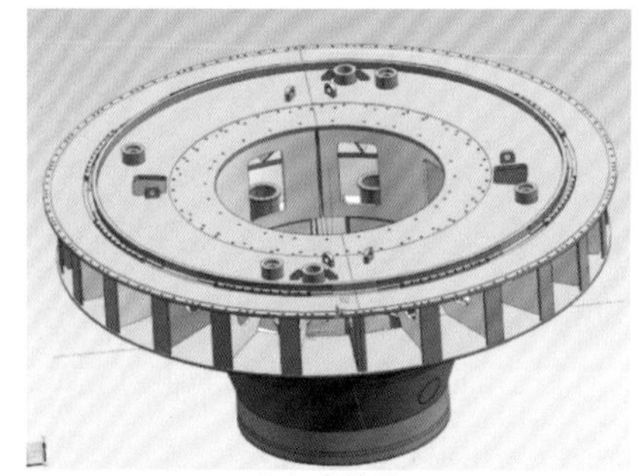

（b）支持盖

图 2.3.6　金沙水电站水轮机顶盖

外顶盖和支持盖采用钢板焊接结构，设计和制造保证其整体具有足够的强度和刚度，能安全可靠地承受包括推力支架传递的推力负荷、最大水压力、真空压力、最大水压脉动、各种轴向和径向力、转轮上抬力和所有其他作用在它上面的力；还能支承导水机构、导轴承、主轴密封和其他部件，并且在整个运行范围内包括最大飞逸转速下，能连续运转 5 min 而不产生过大的振动和有害的变形。外顶盖根据运输条件分为 4 瓣，支持盖分为 2 瓣，两个部件的组合面进行精加工，配有定位销，并设置有密封槽和橡皮密封件。各分瓣在工地用预应力螺栓把合。

支持盖上设 2 个ϕ500 mm 的进入孔，以便进入流道。同时为了降低轴向水推力，支持盖上设有 4 个真空破坏阀。

10）活动导叶和活动导叶操作机构

活动导叶数为 24 片，采用整体 ZG04CrNiMo 不锈钢制造，单个导叶重 8.7 t。每个导叶采用 3 个自润滑导轴承支承，1 个在底环，另 2 个在顶盖中。导叶轴上部设置 1 个可调整的自润滑推力轴承以承受导叶受到的重力和阻止任何作用在导叶上向上或向下的水推力。导叶上、下两端轴颈处设有可靠的导叶轴密封，以阻止水流进入导叶轴承而引起轴颈偏磨。

导叶操作机构（包括自润滑轴承、销、拐臂、连杆、控制环和推拉杆等）有足够的强度及刚度，以承受施加于其上的最大荷载。具有相对运动和相互接触的部件为自润滑型。提供不受其他导叶制约而单独调整导叶位置的设施，以确保它在关闭位置和相邻导叶接触，并在所有导叶开启时的开度完全相等，有充分的调节量来补偿将来的磨损和变形。每个导叶单独通过拐臂和连杆连接到控制环，拐臂用键与导叶轴相连。整个操作机构便于检查、调整和修理，如图 2.3.7 所示。

11）导轴承和润滑冷却水系统

水轮机导轴承为稀油润滑、具有巴氏合金表面的分块瓦、自润滑轴承。导轴承由分块的轴瓦、轴瓦支承、带油槽的轴承箱、箱盖和附件组成。导轴承能支承包括飞逸转速工况的任何工况的径向负荷。允许必要时从最大飞逸转速惯性以怠速直至停机（不加制动）的全部过程，导轴承应能承受。导轴承总重 1.44 t，如图 2.3.8 所示。

水轮机在各种连续运行工况下，其稀油润滑的导轴承的轴瓦最高温度不超过 70 ℃；润滑油的最高温度不超过 65 ℃。采用机组技术供水系统提供的水源冷却导轴承油，通过冷却器的压力值小于或等于 0.05 MPa。冷却器管路采用紫铜管。冷却器设计采取防止泥沙的积聚并容易清理、更换和保证水不能漏入轴承油箱的措施，冷却系统应满足冷却水正、反向运行要求且不降低冷却器的冷却效果。冷却器的管路和阀门应能允许冷却器实现串联和并联运行。导轴承在冷却水中断的情况下，运行 30 min 而不损坏轴瓦。

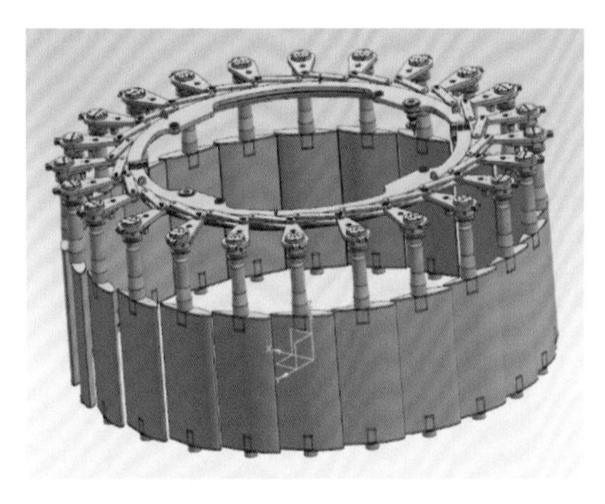

图 2.3.7　金沙水电站水轮机导叶操作机构

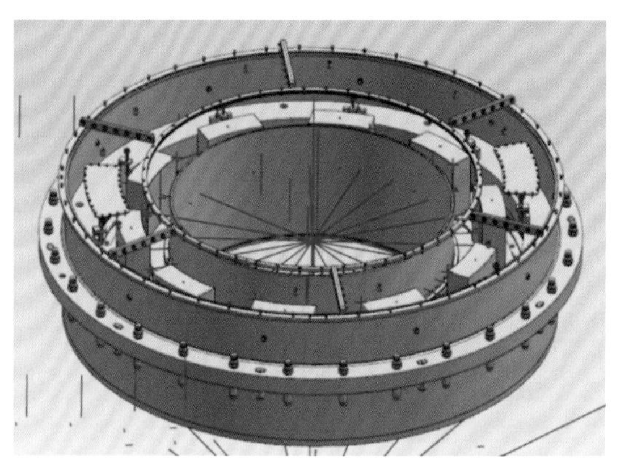

图 2.3.8　金沙水电站水轮机导轴承

2.3.2　发电机

发电机主要由定子、转子、主轴和镜板、下机架、推力轴承及下导轴承、上机架及上导轴承、风洞及机坑、集电装置和接地碳刷、通风冷却系统、制动装置、灭火装置、自动化系统等零部件组成，如图 2.3.9 所示。

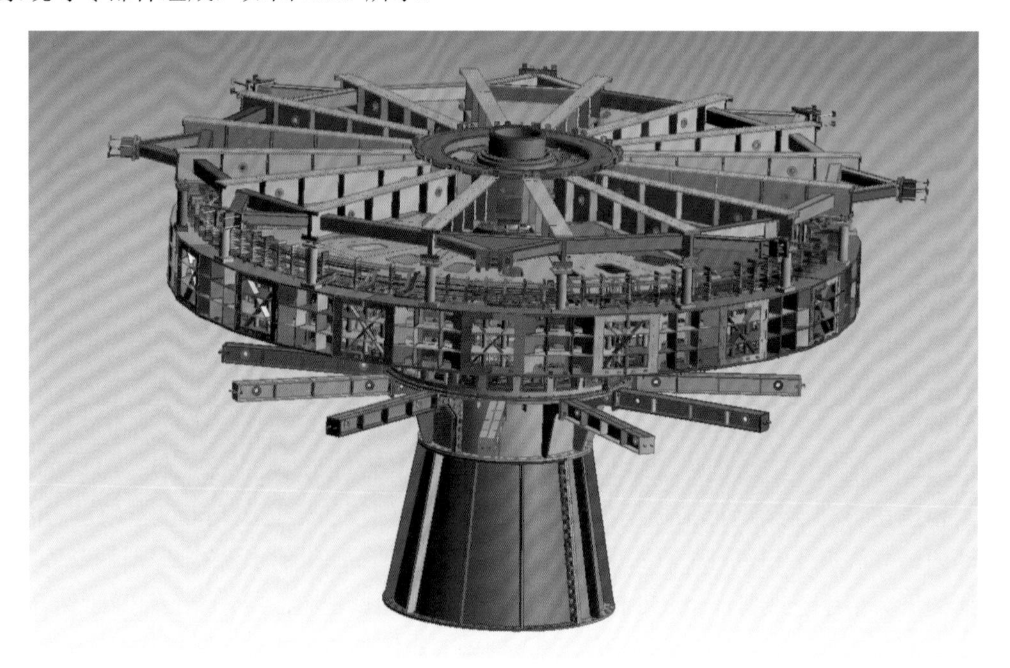

图 2.3.9　金沙水电站发电机

1. 发电机主要技术参数

金沙水电站发电机主要技术参数见表 2.3.3。

表 2.3.3　金沙水电站发电机主要参数

项目	参数
发电机型号	SF140-104/16 950
额定容量	140 MW/160 MVA
额定电压	13.8 kV
额定电流	6 693.9 A
额定功率因数	0.875（滞后）
额定频率	50 Hz
额定转速	57.7 r/min
飞逸转速	178 r/min
绝缘等级	F/F
冷却方式	密闭主、次风路径向自循环空气冷却系统
励磁方式	静止可控硅
机组转动惯量（GD^2）	$GD^2 \geqslant 120\ 000\ t \cdot m^2$
旋转方向	俯视顺时针

2. 定子

定子由机座、铁心、绕组等组成。在工地进行定子机座的整体组焊接、铁心叠装和机坑下线。

1）机座

（1）定子机座为焊接结构正三十二边形，对边尺寸 18 650 mm，高 1 693 mm，如图 2.3.10 所示。定子机座分 8 瓣运至工地，工地现场焊接。机座设上环、中环、下板，环间沿圆周等距离布置加强立筋和导风板等。机座壁上开有空气冷却器窗。机座在工厂分瓣组焊后加工内腔，这样可保证定子铁心叠装精度。下齿压板采用大齿压板结构，上、下齿压板的压指均采用高强度非磁性材料，以减小漏磁引起的附加损耗导致端部发热。

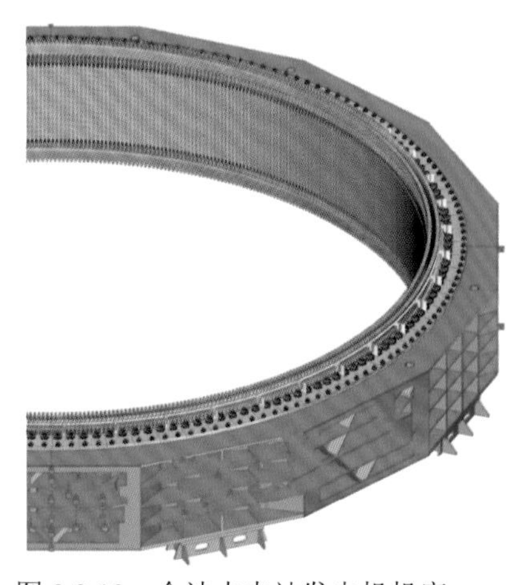

图 2.3.10　金沙水电站发电机机座

（2）机座在电站机坑组焊成整圆形后进行铁心整体叠装。

（3）机座保证有足够的强度和刚度，使其在制造、运输、安装时能承受各种力的作用而不产生损害和变形。

（4）定子放置在 16 个基础板上，基础板埋入混凝土机坑内，通过楔子板调整其高度，以确定定子垂直和水平位置。机座与基础板用螺栓连接，径向销定位并传递扭矩，这种形式能适应定子的热膨胀。

2）铁心

（1）定子铁心采用 50W250、低损耗、无时效、优质冷轧高磁导率硅钢片整体冲制而成，铁心段两端的端板和通风槽板采用铁损小、点焊性能优良的 0.7 mm 厚 DWK2 硅钢片。冲片严格去毛刺后，两面涂固化时间短、收缩率小、硬度高的 F 级硅钢片漆。由于绝缘漆固有的特性，发电机长期运行后漆膜的固化和挥发物的挥发会产生一定的收缩，为防止铁心长期运行后的松动，在铁心拉紧螺杆的上端设一组高强度碟形弹簧，使漆膜收缩后铁心仍保持一定的安全面压。采用新型绝缘漆和碟簧压紧结构，可保证发电机长久运行后铁心不产生松动。

（2）定子铁心的定位压紧采用特殊的定位筋与拉紧螺杆合为一体的定位拉紧螺杆。该定位拉紧螺杆在铁心的一侧为圆形，在机座的一侧为倒鸽尾形，两头有压紧用螺纹。定子铁心冲片外侧开有定位槽及圆槽，叠片时以装于定位槽的工艺导向键定位。铁心压紧后用定位板将螺杆向外楔紧，再将定位板焊在机座的环板上。这种结构装键定位简单、叠片精度高，且铁心在径向可自由膨胀（叠片时无须加临时的间隙垫片），彻底解决了铁心热变形引起的铁心与机座间热应力问题。因压紧螺杆设在铁心轭部，无须另设穿心螺杆，结构简单、可靠。这种结构是一种很成熟的结构，在国内外有大量的应用。

（3）铁心冲片采用单片一组，1/2 搭接叠片方式，叠片时用专用液压工具分段、均匀压紧铁心。铁心采用多次预压紧方式，以确保铁心在各种工况下无异常振动和响声。铁心叠装后槽部的误差均不大于 0.2 mm，铁心在振动频率为 100 Hz 时允许双幅振动量不大于 0.03 mm。

（4）定子铁心内径 16 350 mm，外径 16 950 mm，铁心高 1 578 mm。铁心共分为 43 段，每段高度 30 mm，每段铁心的两端设有绝缘片。通风槽板的小工字钢在铁心的齿部与轭部间断开，并使轭部的工字钢均匀分布。这样可以使定子铁心轭部压力均匀，通风更加均匀，有利于降低定子线圈和铁心温升及铁心温差。

（5）可以通过定子铁心内径吊出发电机下机架及水轮机所有可拆部件。

3）绕组

定子绕组为双层杆式波绕组、4 支路星形连接。绕组电磁线采用先进的涤纶玻璃丝包烧结铜扁线。绕组绝缘为 F 级，线棒主绝缘采用微机自动控制热压成形工艺。在线棒与线棒之间及铁心轭部内均埋置电阻测温元件，以监测发电机运行时绕组和铁心的温升。定子线棒换位方式采用槽内 360° 罗贝尔换位，以降低附加损耗和均衡线棒中股线间的温差。线棒的槽部、出槽口及弯曲过渡部分均作防晕处理。单根线棒在 1.5 倍额定电压时不起晕，定子装配完后整体绕组在 1.1 倍额定电压时不起晕。

（1）上、下层线圈端头采用分三组对接银焊的结构，焊接操作性好，能有效保证焊接质量，减小铜线焊接处的弯曲应力，避免整体焊接方式焊接时间长、温度高对端部绝缘的损害，同时也可降低端部损耗。

（2）为了防止发电机长期运行后定子线圈下沉，在定子线圈上端出槽口的斜边处，每隔 8 槽设置一组线棒止沉块，止沉块支于上齿压板的压指，并将其绑扎在线棒上。在止沉块上端与线棒间垫入含环氧胶的适形材料，待环氧固化后使止沉块和线圈成为一体且支于上齿压板，即可防止线圈的下沉。

（3）绕组端部用非磁性端箍固定，端箍通过支架固定在齿压板上。为适应机组频繁启停机及热膨胀引起的线圈轴向伸缩变形并减小应力，端箍支架的结构允许端部线圈轴向伸缩。为防止在端箍内交变磁通感应产生电流，端箍设有周向绝缘。

（4）定子绕组在实际冷态下，在校正了由于引线长度不同引起的误差后直流电阻最大与最小两相间的差值不超过最小值的 2%。

（5）线棒与铁心槽之间配合紧密，满足标准要求。

3. 转子

转子为无轴结构，由转子支架、磁轭、磁极和制动环等部件组成。它将在现场组装，如图 2.3.11 所示。转子保证有足够的刚度和强度，在飞逸转速下安全运行 5 min 不发生有害变形，并在任何工况下能稳定运行，强度安全系数不小于 1.5。同时结构合理、紧凑，有良好的电磁性能和通风性能。

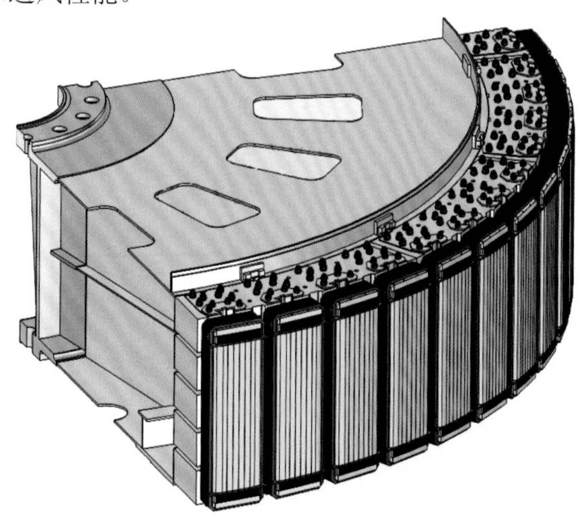

图 2.3.11　金沙水电站发电机转子

1）转子支架

转子支架为直支臂圆盘式焊接结构，分成一个中心体和四块扇形外环组件，在现场焊接而成。整个支架由中心体、上圆盘、下圆盘及立筋等组成。这种结构刚度大、径向通风效果好。

转子支架外缘下侧还装有可拆卸的、分块的制动环。

2）磁轭

磁轭由 3 mm 厚 WDER700 高强度扇形冲片交错叠成，并用螺杆紧固，这样可使得叠片磁轭成为一个整体，大大地提高了磁轭的强度和刚度。磁轭扇形冲片在工厂内进行试叠检查，合格后才能出厂。不同质量的冲片分级包装。在磁轭上下端设有磁轭压板，磁轭通过“T”形磁轭键、卡键和锁定板楔紧在转子中心体上。磁轭外缘加工有鸽尾槽用于固定磁极。现场安装时，磁轭加热到规定温升后在磁轭键槽中插入“T”形磁轭键和垫片，磁轭自然冷却后打入两侧楔形切向键即完成打键过程，打键过程简单方便。采用这种“T”形磁轭键具有径向、周向配合紧密，运行中保证转子圆度，抗过速性能强的优点。磁轭设有径向通风沟，不设风扇。

3）磁极

磁极由磁极铁心和磁极线圈组成。

（1）磁极铁心由 1.5 mm 厚 WDEL350 专用冷轧磁极板冲片叠成，两端有压板通过拉杆压紧。

（2）磁极线圈由两种宽度不同的半硬紫铜排焊接而成。这种线圈由于表面有凸出的散热匝，可成倍增加其散热面积，从而降低线圈的温升。且线圈的形状规整。线圈匝间垫以 Nomex 材料绝缘纸，与铜排热压成一体。线圈对地绝缘除了极身绝缘外，还在极身四周角部采用特殊的角绝缘，以增强绝缘的可靠性。下绝缘法兰内侧用玻璃绳缠在磁极铁心上并浇环氧树脂，再用铁法兰与铁心焊接固定。这种结构绝缘可靠，铁心绝缘不会遭到污染。同时采取措施以适应绝缘法兰与线圈间由于线圈热膨胀产生的相对滑动。磁极到现场后无须脱出线圈清扫即可直接挂装。在相对湿度不大于 95%、温度不低于 10 ℃的情况下确保绝缘合格。

（3）磁极挂装时在磁极铁心鸽尾的上下两端各打入一对楔形键，将磁极楔紧在磁轭上，楔形键用压板锁定。这种结构拆装磁极非常方便，不必吊出转子和上机架就能拆装磁极。

（4）极间连接采用多层薄紫铜片连接，用螺栓把紧，便于安装、拆卸和检修。同时防止极间连接线所产生的离心力使磁极绕组末匝产生变形和滑动。

（5）转子设有纵横阻尼绕组，阻尼条与阻尼环的连接采用银铜焊，阻尼绕组间采用柔性连接，防止因振动和热位移而引起故障。其连接牢固可靠，检修方便。

（6）励磁引线由铜排制成，按特有的绝缘和固定方式固定在转子支架平面上，沿着上端轴内腔连接至集电环。

4. 主轴和镜板

1）主轴

（1）主轴由推力头和轴身构成。轴身采用 20SiMn 锻钢，符合《水轮机、水轮发电机大轴锻件　技术条件》（JB/T 1270—2014）规定，满足发电机提高功率因数 $\cos\varphi = 1$ 时的最大传递扭矩要求，并且在最大飞逸转速在内的任何转速下运行而不产生有害的振动和摆度。

推力头采用 20SiMn 铸钢。

（2）转子与主轴的连接方式采用铰制联轴螺栓的结构，这种结构在转子与大轴连接时能自定位且定位精度高，拆装方便。

（3）水轮机和发电机主轴联轴后，旋转部分的一阶临界转速大于最大飞逸转速的 125%。

（4）机组轴线在出厂前经过预装并保证在安装时可不进行盘车校正。机组安装后，允许不经轴线校正即可投入运行。

2）镜板

镜板采用 55 号锻钢，镜面硬度大于 180 HB，镜面硬度差值不大于 30 HB，平面平行度为 0.02 mm，镜面平面度为 0.02 mm，镜面粗糙度为 0.2 μm。

5. 推力轴承、下导轴承与上导轴承

（1）推力轴承承受水轮发电机组所有转动部件的重量和水推力构成的组合载荷，如图 2.3.12 所示。推力轴承采用弹性油箱支承结构。对于该支承方式国内已有丰富的制造经验，配弹性金属塑料瓦也已有工程运用经验，推力瓦运行参数比较优良，具有性能可靠、瓦间受力均匀、安装维护方便等优点。推力轴承由 20 块扇形瓦组成。推力瓦采用弹性金属塑料瓦。推力瓦与弹性油箱为面接触，可有效减少瓦面在受力后变形。

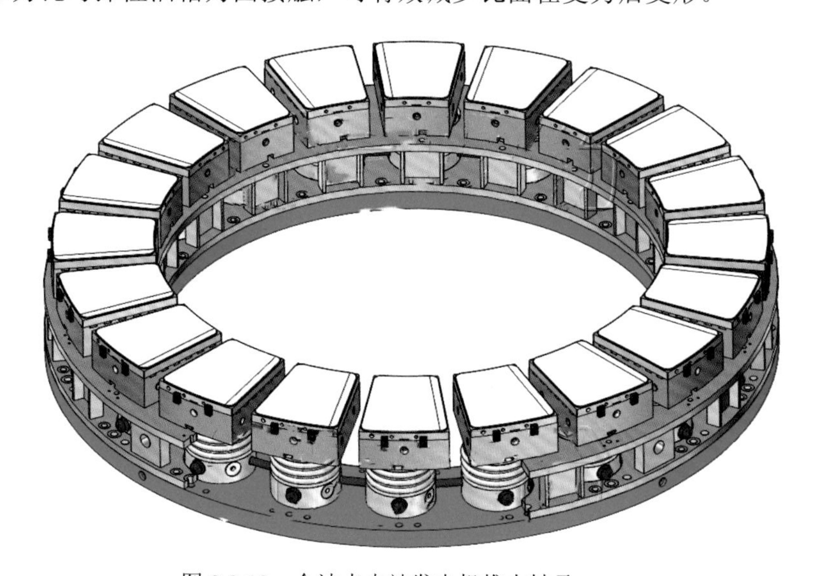

图 2.3.12　金沙水电站发电机推力轴承

（2）推力轴承瓦采用双层瓦，可将推力瓦单独取出，对推力轴承进行就近或机坑外检修。

（3）下导轴承布置在下导轴承支架内，和推力轴承共用一个油槽。下导轴承由导轴瓦、楔形调整装置等组成。下导轴承由 18 块扇形瓦组成，采用巴氏合金瓦。瓦的背面有球面支承柱，该结构在运行时能自动产生偏心。径向力通过支承柱传到楔块上，楔块组装在油槽导轴承支架上。利用楔块可以调整轴瓦间隙和转子中心。这种调整装置充分考虑了调整过

程的全部细节，使间隙调整方便、可靠、准确。

（4）上导轴承装于上机架中心体内。上导轴承与下导轴承结构基本相同。上导轴承由16块扇形瓦组成，采用巴氏合金瓦。润滑油由装在油槽内的螺旋形油冷却器冷却，并采用接触式密封防止油雾污染。

（5）滑转子热套在发电机上端轴上。滑转子与上端轴之间设有轴电流防止绝缘。

（6）推力轴承采用润滑油镜板泵内循环冷却的润滑方式。润滑油通过装在油槽内的油冷却器进行冷却。冷却器设计为正反向均可进水以防沉淀物堆积，且可在不拆卸轴承条件下进行更换或检修。

（7）在推力轴承和导轴承的油温不低于＋5℃时允许机组投入正常运行，同时允许机组在停机后立即启动；并允许在事故情况下不加刹车停机，均不损坏轴瓦。

（8）润滑油采用水冷却方式。在正常运行时，如果轴承冷却水中断，允许带额定功率无损运行20 min。

6. 机架

1）上机架

上机架为非负荷机架，由中心体和16条支臂组成，在现场与中心体组焊。上机架设计有8个切向支撑，支撑与基础板现场组装调整后与支臂组焊。切向支撑的支脚与基础板之间设置有切向键，在径向上保持一定间隙，而在切向上滑动相接，在机组异常运行（如突然短路、飞逸、半数磁极短路等）工况下风道壁不受径向冲击力，在机组正常运行时，允许上机架径向自由膨胀，避免风道壁承受热应力。这种结构的上机架，可保证各个方向的径向力转变为切向力作用在机坑风道壁上，使风道壁受力状况得到极大改善，如图2.3.13所示。

2）下机架

下机架为负荷机架，承受所有转动部件重量、水轮机的轴向水推力、下机架自重和推力轴承、下导轴承重量及各种工况下作用在下机架上的径向和切向负荷。它通过螺栓固定在水轮机顶盖上，由柱段和锥段组成，通过螺栓把合。在下机架（锥段）适当位置上设有一进人门，可供检修人员出入，如图2.3.14所示。

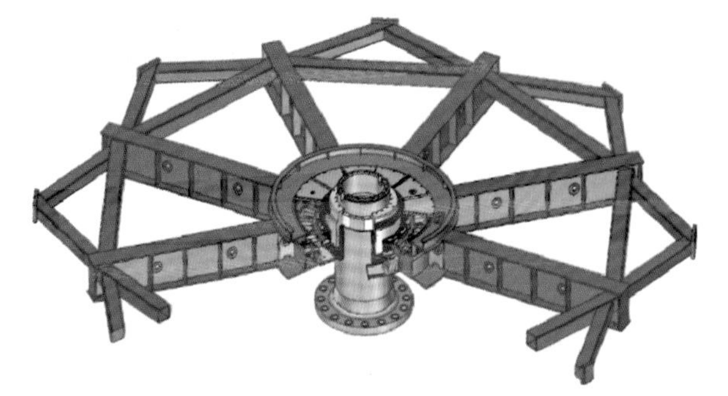

图2.3.13　金沙水电站发电机上机架

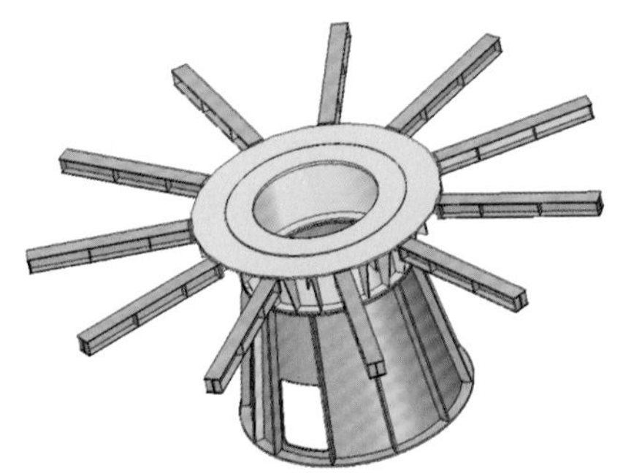

图2.3.14　金沙水电站发电机下机架

7. 风罩及机坑

发电机装于钢筋混凝土机坑内，在坑顶与楼板同高处设盖板将坑封盖，盖板间设置特制的密封条，构成封闭的风罩。发电机上盖板的设计能作为工作平台，可分块拆卸以利于空气冷却器吊出。

设置配有暗锁及带拉手的机坑防火密封进人门。

8. 集电装置和接地碳刷

（1）滑环置于发电机上端轴的上方。集电环材质为 Q235A 碳钢。与不锈钢相比，碳钢的导电性更强，且散热性约为不锈钢的 2 倍。因此使用碳钢的集电环不易发热，选用合适的碳刷同样有良好的耐磨性能。

（2）刷架固定于发电机顶罩上，如图 2.3.15 所示。刷架与滑环均在密封的风罩内，且与发电机风室分开，以保证碳刷粉尘不污染定子、转子。顶罩壁上设有过滤器用来吸收碳刷粉尘以保持顶罩内清洁及厂房的空气清新。

（3）集电环的最大摆度不超过 0.4 mm。

（4）下机架中心体底部靠近发电机转轴处装有接地碳刷。

图 2.3.15　金沙水电站刷架

9. 附属设备

1）通风冷却系统

（1）通风冷却系统采用密闭主、次风路径向自循环通风冷却系统。在转子上、下两端的转子支架外缘和定子铁心内径之间安装固定挡风板，同时在转子支架上、下圆板上都设有适当数量和大小的风孔。大部分冷风（主风路）从定子上部进入发电机腔冷却定子线圈顶部后，在转子自风扇功能产生的离心力的驱动作用下，从转子支架上圆盘的风孔吸入转子腔，依次经过磁轭极间及通风道、磁极极间、定转子气隙、定子铁心通风沟、空气冷却器，冷却铁心和线圈。

小部分冷却风（次风路）经过定子机座与基础间的空隙，冷却定子线圈下端部后，经转子支架下圆盘的风孔与主风路的风汇合，再经转子与定子至空气冷却器。经过空气冷却器出来的冷风，在转子自风扇功能的驱动下，进入下一个循环，整个风路风量分布均匀。

（2）定子机座外装设 16 只空气冷却器，保证在 2 台冷却器退出运行时，不影响发电机按最大功率及额定工况运行，各部分的温升不超过规定值。空气冷却器结构采用 LTS 空气热交换器（type air heat exchanger）。该结构具有风阻低、传热效率高、用水量少、清洗方便等优点。

2）制动装置

（1）机组制动采用电气与机械制动配合使用的方案，同时也允许电气制动和机械制动单独使用。

（2）在下机架上设 22 只双活塞油气腔分开制动器、气复位式制动器。制动器可兼用于转子顶起装置。

（3）每只制动器上设双接点行程开关，能反映制动器是否动作或全部复位。制动块采用非石棉聚合树脂材料，摩擦系数大，不污染环境，无粉尘。

（4）在制动器下层活塞下可送高压油以顶起转子，顶起行程为 10 mm。

3）灭火装置

定子两端装有灭火环管。环管材料采用不锈钢，上、下环管各装有 35 个喷雾器。喷雾器型号 ZSTWB-30-120，灭火介质为水。当发生火情时，半自动或手动操作供水，通过环管向线圈端部喷雾以灭火。线棒上、下端均安装线状火警探测器。该火警系统在线圈温度达到 150 ℃时自动声光报警，并指示线圈过热位置。当线圈温度达到 200 ℃时，再次报警，信号可接至停机回路和投水灭火回路。

4）防潮装置

在机坑内沿圆周方向均布 12 只 3 kW 的电加热器，电加热器与发电机控制系统相互闭锁，加热器在停机时能自动投入运行，机组重新运行时能自动退出。

5）防油雾装置

上油槽内设置有铜带密封和油雾呼吸器。下油槽内设置有迷宫式密闭环和铜带密封。另外，油槽内的油泵吸出含有少量油雾的空气，空气经油气分离器分离出的油返回油槽或排到集油箱。此装置可消除油雾对发电机的污染。

6）自动化系统

机组按无人值班，少人值守的原则进行自动化元件配置。

2.4　轴流式水轮发电机组设计创新与实践

2.4.1　机组单机尺寸和水头变幅大

金沙水电站坝址处属中山峡谷地貌，河谷横断面呈较对称“V”形，两岸山坡较陡，正常蓄水位 1 022 m，江面宽度约 265 m，因此金沙水电站采用较大的单机容量，可减少机组装机台数，从而降低枢组布置难度。在可行性研究及工程实施阶段，金沙水电站推荐方案为装设 4 台单机功率 140 MW 的轴流式水轮发电机组，对应水轮机转轮直径为 10.65 m，转轮叶片数为 5 叶片，从现有的国内机组制造运行经验来看，已运行的最大的 5 叶片轴流式水轮发电机组转轮直径 10.4 m（乐滩水电站，单机容量 150 MW），最大的 4 叶片转轮直径 11.3 m（葛洲坝水电站，单机容量 170 MW），因此，金沙水电站推荐的 5 叶片水轮机方案，在该水头段转轮直径最大，超过了目前现有的工程实例。

水电站正常运行时上游水位变动幅度不大，一般在 2 m 以内，为日调节水库；但下游水位受银江水库水位的变幅影响较大，尾水位变动幅度达 24 m，导致电站运行水头范围为 8.0 ～26.8 m，其变幅比达 3.35，且电站发电水头分布主要集中在高水头段，所以同时兼顾水轮机高水头和低水头稳定性具有较大难度（董婧婧，2023；李明俊 等，2001；李贤锋，2002）。

2.4.2　取得的先进创新技术

（1）增加了额定水头以下水轮机导叶开度，优化了水轮机水力设计并增加电站经济效益。金沙水电站为日调节径流式水电站，枯水期流量小，水头高；汛期流量大，但水头低。为了充分利用金沙江汛期流量，提高水电站发电效益，在水轮机设计时，采用了超常规加大导叶开口的设计方案（额定水头以下导叶开度裕度不小于 5%），提高了水轮机在低水头大流量时的发电能力，为电站创造了可观的经济效益。

（2）有效解决了大水头变幅机组运行稳定性问题。金沙水电站水头变幅较大，为了全面考验水轮机在 8.0～26.8 m 水头范围内运行的稳定性和强度，对水轮机模型验收给予了足够的重视，共开展了水轮机模型初步验收及国际中立试验台验收，同时对水轮机全流道流场开展了数值仿真计算研究，对水轮发电机组关键结构部件开展了三维有限元数值计算研究。真机运行结果表明，水轮机在全水头范围内水力和结构稳定性良好。

第 3 章

泄洪发电条件下电站尾水波动

3.1 技术背景

3.1.1 电站尾水波动对机组运行的影响

目前有关厂房尾水波动对机组运行的影响有一些研究，李进平和杨建东（2004）利用水工模型试验的尾水波动测试结果作为边界条件，采用水电站过渡过程的分析方法进行数值仿真模拟，探讨了枢纽泄洪造成的水电站尾水波动对机组稳定运行的影响。其主要论证了尾水闸门井的消波作用，并指出在研究过程中需考虑尾水波动的振幅和频率的影响。但需要指出的是，该研究在进行调保计算时，假定尾水洞的压力波动与尾水渠的压力波动相当，即将尾水波动直接叠加到尾水洞出口的压力边界上。

陆师敏等（2001）针对水布垭水电站的直尾水洞方案，针对尾水洞出口处尾水波动较大的问题，通过模拟计算、三维流体仿真计算、水工模型试验，深入研究了泄洪波浪对机组和电网稳定运行、机组出力和转速波动的影响，以及泄洪波浪引起的压力波动在尾水洞中的传递规律。其通过 1∶100 水工模型试验得出，尾水洞口门区泄洪水流表面波浪与底部压力波动幅值有较大差别，枢纽泄洪时尾水洞内的压力波动值小于尾水洞外尾水波动值，尾水波动引起的压力波动在沿尾水洞出口向尾水管进口方向传递时有衰减趋势。

徐文善（1989）通过天桥水电站水工模型试验和新安江水电站水工模型试验对比原型观测分别探讨了尾水波动对机组出力与稳定运行的影响。天桥水电站在每孔电站出水口的下方设有两个 6.5 m×2 m 的底孔，底孔的高速射流发展至水面造成尾水的波动，试验结果表明：尾水管内脉动压力与下游尾水波动无直接关系，经时域与频率分析可知，尾水管内的低频紊动与尾水波动有关，而高频脉动与尾水波动无关；尾水管内深处的脉动压力所测频率远大于水位波动频率。并且，该电站多年运行实践表明，底孔泄水不影响机组正常运行。

新安江水电站采用了厂房顶部溢流的泄洪模式，原型观测表明，溢流坝的挑流水舌射入下游河床后激起了尾水巨大波浪，但泄洪期间机组的摆度和泄洪前基本无差异，且机组正常运行，出力稳定。对新安江水电站 1∶100 模型试验进行对比，发现模型试验和原型观测结果相近，但波动频率有一定差别，所以在将模型测得频率应用于原型时应该注意。

结合以上两个工程的研究，徐文善（1989）指出，尾水波动对水电站机组影响程度应从尾水水面波动特性与管道系统中压力脉动关系来探讨。水电站机组管道系统包括压力管道、机组和尾水管，它们在正常运行情况下也具有一定压力脉动特性，该脉动特性与泄流水位波动的特性不同。

另外，大量的研究成果表明，带有自由表面的水流的脉动频率一般较低，通常在 2 Hz 以下，少数超过 2 Hz 但也很少超过 5 Hz。

3.1.2 电站尾水波动影响因素

枢纽布置格局是影响厂房尾水波动的核心因素。在地形条件、地质条件允许的情况下，枢纽布置时一般使厂房尾水洞出口尽量远离泄洪消能区，以减少消能区水体紊动对厂房尾水波动的影响。常见的坝后式水电站、河床式水电站和引水式水电站中，引水式水电站厂房一般布置于距消能区较远的区域，厂房尾水波动受枢纽泄洪的影响相对较小，而坝后式水电站与河床式水电站的厂房往往紧邻泄洪建筑物，厂房尾水波动受枢纽泄洪的影响相对较大，在枢纽布置时通过设置厂闸导墙隔离消能区水体与厂房尾水水体，以减少泄洪对厂房尾水波动的影响。

对于坝后式水电站与河床式水电站，在枢纽布置格局确定的条件下，泄洪消能形式是影响电站尾水波动的主要因素之一。坝后式水电站泄洪建筑物下泄水体与下游的衔接有挑流、面流或底流形式；河床式水电站泄洪建筑物下泄水体则常采用面流形式或底流形式与下游衔接，不同的衔接形式下泄水体的消能率及其产生的水面波动均有差异，从而对厂房尾水波动的影响也各异。

对于坝后式水电站与河床式水电站，在枢纽布置格局及泄洪消能形式确定的条件下，厂闸导墙尺寸是影响电站尾水波动的另一主要因素。当厂闸导墙的高度不足时，在较大流量的泄洪工况下，厂闸导墙可能被淹没，消能区水体强烈紊动直接引起尾水渠水面的大幅波动，或者消能区水体间歇性漫越厂闸导墙进入尾水渠引起其水面波动。当厂闸导墙长度不足时，消能区水体紊动亦能直接引起尾水渠的水面波动，或者通过绕射的方式传递至尾水渠。在很多水利水电工程的枢纽水工模型试验中，均对厂闸导墙的尺寸进行了优化研究，通过加大高度和增加厂闸导墙的长度来减少枢纽泄洪对电站尾水波动的影响。

对于坝后式水电站与河床式水电站，泄洪调度方式是影响电站尾水波动的另一主要因素。具备分区泄洪功能的坝后式水电站与河床式水电站，对于泄洪与发电并存的工况，在保证泄洪安全的前提下，尽量采用对厂房尾水波动影响较小的泄洪调度方式。

3.1.3 工程水力学研究方法与发展现状

目前，关于工程水力学的研究方法主要有理论分析、模型试验、数值模拟和原型观测四种方法，在实际应用中，又以模型试验和数值模拟两种方法为主。目前，模型试验多采用重力相似准则进行数据换算，数值模拟在工程仿真方面多采用二方程这一雷诺平均湍流模型（reynolds averaged navier-stokes，RANS），以同时兼顾计算准确性和计算效率。

对于本书的研究，模型试验可以直观反映水流流态。流速、压力、水面线等数据的时均值可以得到较为可靠的结果。脉动压力受量测仪器的制约，试验中只能对壁面压力进行监测，测点的布置也较为有限。

与模型试验的方法相比，数值模拟可以方便快速建立计算模型，并通过合理的边界和初始条件设置，得到压力、流速、掺气量、水面线、紊动能等全面的全流场的特性参数。由于数值模拟直接对工程原型尺度进行计算，在数学物理模型合理的条件下可以直接得到数据，避免了比尺效应。在数值模拟中，可以在流场中任何位置设置数据监测点，计算结果可以通过可视化软件进行直观生动地展示，便于结果的分析。

数值模拟方法也并非没有缺陷，目前对于湍流的数值模拟仍然是一个难题，虽然在模拟方法上有直接模拟、大涡模拟等更加精确的模型，但对于工程模拟而言，其所需要的计算空间巨大，不具有可行性。因此工程上可行的湍流模型仍然以二方程模型为主。此模型通过求解雷诺平均湍流模型来获得相关水力学参数，对于脉动量的求解精度和可靠性一般。

因此，本书同时采用模型试验和数值模拟的方法进行对比分析研究。

3.1.4 消浪防波措施研究现状

1. 波浪能量的分布规律

在海洋、湖泊、水库等宽敞水面上，波浪是常见的水体运动形式之一，流体中质点在外力（风、地震等）作用下离开原来的位置，但在内力（重力、水压力、表面张力等）作用下，又有使它恢复原来位置的趋势，水质点在其平衡位置附近作近似封闭的圆周运动，并引起相邻水质点相继振动，使水面产生周期性起伏，产生了波浪。波浪的传播，并不是水质点向前移动，而是波形的传递。一般来说，开敞水域的波动发生在水体的上层，而在上层水层厚度为2～3倍波高的范围内，集中了波浪总能量的90%～98%。波浪按成因可分为风浪、涌浪、潮波、船行波、风暴潮及海啸等。

在水利水电工程中，泄洪建筑物下泄水体在坝下集中消能后，其余能中的大部分便以波浪的形式向下游及周边传递。虽然电站尾水波浪的形成原因，以及其在近消能区的传播规律与开敞水域有所差异，但水利水电工程中电站尾水渠的位置一般远离消能区，波浪传播至尾水渠时波能沿水深方向的分布特点及运动规律已接近开敞水域，因此开敞水域的有关波浪理论及其研究成果可为枢纽泄洪对电站尾水波动影响研究提供指导。

2. 消浪防波措施应用现状

消浪防波措施目前在海洋工程中应用较多，防波堤是港口和海岸工程中常见的用于防御波浪、泥沙、冰凌入侵，保证港口有足够的水深并维持水面平稳，便于船舶安全停泊和作业的水工建筑物。建造在海湾、海岸或岛屿的港口通常采用防波堤来形成有掩护的水域，部分防波堤还可以起到防止港池淤积和波浪冲蚀岸线的作用。如图 3.1.1 所示，防波堤按照结构形式可分为斜坡式、直立式、水平混合式、透空式、浮式、压气式、水力式等。

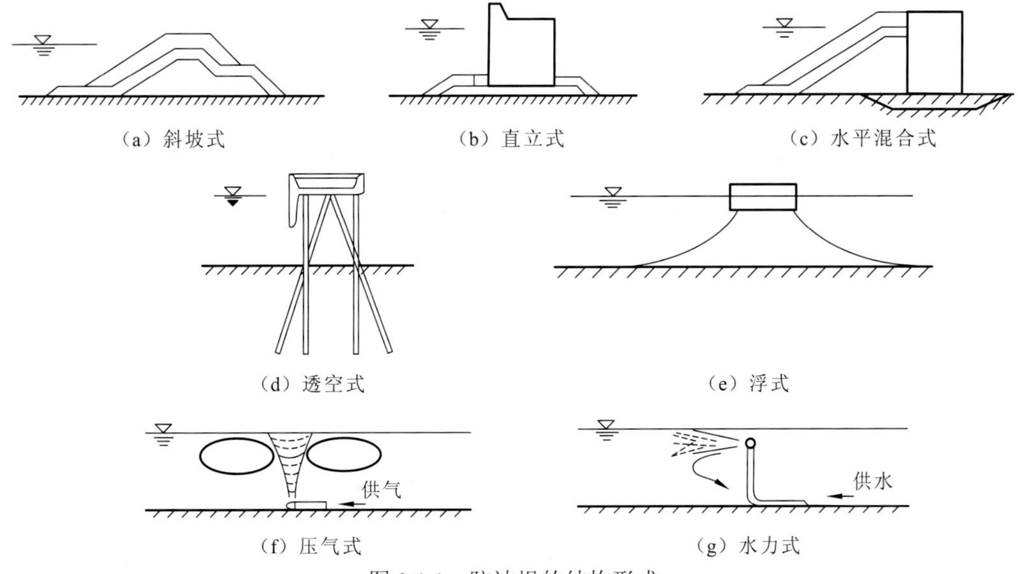

（a）斜坡式　（b）直立式　（c）水平混合式

（d）透空式　（e）浮式

（f）压气式　（g）水力式

图 3.1.1　防波堤的结构形式

国内外比较常见的消浪防波措施，如图 3.1.2 所示，其中斜坡式、水平混合式防波堤一般用于海岸工程中，可以较好保护港口和水域，也可用于水利水电工程中的岸坡防护工程，但作为降低厂房尾水波动的措施不适用，且不具备布置条件，故不宜采用；桩式消浪措施和植物（生态浮岛）消浪措施在厂房尾水下游具备布置及施工条件，但桩林和植物需达到一定的密度才具备较好的消浪效果，所以可能会影响尾水下游河道的过流能力，导致尾水壅高，进而对机组发电造成影响，也不宜采用；浮式消浪排和浮式防波堤可漂浮在水面上，对枢纽布置和河道过流能力基本没有影响，施工难度和工程造价均较小，且结构措施可以在工程运行期进行施工，检修方便，因此较为适合作为河床式水电工程降低尾水波动的措施。

（a）斜坡式防波堤

（b）水平混合式防波堤

(c) 桩式消浪措施

(d) 植物(生态浮岛)消浪措施

(e) 浮式消浪排

(f) 浮式防波堤

图 3.1.2 工程实践中常用的消浪防波措施示意图

3. 浮式消浪防波措施研究现状

理论分析和大量试验结果表明:波浪的能量大部分集中在水体的表层,在水体表层 2 倍和 3 倍波高的水层厚度内分别集中了 90%和 98%的波能。由此产生了适应波能分布特点的特殊形式防波堤。

浮式防波堤是特殊形式防波堤的一种,其主要优点包括:随着水深的增加,其造价比固定式的防波堤低廉;很容易应用在软土水域,不需要做特殊的地基处理;不影响水体交换,对沿岸、水体和生物交换、海湾或河口环境状况等影响较小;可任意拆迁,重复使用;建造周期短,速度快;浮体、缆绳和锚具容易制造。鉴于以上优点,浮式防波堤是一种应用在波浪能量相对较低而没必要修建坐底式防波堤、水深及基床条件差而修建坐底式防波堤又十分困难的水域,要求所掩护的水域有良好的水质交换条件等情况下较优的结构形式。因此,在具有较好避风条件的天然水域设置浮式防波堤,以达到更佳的避风抗浪效果;浮式防波堤还可以用于掩护水产养殖设施,以取得节省投资和保持良好水质交换的双重效果。

根据消波机理的不同,浮式防波堤可分为反射型结构、反射和波浪破碎型结构及摩擦型结构三种。栅栏式浮式防波堤具有破碎反射波的功能,是由反射、谐振和波浪破碎来减小透射波,诸如多层浮管式浮式防波堤、开孔沉箱式浮式防波堤、垂直幕墙式浮式防波堤等。

3.2　泄洪消能方案及设计条件

3.2.1　基本条件

1. 水文

1）径流

金沙江流域的径流主要来源于降水，上游地区有部分融雪补给。流域内的径流分布与降水的分布相应，年内分配不均。汛期主要集中在 6～10 月，径流约占年径流总量的 80.5%，枯期水量（11 月～次年 5 月）占年径流总量的 19.5%。流域具有一定的调蓄能力，枯水期径流较为稳定。径流年际变化不大，攀枝花水文站的流量系数 C_v 值约为 0.17。

金沙水电站的设计依据站为攀枝花水文站。坝址的径流直接采用攀枝花水文站径流成果，坝址 1953～2011 年年径流系列共计 59 年，多年平均流量为 1 870 m^3/s，径流量 590 亿 m^3。

2）坝址设计洪水

金沙水电站洪水设计参数见表 3.2.1。坝址 $P=2\%$和 $P=3.33\%$的天然设计洪水分别为 13 000 m^3/s 和 12 100 m^3/s，在观音岩水电站建成后，金沙坝址 $P=2\%$和 $P=3.33\%$的设计洪水将降为 11 700 m^3/s。

表 3.2.1　金沙坝址（攀枝花站）设计洪水成果

参数	P									
	0.1/%	0.2/%	0.33/%	0.5/%	1/%	2/%	3.33/%	5/%	10/%	20/%
Q_m /（m^3/s）	18 000	16 900	16 000	15 400	14 200	13 000	12 100	11 400	10 100	8 780
W_{24h} /亿 m^3	15.3	14.4	13.7	13.1	12.1	11.1	10.3	9.7	8.6	7.5
W_{72h} /亿 m^3	43.9	41.2	39.2	37.5	34.7	31.8	29.7	27.9	24.8	21.4
W_{7d} /亿 m^3	95.4	89.5	85.1	81.5	75.4	69.1	64.4	60.6	53.8	46.6
W_{15d} /亿 m^3	186.0	175.0	166.0	159.0	147.0	135.0	126.0	118.0	105.0	90.9

3）水位与流量关系

金沙水电站中、下坝址的水位与流量关系见表 3.2.2。

表 3.2.2 金沙水电站水位与流量关系表

水位/m	流量/（m^3/s）	水位/m	流量/（m^3/s）
994.5	304	1 008.5	7 280
995.0	407	1 009.0	7 670
995.5	510	1 009.5	8 060
996.0	631	1 010.0	8 450
996.5	775	1 010.5	8 840
997.0	933	1 011.0	9 250
997.5	1 100	1 011.5	9 670
998.0	1 270	1 012.0	10 100
998.5	1 450	1 012.5	10 600
999.0	1 640	1 013.0	11 100
999.5	1 850	1 013.5	11 600
1 000.0	2060	1 014.0	12 100
1 000.5	2 290	1 014.5	12 600
1 001.0	2 520	1 015.0	13 100
1 001.5	2 770	1 015.5	13 600
1 002.0	3 030	1 016.0	14 100
1 002.5	3 300	1 016.5	14 600
1 003.0	3 570	1 017.0	15 100
1 003.5	3 860	1 017.5	15 600
1 004.0	4 160	1 018.0	16 200
1 004.5	4 470	1 018.5	16 800
1 005.0	4 790	1 019.0	17 400
1 005.5	5 120	1 019.5	18 000
1 006.0	5 460	1 020.0	18 600
1 006.5	5 810	1 020.5	19 200
1 007.0	6 170	1 021.0	19 900
1 007.5	6 530	1 021.5	20 600
1 008.0	6 900	1 022.0	21 300

2. 气象

攀枝花河段设有攀枝花国家基本气象站，高程 1 193 m，有 1977 年以来的气象观测资料。据攀枝花气象站 1977～2010 年气象资料统计，坝址区域多年平均气温 20.9 ℃，见表 3.2.3，历年最高气温 40.4 ℃，历年最低气温 0.4 ℃，多年平均降水量 845.5 mm，多年平均蒸发量为 2 037 mm，历年实测年最大风速为 18.3 m/s（1978 年 2 月）。攀枝花水文站观测水温项目，据该站 1966～2010 年水温资料统计，多年平均水温为 15.4 ℃。

表 3.2.3 攀枝花气象要素统计表

项目	1 月	2 月	3 月	4 月	5 月	6 月	7 月	8 月	9 月	10 月	11 月	12 月	1977～2010 年
平均气温/℃	13.6	17.0	21.2	24.4	26.0	26.1	25.5	24.9	22.8	20.2	16.2	13.0	20.9
最高气温/℃	29.2	32.5	35.9	38.5	40.4	39.8	38.8	36.1	35.1	33.5	30.5	28.1	40.4
最低气温/℃	2.2	3.6	4.9	8.7	10.6	15.5	15.9	15.6	10.9	9.5	3.3	0.4	0.4
平均降水量/mm	6.3	3.9	7.7	12.3	53.2	142.4	230.0	178.8	138.5	55.8	15.1	1.7	845.5
平均蒸发量/mm	111.7	160.4	256.4	293.5	273.5	211.0	165.8	155.6	124.4	111.4	90.1	80.1	2037
一日最大降水量/mm	15.4	19.1	24.5	26.6	39.8	156.4	117.7	121.4	97.3	50.8	22.4	22.5	156.4
平均相对湿度/%	50	39	33	36	47	62	71	72	74	71	67	63	57
平均风速/（m/s）	1.0	1.6	2.0	2.0	1.9	1.7	1.3	1.2	1.2	1.1	0.8	0.7	1.4
最大风速/（m/s）	10.0	18.3	14.0	16.0	17.3	16.3	17.7	17.0	14.7	12.0	15.0	12.0	18.3
最大风速相应风向	ENE、WSW	WNW	WSW、WNW	SWW	SSE	NW	SSW	SSE	SE	WSW	E	SE	WNW
平均地温/℃	14.0	18.3	23.7	28.7	31.0	30.0	28.7	27.8	25.7	22.9	18.0	13.8	23.6
平均水温/℃	9.9	11.9	14.7	17.2	19.0	20.3	20.3	20.2	18.9	16.8	13.0	10.5	15.4

注：东（E）、南（S）、西（W）、北（N）。

3. 泥沙

金沙水电站坝址多年平均悬移质年输沙量为 5 120 万 t，多年平均推移质年输沙量为 154 万 t。

4. 洪水设计标准

根据《防洪标准》（GB 50201—2014）和《水电工程等级划分及洪水标准》（NB/T 11012—2022）的规定，确定各水工建筑物的洪水设计标准及相应频率的洪峰流量见表 3.2.4。

表 3.2.4 水工建筑物洪水设计标准

主坝坝型	建筑物名称	正常运用		非常运用	
		洪水重现期	洪峰流量/（m^3/s）	洪水重现期	洪峰流量/（m^3/s）
混凝土坝	壅水、泄洪建筑物	100 年一遇	14 200	1 000 年一遇	18 000
	电站厂房	100 年一遇	14 200	1 000 年一遇	18 000
	消能防冲建筑物	50 年一遇	13 000	—	—

5. 特征水位及流量

金沙水电站中、下坝址的特征水位及流量见表3.2.5。

表3.2.5　金沙水电站特征水位及流量表

项目	入库洪峰流量/（m^3/s）	下泄流量/（m^3/s）	上游水位/m	下游水位/m	备注
$P=0.1\%$洪水	18 000	18 000	1 025.30	1 019.49	大坝、电站厂房校核洪水
$P=1\%$洪水	14 200	14 200	1 022.00	1 016.10	大坝、电站厂房设计洪水
$P=2\%$洪水	13 000	13 000	1 022.00	1 014.90	消能建筑物设计洪水
$P=20\%$洪水	8 780	8 780	1 022.00	1 010.42	—
正常蓄水位	—	—	1 022.00	—	—
死水位	—	—	1 020.00	—	—
电站单机引用流量	—	954.5	—	997.06	—
电站满发引用流量	—	3 818	—	1 003.43	—

6. 主要机电设备参数和动能指标

金沙水电站水轮发电机组性能参数见表3.2.6。

表3.2.6　金沙水电站水轮发电机组性能参数表

序号	参数名称	数值
1	装机容量（台数×单机容量）	4×140 MW = 560 MW
2	单机引用流量	954.5 m^3/s
3	最大水头	26.8 m
4	最小水头	8.0 m
5	加权平均水头	19.91 m
6	额定水头	16.8 m
7	安装高程	999.0 m
8	吸出高度	−8.85 m
9	保证出力	207 MW
10	多年平均发电量	25.07 亿 kW·h
11	装机年利用小时	4 480 h

3.2.2　泄洪消能建筑物布置与设计

金沙水电站校核洪水洪峰流量 Q=18 000 m^3/s，具有“低水头、大泄量”的工程特点，根据国内已建成的同等规模工程的设计经验，本工程泄洪建筑物采用全表孔泄洪的形式，消能建筑物采用底流消能。

综合考虑泄洪建筑物布置及泄流能力要求，在坝身布置 5 个孔口尺寸为 14.5 m×23 m 泄洪表孔。结合导流建筑物的布置，5 个泄洪表孔被纵向围堰分成两区，纵向围堰坝段以左布置 3 个孔，以右的导流明渠内布置 2 个孔。5 个泄洪表孔采用开敞式实用堰体型（WES practical weir shape），堰顶高程为 999 m，堰顶最大水头 26.30 m，取定型设计水头为 H_{d}=20 m。泄洪表孔上游面直立，堰头为 1/4 椭圆曲线，曲线方程为 $x^2/7^2+(4-y)^2/4^2=1$。堰顶下游采用 WES 幂曲线，曲线方程为 $y=0.039x^{1.85}$，下接 10.65 m 长直线段，末端采用反弧段与下游底流消能消力池底板平顺相接，反弧段半径 R=70 m，反弧段末端高程为 988 m。溢流堰顺水流向总长 51.23 m。

泄洪表孔净宽 14.5 m，跨横缝布置，中墩厚 5.5 m，1#泄洪表孔左边墩厚 8 m，5#泄洪表孔右边墩厚 5 m，纵向围堰坝段与两侧泄洪表孔边墩结合。闸墩墩头采用半径为 2 m 的圆弧形，顶高程为 1 027 m，顺水流方向长度为 62.63 m。泄洪表孔闸墩末端设置收缩比为 0.5 的“Y”形宽尾墩，宽尾墩长 9.5 m，其竖直段顶高程为 996 m，最高点高程为 999 m。

泄洪表孔下游采用底流消能，之前的推荐方案为：消力池底板高程 988 m，池长 90 m。由于金沙水电站泄洪水头较低，下游淹没度大，泄洪时水跃基本发生在泄洪表孔闸室内部，为了将水跃推出闸室，在闸墩末端设置了宽尾墩。在小流量情况下消力池内未发生远驱水跃，因此无须采用消力池末端尾坎以避免产生远驱水跃的方案，可考虑取消消力池末端尾坎。但由模型试验结果可知，取消尾坎后，消力池下游冲刷有所加深，对消力池末端稳定不利，同时考虑到河床内消力池下游为天然河道，为防止在下游河道内的推移质回流至消力池内造成磨损，河床内消力池末端设置尾坎，高 4 m，坎顶高程 992 m，明渠内消力池不设尾坎。

3.2.3　泄洪消能建筑物运行调度方式

1. 水库运行方式

金沙水电站开发任务以发电为主，兼有供水、改善城市水域景观和取水条件、对观音岩进行反调节等作用。工程水库正常蓄水位 1 022 m，死水位 1 020 m，水库总库容 1.08 亿 m^3，水库无防洪库容，不承担下游防洪任务。当入库洪水标准不超过校核洪水时，按入库流量下泄；当发生超校核标准洪水时，按枢纽泄流能力下泄。

2. 泄洪消能建筑物调度方式

金沙水电站泄洪消能建筑物布置 5 个泄洪表孔，被纵向围堰分成两区。泄洪表孔的分区布置增加了调度的灵活性，在小流量情况下单独开启某一分区的泄洪表孔即可满足泄洪要求。根据前期模型试验成果，在明渠内泄洪表孔或河床内泄洪表孔单独泄洪工况下，下游河道内的流速均较小，且均未造成下游河床及冷轧厂堆积体坡脚的严重冲刷，故明渠内泄洪表孔或河床内泄洪表孔单独泄洪的运行方式均是可行的。考虑到河床内泄洪表孔的归槽条件较好，且对下游河道左岸的冲刷相对较轻，现阶段推荐泄洪消能建筑物的运行调度方式为：优先开启河床内 3 个泄洪表孔，然后开启明渠内 2 个泄洪表孔；河床内 3 个泄洪表孔的开启顺序为：优先开启居中的 2#泄洪表孔，然后开启 1#和 3#泄洪表孔。这种运行调度方式利用了河床内 3 个泄洪表孔的布置，在调度上更加具有灵活性，而且河床内泄洪表孔更靠近主河道，下泄水流的衔接更为顺畅。

在电站正常运行期，应优先通过机组过流。4 台机组正常运行发电的下泄流量为 3 818 m^3/s，由于电站机组的最小发电水头为 8.0 m，相应的洪峰总流量为 12 100 m^3/s，当洪峰流量继续增大时，机组将停机不再过流，水流将全部通过泄洪表孔下泄。基于上述前提，拟定泄洪表孔运行调度的具体操作方式如下：

（1）上游来流量小于或等于 3 818 m^3/s 时，水流全部通过机组下泄，泄洪表孔不过流。

（2）上游来流量大于 3 818 m^3/s，小于或等于 12 100 m^3/s（30 年一遇洪峰流量）时，泄洪水流通过机组和泄洪表孔联合下泄，机组下泄流量 3 818 m^3/s，其余通过河床内 3 个泄洪表孔下泄。

（3）上游来流量大于 12 100 m^3/s 时，上下游水头差小于机组的最小发电水头，机组将停机不再过流，水流将全部通过泄洪表孔下泄。

3.2.4 水体波动表征方式

对于水体波动，通常采用波高进行表征，波高是指相邻的波峰和波谷间的高度差，一般以 H 表示。波高的表示法很多，包括平均波高、均方根波高、最大波高、有效波高等。

（1）平均波高：所有波高的算术平均值。

（2）均方根波高：所有波高的平方和，求平均值后再开方。由于波浪的能量与波高的平方成比例，所以均方根波高能反映出波浪能量的平均状态。

（3）最大波高：有时指观测中出现的最大的一个波高，有时指推算出的在某种条件下出现的最大的波高，有时又规定其他种波高的若干倍为最大波高，通常以 H_{max} 表示。

（4）有效波高：指按一定规则统计的实际波高值。由于水面波浪实际上是各种不同波高、周期、行进方向的多种波的无规则组合，所以一个波浪的波高值没有代表性。为此，在任一个由 n 个波浪组成的波群中，将波列中的波高由大到小依次排列，确定前 $n/3$ 个波为有效波。如将观测的波高按大小顺序排列，并计算出最高的一部分波的波高平均值，称部分大波的平均波高，例如对最高的 1/10、1/3 的波，其平均波高分别以符号 $H_{1/10}$、$H_{1/3}$ 表示，如观测了 100 个波，它们分别代表最高的 10、33 个波的平均波高。习惯上将 $H_{1/3}$ 称为有效波高，具备这种波高的波称为有效波。

本书为便于对比，有些分析采用了均方根波高和 $H_{1/3}$ 有效波高的方式。

3.3　电站尾水波动特性

3.3.1　试验设计与试验条件

1. 模型设计

模型按重力相似准则设计为 1∶100 的正态整体模型，上游长 7 m，下游长 16 m，换算成原型上游长 0.7 km，下游长 1.6 km。模型上下游地形最高高程为 1 030 m。地形采用等高线法制作，6 m 一根等高线，局部复杂地形予以加密。地形采用水泥砂浆抹面，表孔溢流面采用水泥砂浆刮制且用砂纸打磨，表孔闸墩、电站进出水口采用有机玻璃制作。模型布置如图 3.3.1 所示。

图 3.3.1　金沙水电站模型布置图

在模型上游 0～500 m 处设一水尺，以观测上游水位，在下游 1+100 m 处设一水尺，以控制下游水位。模型采用恒定流试验方法（控制流量和相应的下游水位）进行相关水力参数的测定。流量用量水堰测量，水位采用测针测量，流速采用旋桨流速仪测量，尾水渠波高采用波高仪测量，尾水管脉动压力采用压力传感器测量。模型制作及安装精度均符合《水工（常见）模型试验规程》（SL155—2012）的要求，使用的测量仪器均在检定的有效期内。

2. 测点布置

电站尾水渠的波高测点布置，如图 3.3.2 所示。在电站尾水渠内布置了 3 个断面，桩号分别为 0+82.0m、0+112.0m、0+142.0 m，其中 0+82.0m 断面即尾水出口断面，每个断面布置 3 个测点，分别位于尾水渠的左侧、中间和右侧。

在 4 个机组尾水管出口顶部各布置 1 支脉动压力传感器，并在 4 支脉动压力传感器附近各布置 1 支波高传感器，以同步观测尾水管出口附近的脉动压力与水面波动。

3. 试验条件

电站尾水波动物理模型试验条件见表 3.3.1。

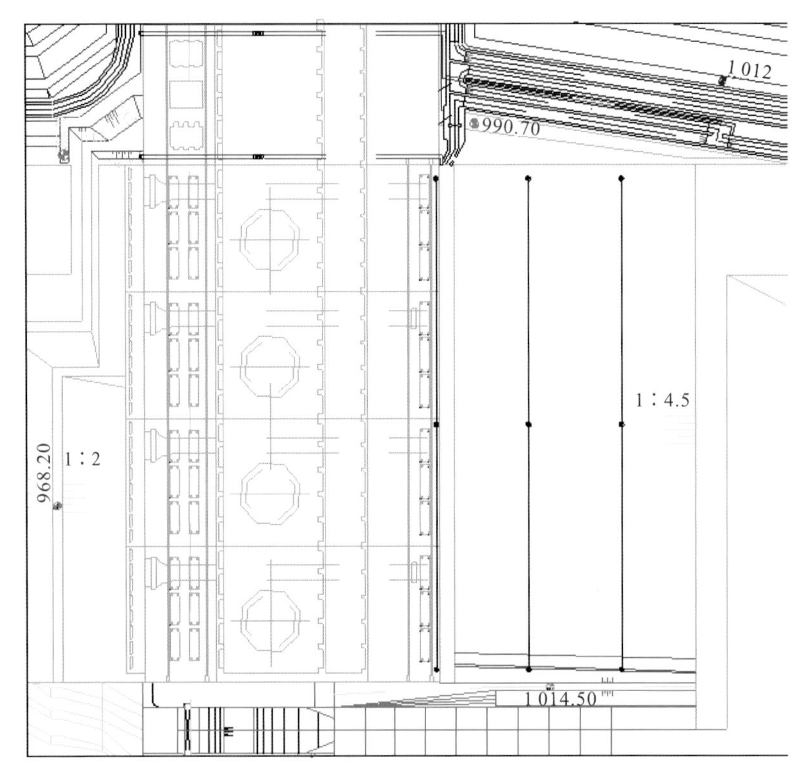

图 3.3.2 电站尾水波动测点布置图（单位：m）

表 3.3.1 试验条件表

洪水频率 /%	总流量 /（m^3/s）	表孔泄量 /（m^3/s）	电站流量 /（m^3/s）	上游水位 /m	下游水位 /m	上下游水位差 /m	备注
3.33	12 100	8 282.0	3 818.0	1 022	1 014.00	8.00	4 台机组满发，5 孔控泄
	12 100	9 236.5	2 863.5	1 022	1 014.00	8.00	3 台机组满发，5 孔控泄
	12 100	10 191.0	1 909.0	1 022	1 014.00	8.00	2 台机组满发，5 孔控泄
5	11 400	7 582.0	3 818.0	1 022	1 013.30	8.70	4 台机组满发，5 孔控泄
	11 400	8 536.5	2 863.5	1 022	1 013.30	8.70	3 台机组满发，5 孔控泄
	11 400	9 491.0	1 909.0	1 022	1 013.30	8.70	2 台机组满发，5 孔控泄
20	8 780	4 962.0	3 818.0	1 022	1 010.42	11.58	4 台机组满发，5 孔控泄
	8 780	5 916.5	2 863.5	1 022	1 010.42	11.58	3 台机组满发，5 孔控泄
	8 780	6 871.0	1 909.0	1 022	1 010.42	11.58	2 台机组满发，5 孔控泄
—	6 530	2 712.0	3 818.0	1 022	1 007.50	14.50	4 台机组满发，河床 3 孔控泄
	6 530	3 666.5	2 863.5	1 022	1 007.50	14.50	3 台机组满发，河床 3 孔控泄
	6 530	4 621.0	1 909.0	1 022	1 007.50	14.50	3 台机组满发，明渠 2 孔控泄
—	3 030	166.5	2 863.5	1 022	1 002.00	20.00	3 台机组满发，明渠 1 孔控泄
	3 030	1 121.0	1 909.0	1 022	1 002.00	20.00	2 台机组满发，明渠 1 孔控泄

3.3.2 电站尾水水面波动特性

在枢纽布置方案及泄洪消能方案已经确定的情况下，对典型泄洪工况下厂房尾水波动情况进行了观测，泄洪流态及尾水波动情况如图 3.3.3 所示。

图 3.3.3　泄洪流态及尾水波动情况

典型泄洪工况下尾水波动试验结果见表 3.3.2。

表 3.3.2　电站尾水波高表（下纵围堰未拆除）

部位	$Q = 11\ 400\ m^3/s$ $H_{下} = 1\ 013.30\ m$ 5 表孔控泄	$Q = 8\ 780\ m^3/s$ $H_{下} = 1\ 010.42\ m$ 5 表孔控泄	$Q = 8\ 780\ m^3/s$ $H_{下} = 1\ 010.42\ m$ 3 表孔控泄	$Q = 6\ 530\ m^3/s$ $H_{下} = 1\ 007.50\ m$ 3 表孔控泄	$Q = 3\ 030\ m^3/s$ $H_{下} = 1\ 002.00\ m$ 明渠 2 孔控泄
左侧/m	0.689	0.488	0.512	0.447	0.209
中间/m	0.791	0.593	0.616	0.383	0.213
右侧/m	0.771	0.581	0.640	0.372	0.207
平均值/m	0.750	0.554	0.589	0.401	0.210
占发电水头的百分比/%	8.62	4.78	5.09	2.77	1.05

注：波动值取前三分之一最大波高的平均值。

在可研方案下，电站出口尾水水面波动均随坝身泄量的增大而增大。$P=5\%$，$Q=11\ 400\ m^3/s$、$H_{下}=1\ 013.30\ m$ 时，电站出口附近（距电站出口 5 m 处，下同）尾水波高平均值为 0.750 m，约占发电水头的 8.62%；$P=20\%$，$Q=8\ 780\ m^3/s$、$H_{下}=1\ 010.42\ m$ 时，电站出口附近尾水波高均值为 0.589 m，约占发电水头的 5.09%。在小于 8 780 m^3/s 的工况下电站尾水波高均值占发电水头的百分比在 5%以下。

在 $P=3.33\%$，$Q=12\ 100\ m^3/s$，$H_{下}=1\ 014.0\ m$ 工况下，测量了枢纽泄洪电站不发电、枢纽不泄洪电站发电以及枢纽泄洪不同机组发电的电站尾水波高均值，测量数据见表 3.3.3。枢纽泄洪电站满发的流态见图 3.3.4。

表 3.3.3 电站尾水波高表

工况			$Q=12\ 100\ m^3/s$，$H_F=1\ 014.00\ m$，表孔控泄									
			4 台机组满发		3 台机组满发		2 台机组满发		电站不发电		电站满发，表孔不泄洪	
			波动值/m	周期/s	波动值/m	周期/s	波动值/m	周期/s	波动值/m	周期/s	波动值/m	周期/s
1#断面	桩号 0+82.0	左侧	1.74	14.53	1.57	13.11	1.31	10.94	1.46	12.20	0.22	1.84
		中间	1.34	11.17	1.38	11.51	2.49	20.75	1.81	15.06	0.22	1.86
		右侧	1.71	14.25	1.05	8.79	2.49	20.77	1.12	9.34	0.26	2.17
		平均值	1.60	13.32	1.33	11.14	2.10	17.49	1.46	12.20	0.23	1.96
2#断面	桩号 0+112.0	左侧	1.27	10.60	1.12	9.36	1.93	16.15	2.29	19.13	0.29	2.42
		中间	1.10	9.23	1.23	10.28	1.53	12.74	1.37	11.48	0.22	1.87
		右侧	1.33	11.08	1.39	11.61	1.18	9.86	1.29	10.79	0.22	1.84
		平均值	1.23	10.30	1.25	10.42	1.55	12.92	1.65	13.80	0.24	2.04
3#断面	桩号 0+142.0	左侧	0.99	8.27	1.07	8.92	1.02	8.54	1.21	10.11	0.22	1.81
		中间	1.47	12.31	1.14	9.55	1.15	9.60	1.27	10.65	0.23	1.89
		右侧	1.71	14.23	1.40	11.68	1.18	9.86	1.33	11.05	0.24	1.97
		平均值	1.39	11.60	1.20	10.05	1.12	9.33	1.27	10.60	0.23	1.89
平均值			1.41	11.74	1.26	10.54	1.59	13.25	1.46	12.20	0.23	1.96
占发电水头的百分比/%			17.63		15.75		19.88		18.26		2.88	

注：发电水头为上下游水位差，下同。

图 3.3.4　P=3.33%，Q=12 100 m^3/s，$H_{下}$=1 014.0 m 工况下泄洪电站满发流态图

从表 3.3.3 中可知，枢纽不泄洪电站满发的工况下，电站尾水波高仅为 0.23 m，占发电水头的 2.88%；在枢纽泄洪电站不发电工况下，电站尾水波高为 1.46 m，占发电水头的 18.25%；枢纽泄洪，4 台机组、3 台机组和 2 台机组发电的尾水波高分别为 1.41 m、1.26 m 和 1.59 m，分别占发电水头的 17.63%、15.75%和 19.88%。

通过试验可知，枢纽泄洪是影响电站尾水水面波动的决定性因素。

3.3.3　电站尾水管压力波动特性

目前有关电站尾水波动与尾水管（尾水洞）压力波动相关性的研究成果较少，在进行调保计算时，一般假定尾水管内的压力波动与尾水渠的压力波动相当，通常将尾水波动直接叠加到尾水洞出口的压力边界上。然而试验和原型监测表明，尾水管内压力波动与尾水水面的波动并不完全相同，因此在水工模型试验中，对金沙水电站的尾水管内压力波动的特性进行测量和研究。

选取 Q=6 530 m^3/s（河床 3 孔控泄）和 Q=11 400 m^3/s（5 孔控泄）工况，同步观测了 4 台机组尾水管出口顶部的压力波动与水面波动。

各工况下，尾水管压力波动与水面波高的过程曲线、概率密度与功率谱密度分布，如图 3.3.5～图 3.3.40 所示。为便于比较，对于所测得的波高，采用了 1/3 最大波高法、均方根波高法进行了分析，对于所测得的压力采用均方根波高法进行分析，两种工况下的分析结果分别见表 3.3.4、表 3.3.5。

从表 3.3.4 可以看出，Q=6 530 m^3/s 工况下，尾水渠同一测点处 1/3 最大波高值约为波高均方根值的 3 倍；除 1#测点处脉动压力均方根值略小于波高均方根值外，4#测点处脉动压力均方根值大于波高均方根。4 个测点波高值差别不大，周期在 5.34～9.93 s。

从表 3.3.5 可以看出，Q=11 400 m^3/s 工况下，尾水渠同一测点处 1/3 最大波高值约为波高均方根值的 3 倍；2 个测点处的脉动压力均方根值均不同程度地小于波高均方根值；2 个测点波高值差别不大，周期为 4.71～6.85 s。

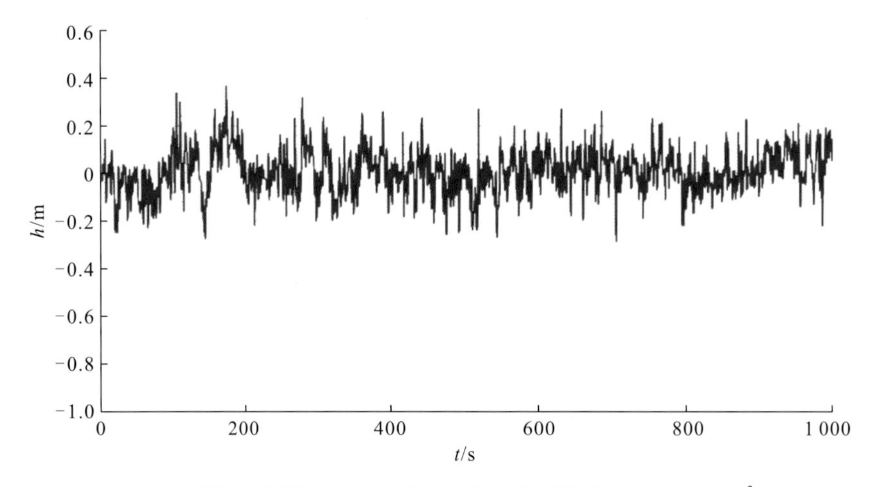

图 3.3.5 厂房尾水管出口（1#点）压力水头过程线（Q=6 530 m^3/s）

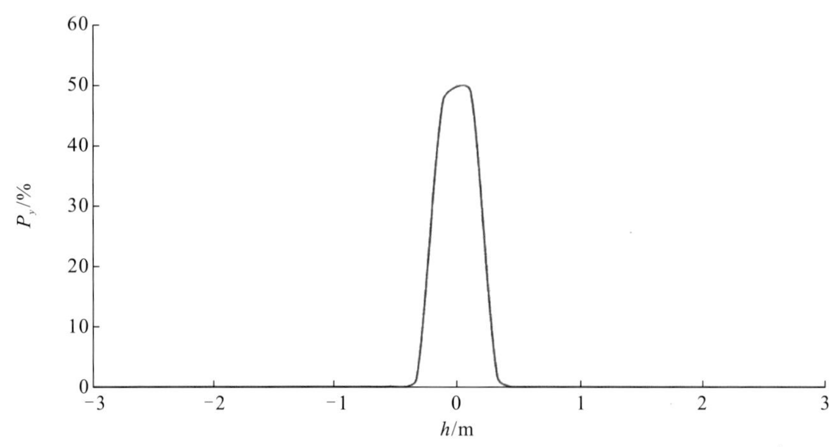

图 3.3.6 厂房尾水管出口（1#点）压力水头概率密度分布图（Q=6 530 m^3/s）

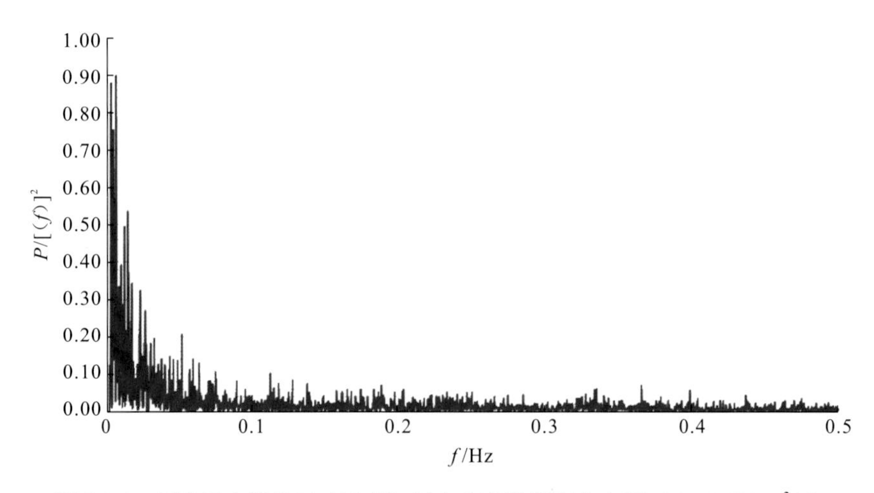

图 3.3.7 厂房尾水管出口（1#点）压力功率谱密度分布图（Q=6 530 m^3/s）

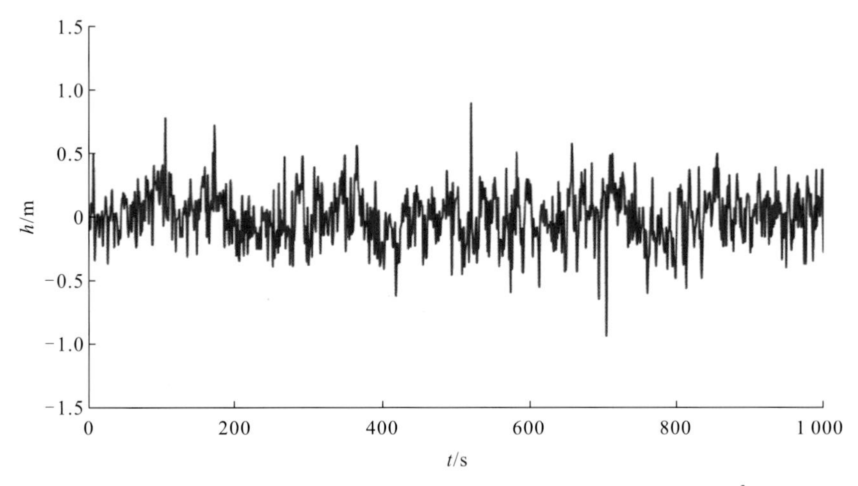

图 3.3.8　厂房尾水管出口（4#点）压力水头过程线（Q=6 530 m^3/s）

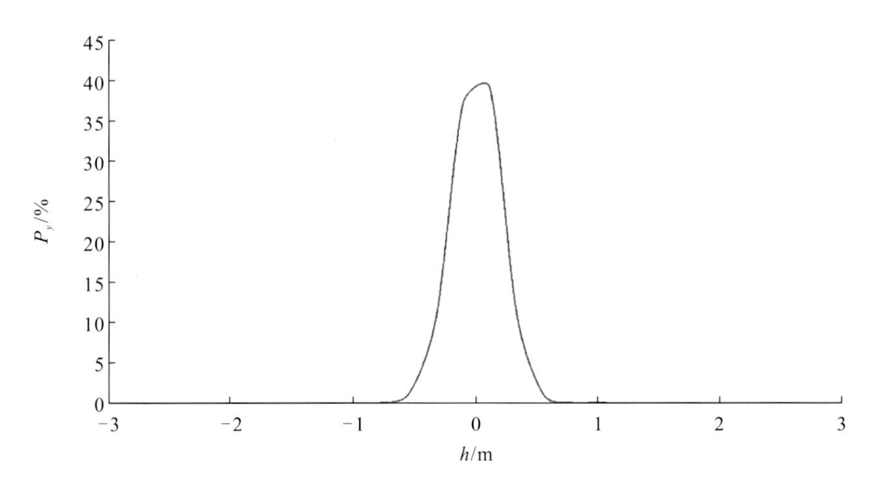

图 3.3.9　厂房尾水管出口（4#点）压力水头概率密度分布图（Q=6 530 m^3/s）

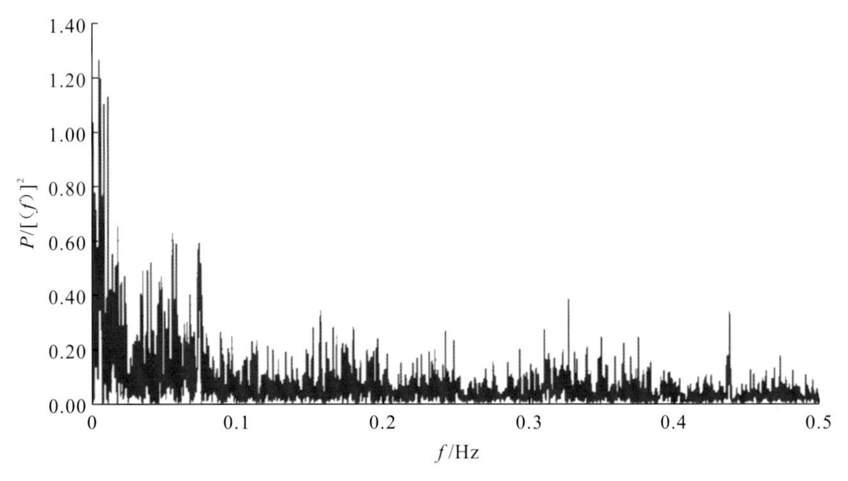

图 3.3.10　厂房尾水管出口（4#点）压力功率谱密度分布图（Q=6 530 m^3/s）

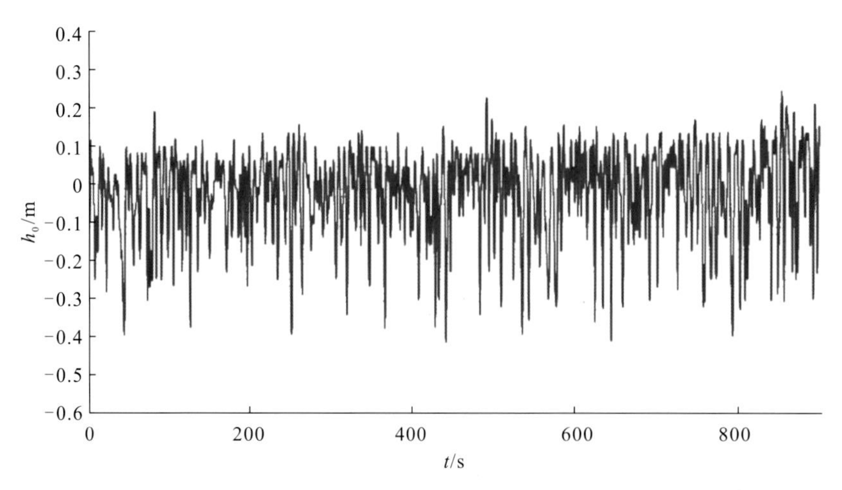

图 3.3.11 厂房尾水管出口（1#点）水面波高过程线（Q=6 530 m^3/s）

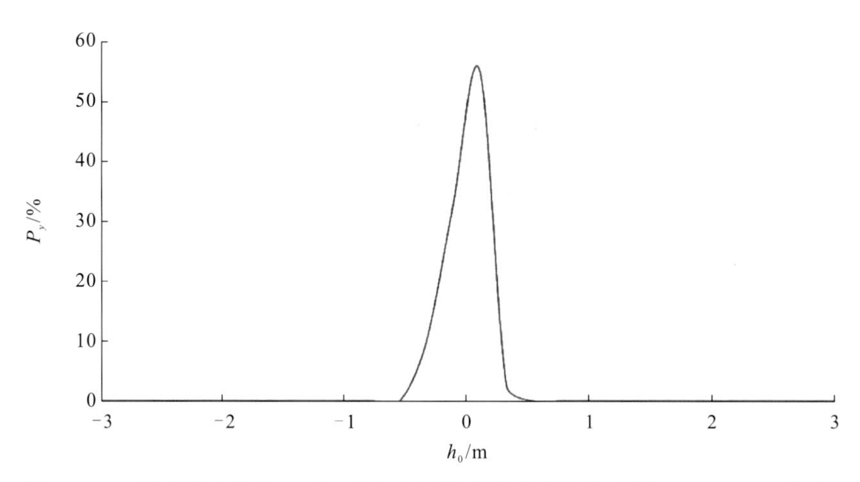

图 3.3.12 厂房尾水管出口（1#点）水面波高概率密度分布图（Q=6 530 m^3/s）

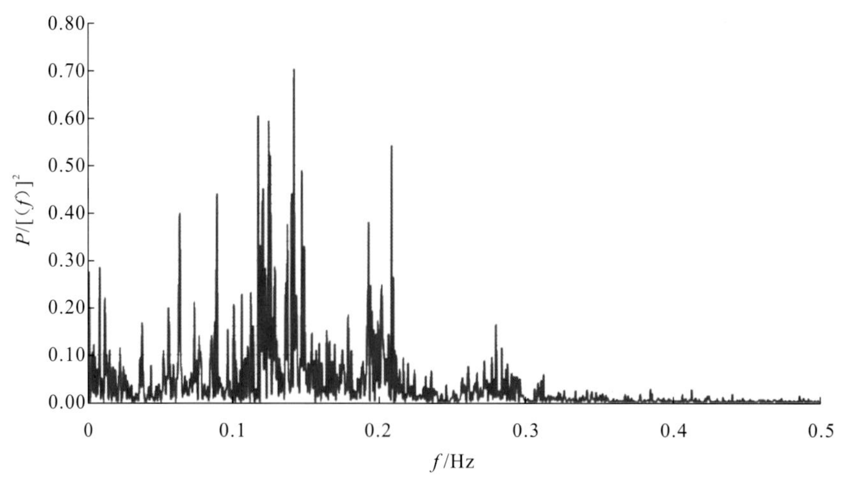

图 3.3.13 厂房尾水管出口（1#点）水面波高功率谱密度分布图（Q=6 530 m^3/s）

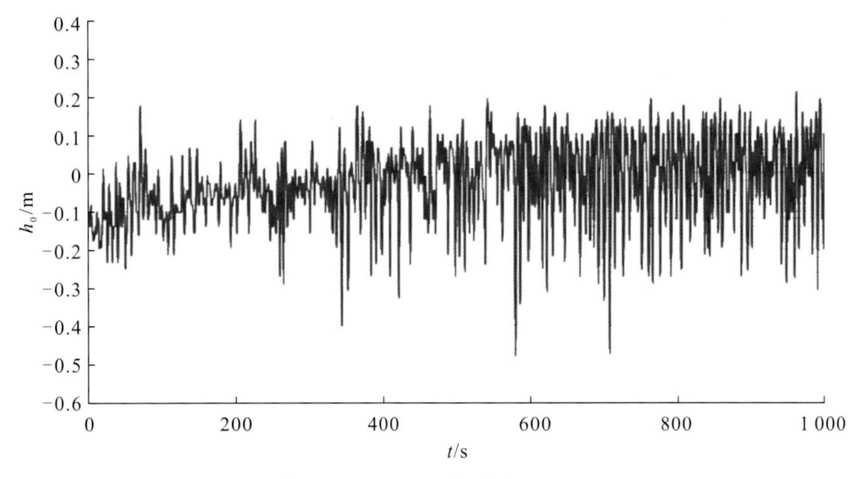

图 3.3.14　厂房尾水管出口（2#点）水面波高过程线（Q=6 530 m^3/s）

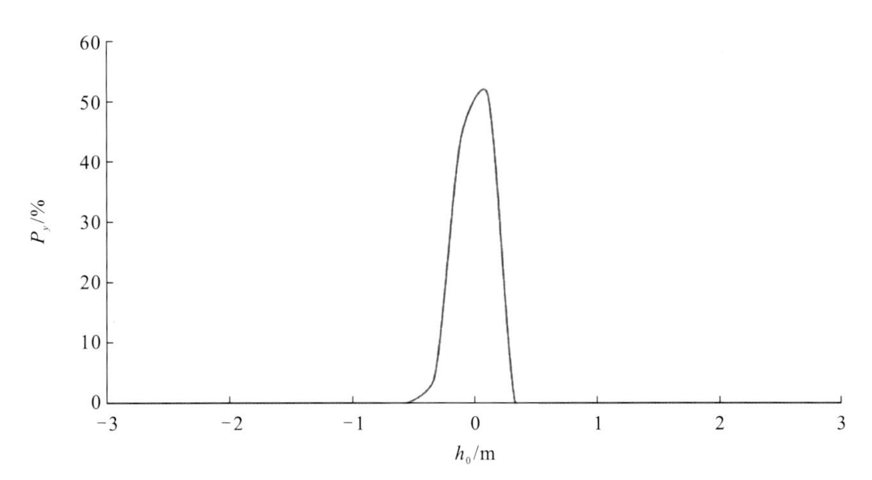

图 3.3.15　厂房尾水管出口（2#点）水面波高概率密度分布图（Q=6 530 m^3/s）

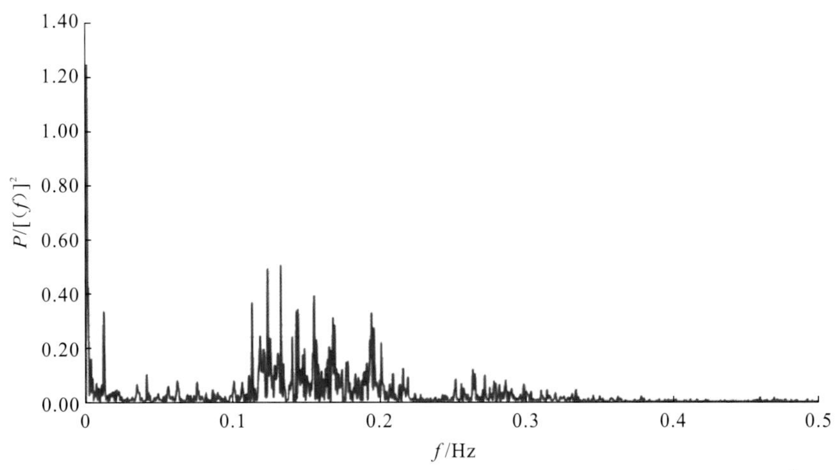

图 3.3.16　厂房尾水管出口（2#点）水面波高功率谱密度分布图（Q=6 530 m^3/s）

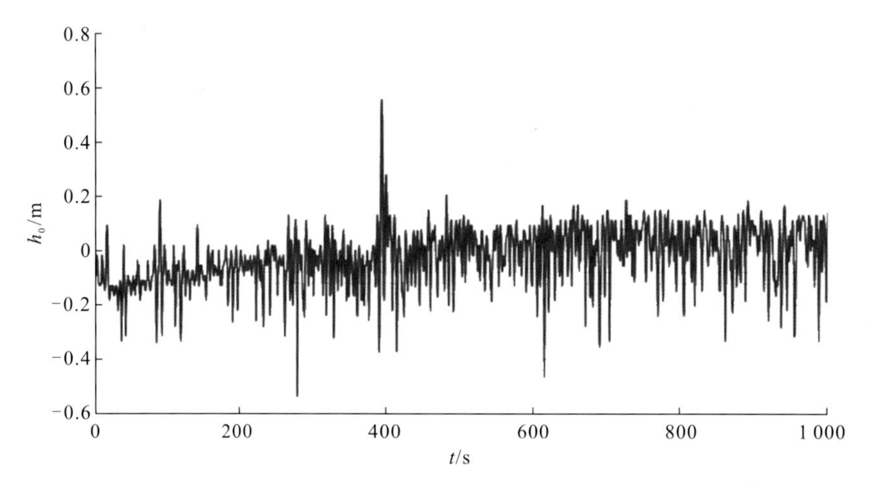

图 3.3.17　厂房尾水管出口（3#点）水面波高过程线（Q=6 530 m^3/s）

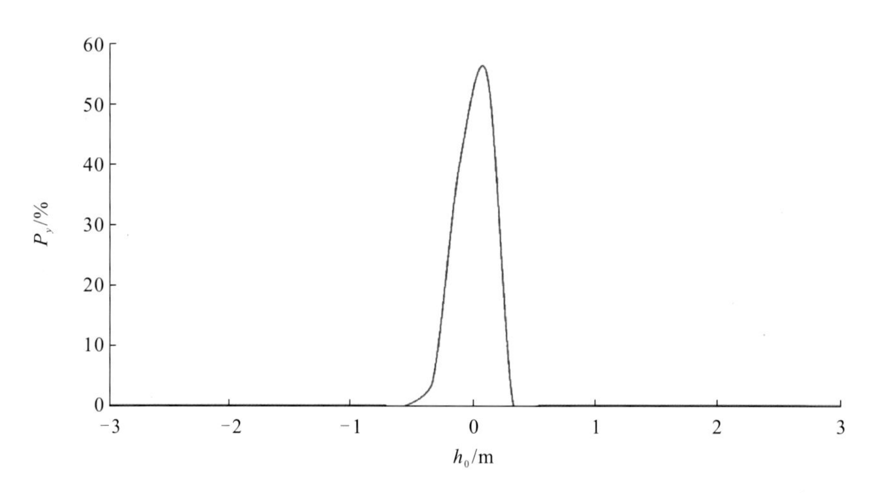

图 3.3.18　厂房尾水管出口（3#点）水面波高概率密度分布图（Q=6 530 m^3/s）

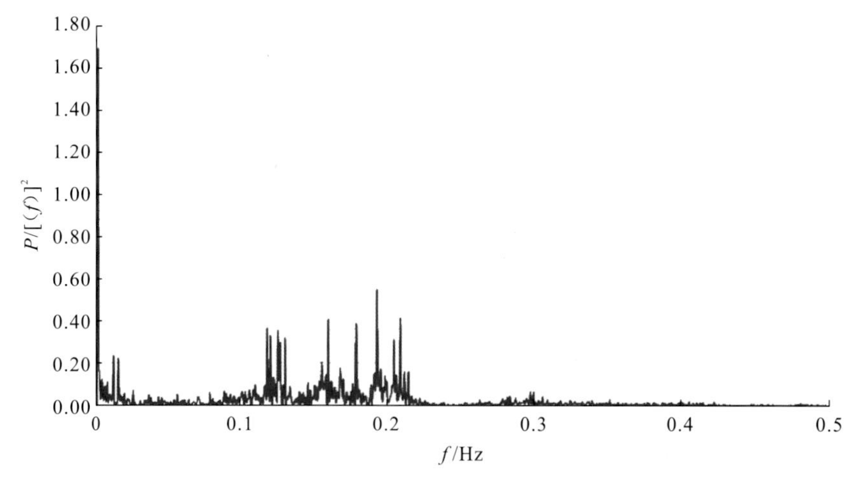

图 3.3.19　厂房尾水管出口（3#点）水面波高功率谱密度分布图（Q=6 530 m^3/s）

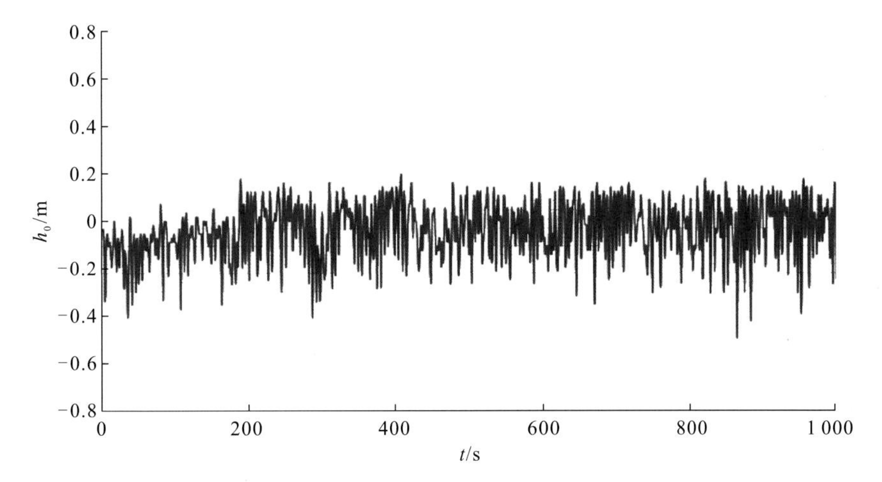

图 3.3.20　厂房尾水管出口（4#点）水面波高过程线（Q=6 530 m^3/s）

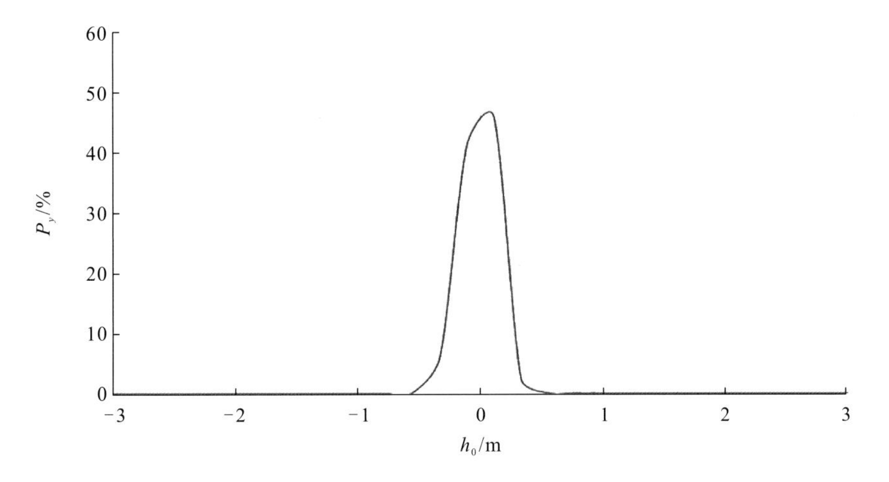

图 3.3.21　厂房尾水管出口（4#点）水面波高概率密度分布图（Q=6 530 m^3/s）

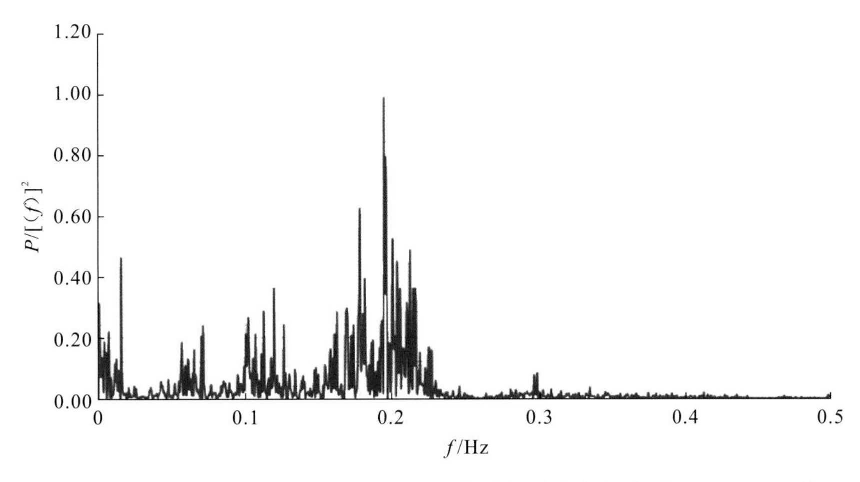

图 3.3.22　厂房尾水管出口（4#点）水面波高功率谱密度分布图（Q=6 530 m^3/s）

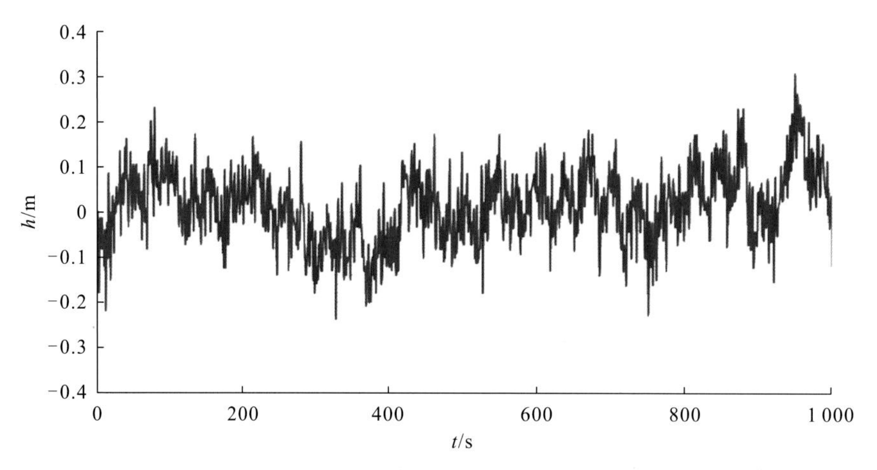

图 3.3.23 厂房尾水管出口（1#点）压力水头过程线（Q=11 400 m^3/s）

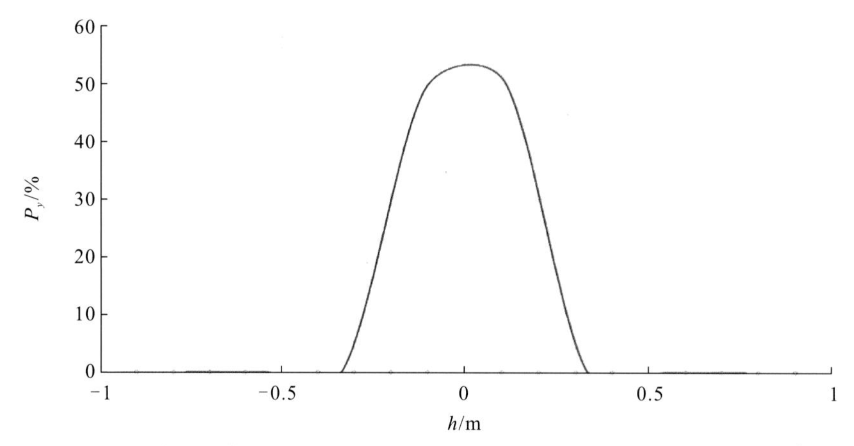

图 3.3.24 厂房尾水管出口（1#点）压力水头概率密度分布图（Q=11 400 m^3/s）

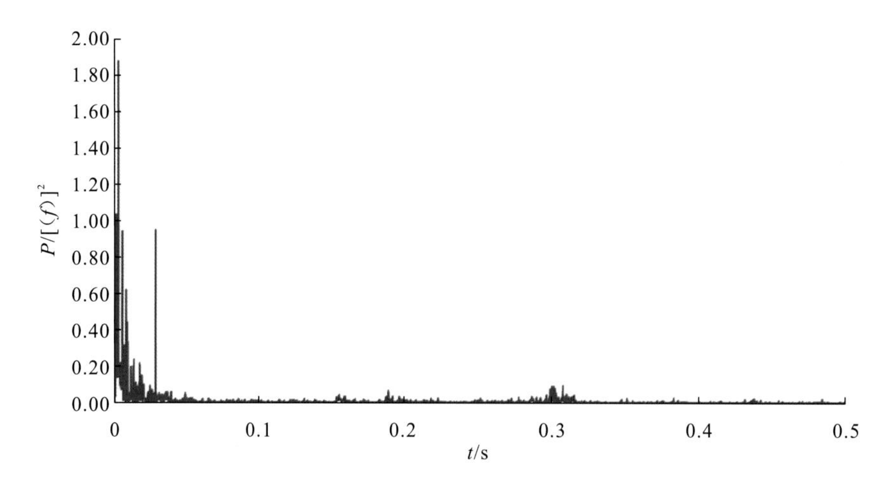

图 3.3.25 厂房尾水管出口（1#点）压力功率谱密度分布图（Q=11 400 m^3/s）

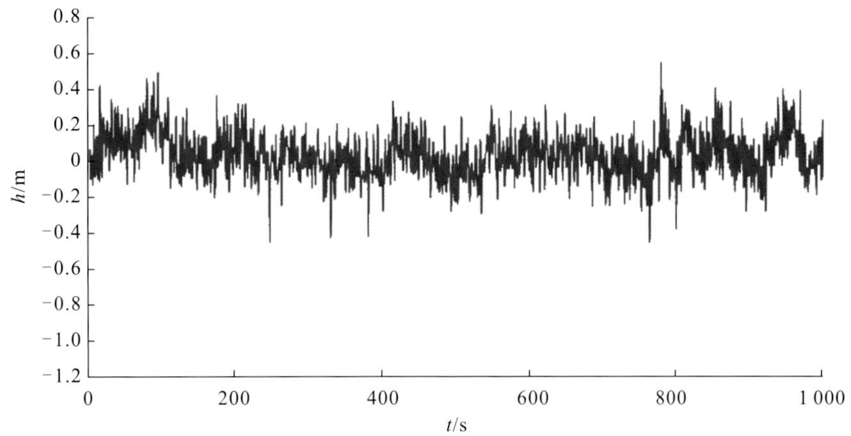

图 3.3.26　厂房尾水管出口（4#点）压力水头过程线（Q=11 400 m^3/s）

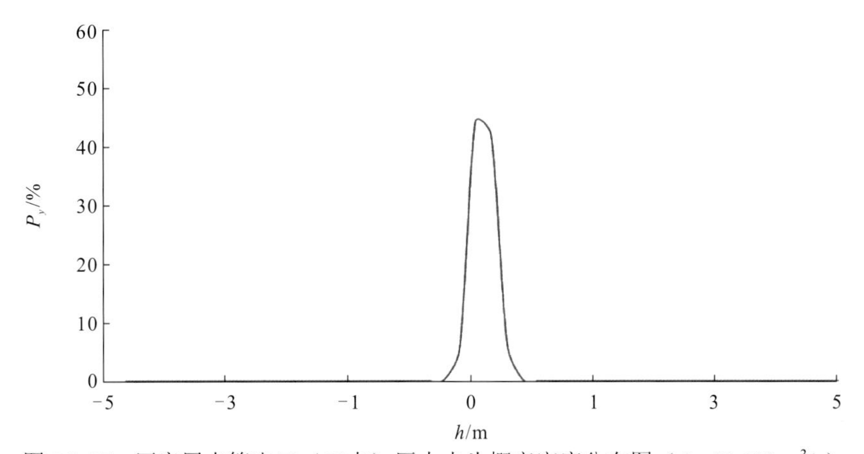

图 3.3.27　厂房尾水管出口（4#点）压力水头概率密度分布图（Q=11 400 m^3/s）

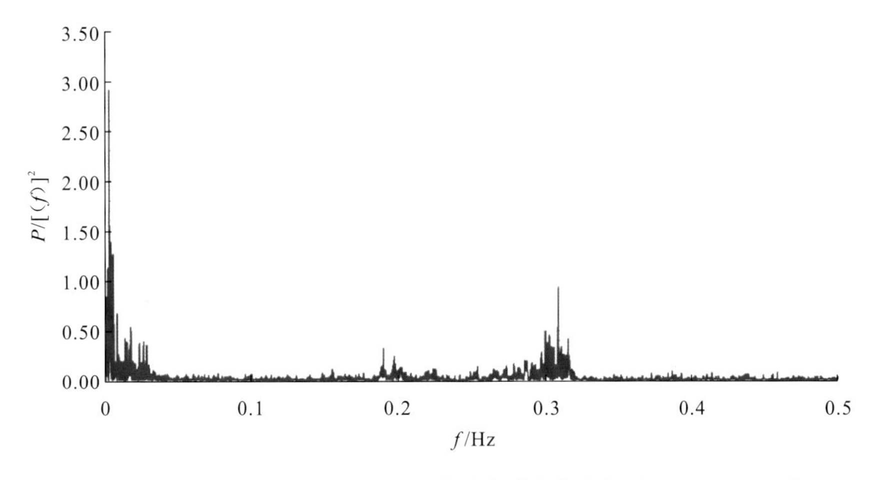

图 3.3.28　厂房尾水管出口（4#点）压力功率谱密度分布图（Q=11 400 m^3/s）

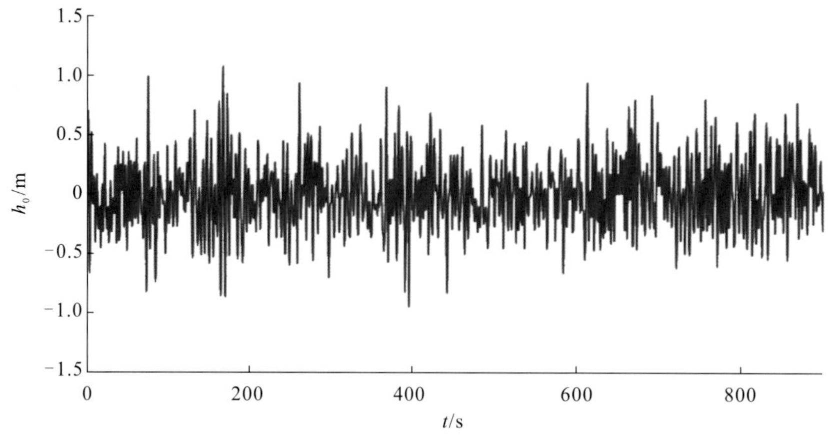

图 3.3.29 厂房尾水管出口（1#点）水面波高过程线（Q=11 400 m^3/s）

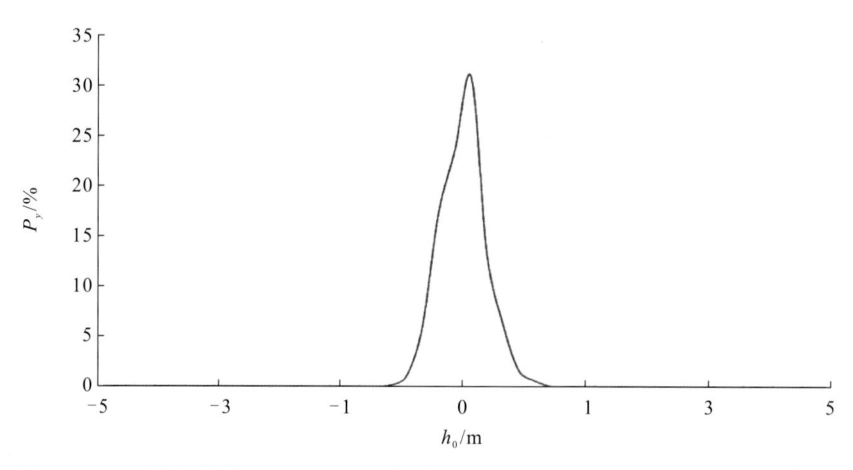

图 3.3.30 厂房尾水管出口（1#点）水面波高概率密度分布图（Q=11 400 m^3/s）

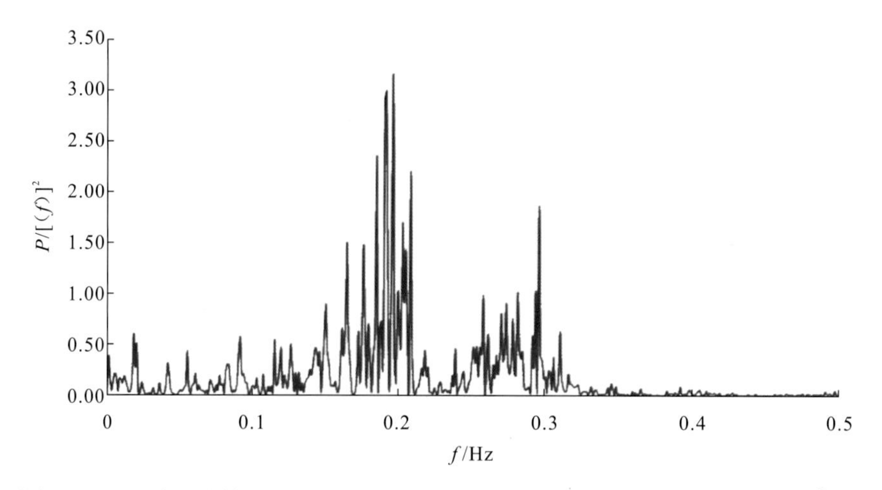

图 3.3.31 厂房尾水管出口（1#点）水面波高功率谱密度分布图（Q=11 400 m^3/s）

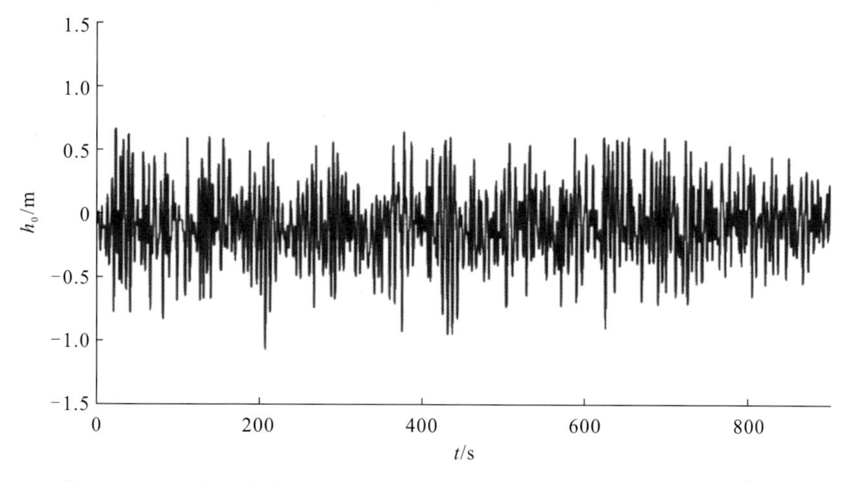

图 3.3.32　厂房尾水管出口（2#点）水面波高过程线（Q=11 400 m^3/s）

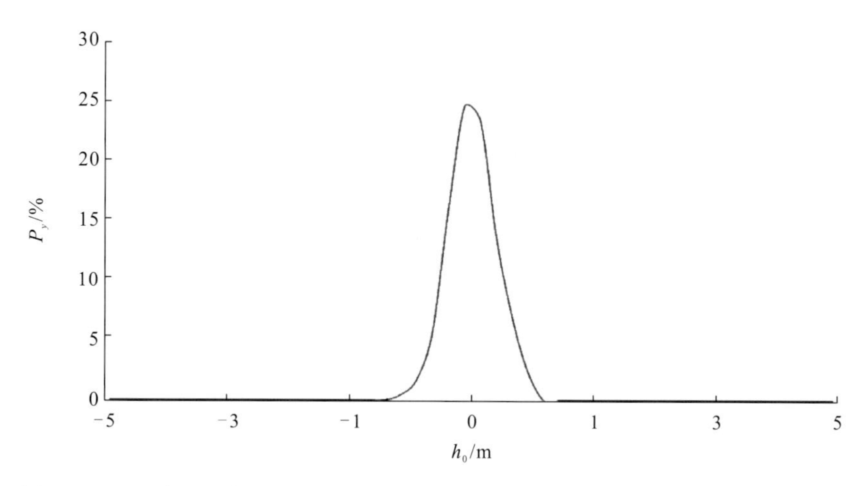

图 3.3.33　厂房尾水管出口（2#点）水面波高概率密度分布图（Q=11 400 m^3/s）

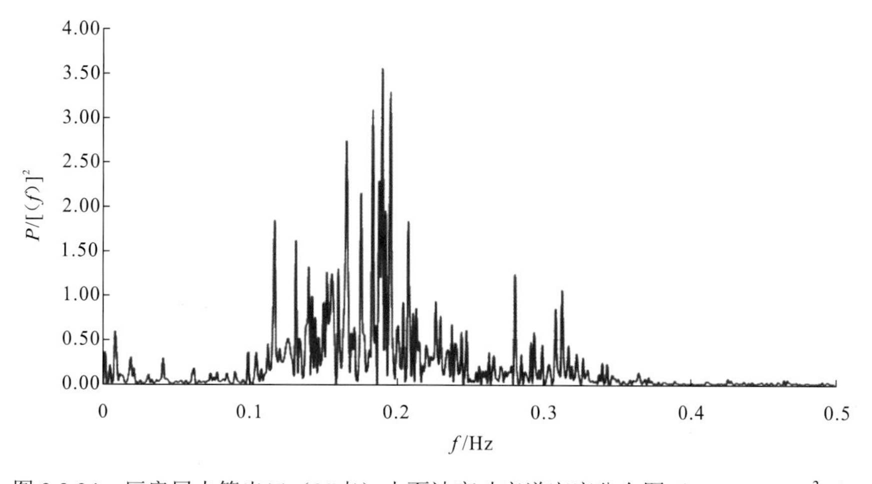

图 3.3.34　厂房尾水管出口（2#点）水面波高功率谱密度分布图（Q=11 400 m^3/s）

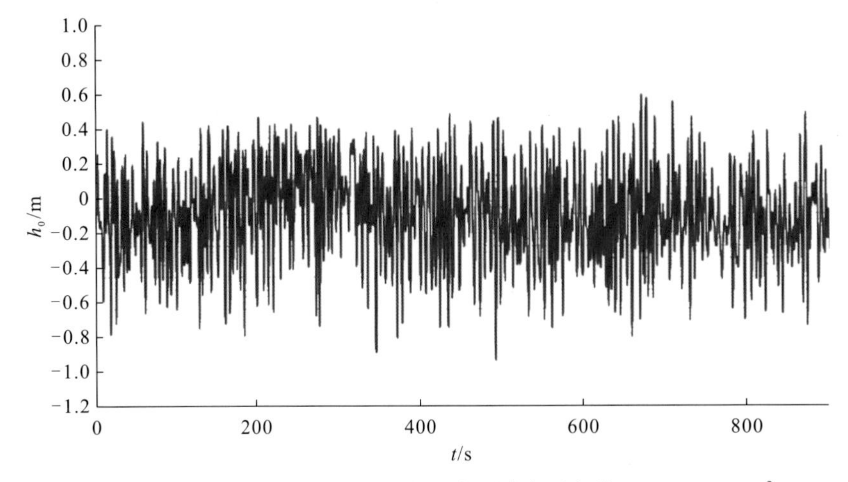

图 3.3.35　厂房尾水管出口（3#点）水面波高过程线（Q=11 400 m^3/s）

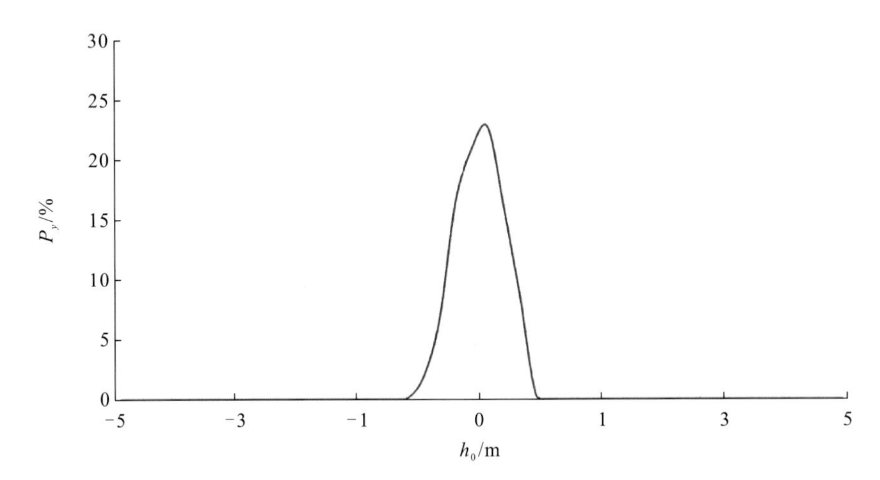

图 3.3.36　厂房尾水管出口（3#点）水面波高概率密度分布图（Q=11 400 m^3/s）

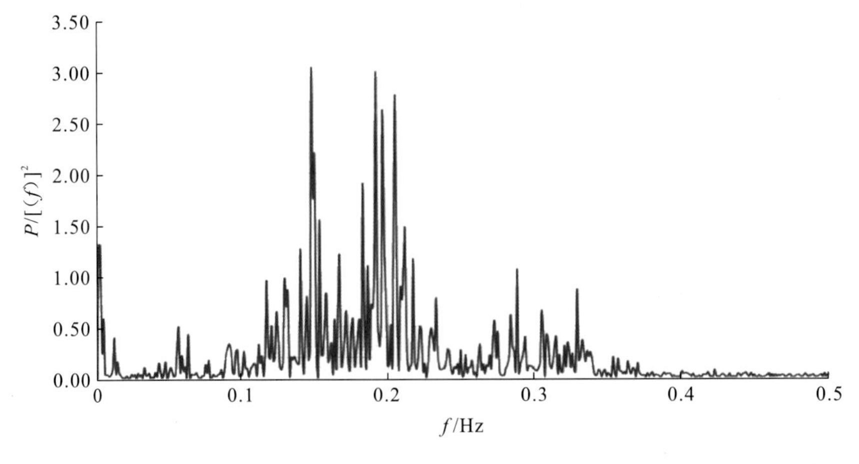

图 3.3.37　厂房尾水管出口（3#点）水面波高功率谱密度分布图（Q=11 400 m^3/s）

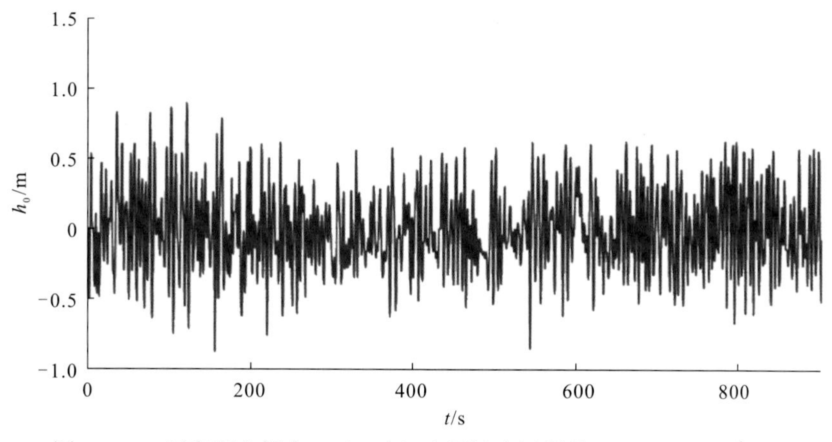

图 3.3.38　厂房尾水管出口（4#点）水面波高过程线（Q=11 400 m^3/s）

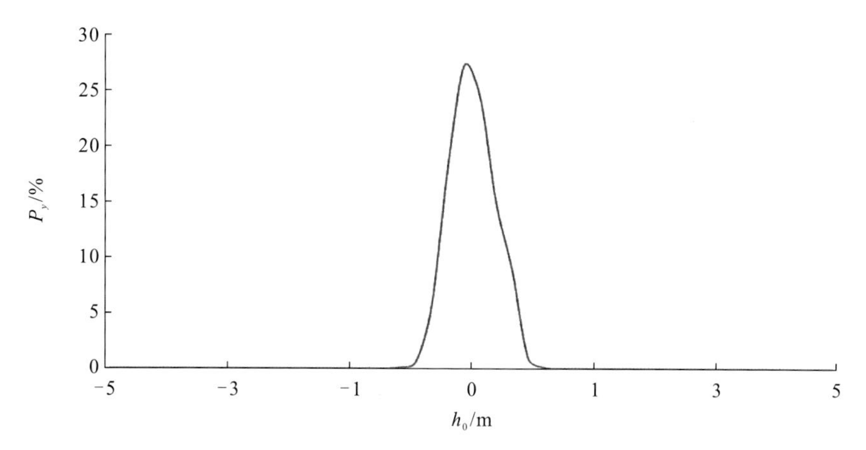

图 3.3.39　厂房尾水管出口（4#点）水面波高概率密度分布图（Q=11 400 m^3/s）

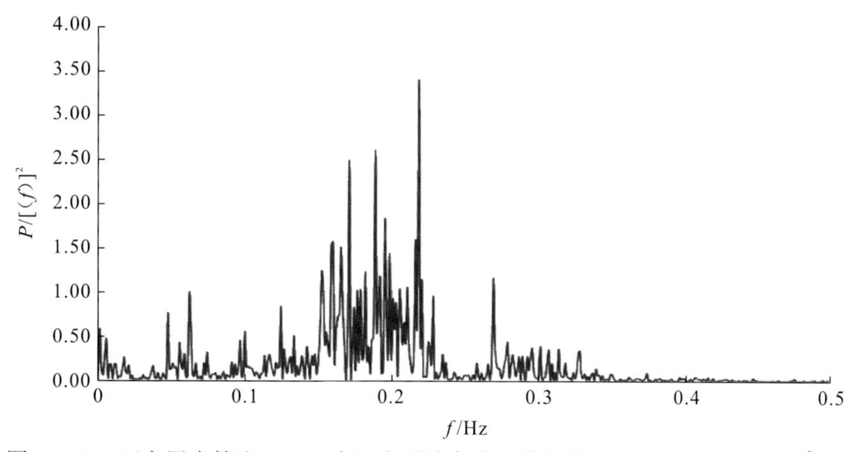

图 3.3.40　厂房尾水管出口（4#点）水面波高功率谱密度分布图（Q=11 400 m^3/s）

表 3.3.4　Q=6 530 m^3/s（河床 3 孔控泄）工况水面波动与尾水管脉动压力特征值表

机组编号	尾水出口处水面				尾水管出口顶部	
	1/3 最大波高值		波高均方根值		脉动压力均方根值	
	波高/m	周期/s	波高/m	频率/Hz	均方根/m	频率/Hz
1#	0.39	7.25	0.140	0.01～0.27	0.108	0.001～0.025
2#	0.43	8.27	0.123	0.01～0.20	—	—
3#	0.36	9.93	0.116	0.01～0.21	—	—
4#	0.47	5.34	0.138	0.01～0.22	0.192	0.01～0.50

表 3.3.5　Q=11 400 m^3/s（5 孔控泄）工况水面波动与尾水管脉动压力特征值表

机组编号	尾水出口处水面				尾水管出口顶部	
	1/3 最大波高值		波高均方根值		脉动压力均方根值	
	波高/m	周期/s	波高/m	频率/Hz	均方根/m	频率/Hz
1#	0.93	5.34	0.303	0.15～0.30	0.083	0.001～0.005
2#	1.02	5.07	0.324	0.12～0.30	—	—
3#	0.97	6.85	0.323	0.01～0.30	—	—
4#	0.92	4.71	0.301	0.05～0.27	0.143	0.01～0.45

在波动的幅值上，对比表 3.3.4 和表 3.3.5 可以看出，Q=11 400 m^3/s 工况波高值约为 Q=6 530 m^3/s 工况的 2.5 倍，而两工况的压力差值不大；在波动的频率上，尾水管内各测点的压力波动主频在 0.1 Hz 以内，甚至集中在 0.01 Hz 左右，而尾水水面波动的主频在 0.1～0.3 Hz。因此，从各工况的波动幅值和主频对比可知，尾水管出口顶部的压力波动与水面波动并非完全相关。

3.3.4　物理模型分析成果

本小节通过 1∶100 模型试验，研究了各典型工况下金沙水电站尾水水面波动与电站尾水管压力波动的特性，研究表明。

（1）电站出口尾水水面波动随着泄洪量的增大而增大。小于 8 780 m^3/s 的工况下，电站尾水水面波动占发电水头在 5%以下，泄量 8 780 m^3/s 时尾水水面波动占发电水头 5.08%，而泄量 11 400 m^3/s 时水面波动达到 8.62%。

（2）在泄量 12 100 m^3/s 工况下，进行了泄洪不发电、不泄洪仅发电以及泄洪不同机组发电对比分析，可知不泄洪电站满发时，电站尾水水面波高仅为 0.24 m，占发电水头的 2.94%，在仅泄洪不发电情况下，电站尾水水面波高为 1.46 m，占发电水头 18.26%；而在枢纽泄洪，4 台机组、3 台机组和 2 台机组发电情况下，尾水水面波高分别为 1.41 m、1.26 m、1.59 m。因此，枢纽泄洪是影响电站尾水水面波动的决定性因素。

（3）在波动的幅值上，泄量 11 400 m^3/s 工况的水面波高是 6 530 m^3/s 工况的 2.5 倍，而两工况的压力波动差值不大；在波动的频率上，尾水管内各测点的压力波动主频在 0.1 Hz 以内，甚至集中在 0.01 Hz 左右，而尾水水面波动的主频在 0.1～0.3 Hz。因此，从各工况的波动幅值和主频对比可知，尾水管出口顶部的压力波动与水面波动并非完全相关。

3.4　电站尾水波动特性数值模拟研究

3.4.1　数值模拟方法基本原理

1. CFD 软件简述

CFD 主要研究内容是通过计算机和数值方法来求解流体力学的控制方程，对流体力学问题进行模拟和分析。自 1981 年以来，出现了如 Fluent、STAR-CD、Phoenics、CFX、Flow-3D 等大量功能强大的 CFD 软件。这些软件在水工建筑物水力学参数计算、港口工程中的近岸波浪场分析、结构受水流作用力计算、泥沙冲刷淤积预测等方面得到了广泛的应用（李相煌，2015；刘延泽和常进时，2008）。

Fluent 的网格功能非常强大，能同时使用结构和非结构网格对复杂区域进行划分，但其前处理是采用单独的软件 GAMBIT 或者 ICEMCFD 来完成，前处理生成好的计算网格和几何形状需再导入求解器中进行计算，图形操作界面使用起来不是很方便，且 Fluent 不能单独做流固耦合，只有结合 Ansys、Abaqus 等软件一起才能模拟。STAR-CD 软件的优势在于模拟汽车发动机内的流动和传热。Phoenics 是英国 CHAM 公司开发的模拟传热、流动、反应、燃烧过程的通用 CFD 软件，其最大缺点就是网格比较单一粗糙，针对复杂曲面或曲率小的地方的网格不能细分，易用性上比其他软件要差，前处理功能不够强大。CFX 采用基于有限元的有限体积离散方法，能有效、精确地表达复杂几何形状，但计算速度慢，在流固耦合方面也需要和其他软件结合使用。

Flow-3D 由美国流动科学公司 FlowScience 主持开发，是国际知名的具有高度可靠性的三维计算流体动力学通用软件。自 1985 年正式推出后，其广泛应用在水利、环境工程、金属铸造、航空航天、微机电系统、喷涂、日用品等领域。Flow-3D 采用有限差分法求解 N-S 方程，其独特的 FAVOR（fractional area volume obstacle representation）网格处理技术，可在结构化的网格内部定义独立复杂的几何体，达到利用简单的矩形网格表示任意复杂的几何形状的目的，避免了以往有限差分对建筑物边界拟合不好的缺点。软件网格生成容易，数值精度高，内存需求较小，对计算关键区域可以采用多重网格嵌套和连接技术进行局部加密，大大减少了计算量，提高了数值计算效率；软件采用真正的三步 VOF（volume of fluid）法，除能准确定位自由表面所在单元和跟踪出流体表面位置外，还能在每次求解流场时再次应用自由表面的边界条件，达到对自由表面更加精确的模拟。与其他 CFD 软件相比，Flow-3D 能独立完成流固耦合计算，结构物完全耦合进流体计算中，并可进行六自由度运动模拟；另外软件开放了附加程序编写的功能，并配有 FORTRAN（formula translation）的核心直接编译，完成后即直接加入程序中使用。

因此，本书借助 Flow-3D 建立紊流模型，求解重力、黏滞力作用下结构物上的流速、压强、紊动能等水力学参数，分析金沙水电站泄洪和电站尾水传播规律，以及电站尾水管出口水流波动特性。

2. 控制方程

流动方程是一组非线性非稳态的二阶微分方程。本次数值模拟计算所涉及的控制方程主要包括连续性方程、动量方程、气液界面方程、紊流方程。

1）连续性方程

一般性的质量守恒方程为

$$V_F\frac{\partial\rho}{\partial t}+\frac{\partial}{\partial x}(\rho vA_x)+R\frac{\partial}{\partial y}(\rho vA_y)+\frac{\partial}{\partial z}(\rho vA_z)+\xi\frac{\rho uA_x}{x}=R_{\mathrm{DIF}}+R_{\mathrm{SOR}} \tag{3.1}$$

$$R_{\mathrm{DIF}}=\frac{\partial}{\partial x}\left(v_\rho A_x\frac{\partial\rho}{\partial x}\right)+R\frac{\partial}{\partial y}\left(v_\rho A_y\frac{\partial\rho}{\partial y}\right)+\frac{\partial}{\partial z}\left(v_\rho A_z\frac{\partial\rho}{\partial z}\right)+\xi\frac{\rho v_\rho A_x}{x} \tag{3.2}$$

对于不可压缩流动，修改后的连续性方程为

$$\frac{V_F}{\rho c^2}\frac{\partial p}{\partial t}+\frac{\partial uA_x}{\partial x}+R\frac{\partial vA_y}{\partial y}+\frac{\partial wA_z}{\partial z}+\xi\frac{uA_x}{x}=\frac{R_{\mathrm{SOR}}}{\rho} \tag{3.3}$$

式中：V_F 是流体体积分数；ρ是流体密度；R_{DIF} 是湍流扩散项；R_{SOR} 质量源项(u, v,w)是速度分量；A 是各流动方向的面积。系数 R 依赖于所选择的坐标轴系统。在笛卡儿坐标系统，R 为 1，ξ 为 0。

2）动量方程

$$\begin{aligned}
&\frac{\partial u}{\partial t}+\frac{1}{V_F}\left(uA_x\frac{\partial u}{\partial x}+vA_yR\frac{\partial u}{\partial y}+wA_z\frac{\partial u}{\partial z}\right)-\xi\frac{A_yv^2}{xV_F}=-\frac{1}{\rho}\frac{\partial p}{\partial x}+G_x+f_x-b_x-\frac{R_{\mathrm{SOR}}}{\rho V_F}(u-u_w-\delta u_s)\\
&\frac{\partial v}{\partial t}+\frac{1}{V_F}\left(uA_x\frac{\partial v}{\partial x}+vA_yR\frac{\partial v}{\partial y}+wA_z\frac{\partial v}{\partial z}\right)+\xi\frac{A_yuv}{xV_F}=-\frac{1}{\rho}\frac{\partial p}{\partial x}+G_y+f_y-b_y-\frac{R_{\mathrm{SOR}}}{\rho V_F}(v-v_w-\delta v_s)\\
&\frac{\partial w}{\partial t}+\frac{1}{V_F}\left(uA_x\frac{\partial w}{\partial x}+vA_yR\frac{\partial w}{\partial y}+wA_z\frac{\partial w}{\partial z}\right)=-\frac{1}{\rho}\frac{\partial p}{\partial z}+G_z+f_z-b_z-\frac{R_{\mathrm{SOR}}}{\rho V_F}(w-w_w-\delta w_s)
\end{aligned} \tag{3.4}$$

对于变量动力黏度 μ，黏性加速度为

$$\begin{cases}
\rho V_Ff_x=\mathrm{wsx}-\left[\dfrac{\partial}{\partial x}(A_x\tau_{xx})+R\dfrac{\partial}{\partial y}(A_y\tau_{xy})+\dfrac{\partial}{\partial z}(A_z\tau_{xz})+\dfrac{\xi}{x}(A_x\tau_{xx}-A_y\tau_{yy})\right]\\
\rho V_Ff_y=\mathrm{wsy}-\left[\dfrac{\partial}{\partial x}(A_x\tau_{xy})+R\dfrac{\partial}{\partial y}(A_y\tau_{yy})+\dfrac{\partial}{\partial z}(A_z\tau_{yz})+\dfrac{\xi}{x}(A_x-A_y\tau_{xy})\right]\\
\rho V_Ff_z=\mathrm{wsz}-\left[\dfrac{\partial}{\partial x}(A_x\tau_{xz})+R\dfrac{\partial}{\partial y}(A_y\tau_{yz})+\dfrac{\partial}{\partial z}(A_z\tau_{zz})+\dfrac{\xi}{x}(A_x\tau_{xz})\right]
\end{cases} \tag{3.5}$$

$$
\begin{cases}
\tau_{xx}=-2\mu\left[\dfrac{\partial u}{\partial x}-\dfrac{1}{3}\left(\dfrac{\partial u}{\partial x}+R\dfrac{\partial v}{\partial y}+\dfrac{\partial w}{\partial z}+\dfrac{\xi u}{x}\right)\right]\\
\tau_{yy}=-2\mu\left[R\dfrac{\partial v}{\partial y}+\xi\dfrac{u}{x}-\dfrac{1}{3}\left(\dfrac{\partial u}{\partial x}+R\dfrac{\partial v}{\partial y}+\dfrac{\partial w}{\partial z}+\dfrac{\xi u}{x}\right)\right]\\
\tau_{zz}=-2\mu\left[\dfrac{\partial w}{\partial z}-\dfrac{1}{3}\left(\dfrac{\partial u}{\partial x}+R\dfrac{\partial v}{\partial y}+\dfrac{\partial w}{\partial z}+\dfrac{\xi u}{x}\right)\right]\\
\tau_{xy}=-\mu\left(\dfrac{\partial v}{\partial x}+R\dfrac{\partial u}{\partial y}-\dfrac{\xi v}{x}\right)\\
\tau_{xz}=-\mu\left(\dfrac{\partial u}{\partial z}+\dfrac{\partial w}{\partial x}\right)\\
\tau_{yz}=-\mu\left(\dfrac{\partial v}{\partial z}+R\dfrac{\partial w}{\partial y}\right)
\end{cases}
\tag{3.6}
$$

式中：(G_x, G_y, G_z)是体积加速度；(f_x, f_y, f_z)是黏性加速度；(b_x, b_y, b_z)是多孔介质中的流动损失；最后一项考虑了由一个几何点的质量注入源方程中的 $U_w=(u_w, v_w, w_w)$项，是源项速度分量；$U_s=(u_s, v_s, w_s)$项是源项相对于自身的表面流体速度。在上述表达式中，wsx，wsy 和 wsz 项是壁面剪切应力。

3）气液界面方程

为了准确模拟波动自由表面，本文采用 VOF 法进行自由表面的追踪。VOF 法的基本思想是在计算域每个单元内都定义一个流体体积函数 F，F 表示单元内流体所占有的体积与该单元可容纳流体体积之比。单元被流体占满的 F 值为 1；空单元的 F 值为 0；单元体的 F 值在 0 与 1 之间为含有表面的单元体，这种单元体或是与自由表面相交，或是含有比单元尺度小的气泡。自由表面的单元定义为含有介于 0 到 1 之间的 F 值，且与它相邻的单元中至少有一个是 F 值为 0 的空单元。F 是空间和时间的函数，应满足的输运式为

$$
\frac{\mathrm{d}F}{\mathrm{d}t}=0 \quad 即 \quad \frac{\partial F}{\partial t}+\frac{\partial uF}{\partial x}+\frac{\partial vF}{\partial y}=0 \tag{3.7}
$$

求解以上方程即可得出每个单元体的 F 值，从而确定出自由表面所在的单元。由于 F 函数是一个阶梯函数，不是连续函数，因此方程不能用通常的差分格式进行离散求解，如果用通常的差分格式就会把 F 的间断性抹平，或者在 F 的间断点处产生数值振荡，从而失去了 F 函数的原有定义。为了克服这一困难，须采用自由表面重构的方法来处理自由表面。

施主-受主方法与 VOF 方法同时被提出，是比较早的一种界面重构技术，现在 Flow-3D 中的标准 VOF 法就是采用的这种重构技术。首先根据网格边界的速度确定两个相邻网格之间的关系。处在上游的网格被称为施主（donor）网格，处在下游的网格被称为受主（acceptor）网格［图 3.4.1（a）］。将输运方程（二维）在时间 δ_t 内和在一个网格控制节点 $P_{i,j}$ 的单元空间上［图 3.4.1（b）］进行积分：

$$\int \mathrm{d}t \iint \left(\frac{\partial F}{\partial t} + \frac{\partial uF}{\partial x} + \frac{\partial vF}{\partial y} = 0 \right) \mathrm{d}x\mathrm{d}y = 0 \tag{3.8}$$

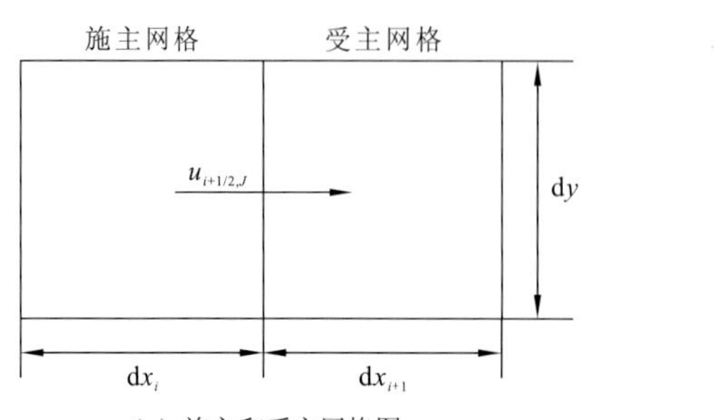

（a）施主和受主网格图

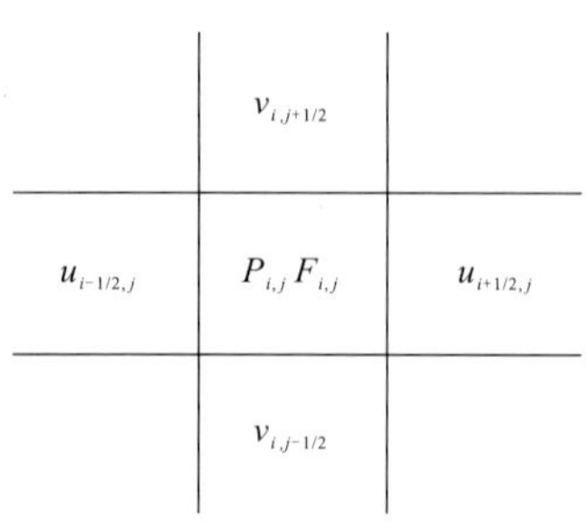

（b）控制单元示意图

图 3.4.1　网格示意图

积分以后有

$$(F_{i,j}^{n+1} - F_{i,j}^{n})\delta x\delta y + (F_{i,j}^{n} u_{i+1/2,j} - F_{i,j}^{n} u_{i-1/2,j})\delta t\delta y + (F_{i,j}^{n} v_{i,j+1/2} - F_{i,j}^{n} v_{i,j-1/2})\delta t\delta x = 0 \tag{3.9}$$

式中：〈math〉第一项表示在 δ_t 时间内通过单元网格内流量的总变化量；两项分别表示通过单元网格的垂直边和水平边的变化量。对式（3.9）的后两项作了如下处理：令 $F_{i,j}^{n} v_{i,j+1/2}\delta t\delta x = (F_{i,j}^{n} V_y)\delta x$，则在时间 δ_t 内通过网格水平边的流量变化可以由下式来表示：

$$(F_{i,j}^{n} V_y) = \min(F_{AD}|V_y| + CF, F_D\delta_{yD}) \tag{3.10}$$

$$\mathrm{CF} = \max((1.0 - F_{AD})|V_y| - (1.0 - F_D)\delta_{yD}, 0.0) \tag{3.11}$$

式中：下标 D 表示施主；A 表示受主；AD 表示施主或者受主，取决于单元中自由面的位置和速度方向。当速度方向和界面近似垂直的时候，取为受主 $F_{AD} = F_A$；当流动方向与流体表面方向平行时，取为施主 $F_{AD} = F_D$；若受主单元或施主单元的上游单元为空单元，则不论流体表面方向如何，均取 $F_{AD} = F_A$。在 δ_t 内通过单元网格上其他边界的流量计算方法类似。

在以上变换中应当满足：

$$\delta_t < \min\left(\frac{\delta_x}{|u|}, \frac{\delta_y}{|u|} \right) \tag{3.12}$$

一般 δ_t 取为三分之一或者四分之一最小值。输运方程经过以上变换后，就可以通过确定单元格各个边界的流量变化确定出新时刻的流体体积函数分布。但是仅得到每个网格的离散体积函数值不能确定自由表面的具体位置和形状，这就需要采用一定的重构技术，也就是基于流体体积函数值分布和特殊的算法假定将自由表面重构出来。施主-受主方法用平行于坐标轴的直线段表示自由表面，具体平行于网格哪一条边，要看此网格和与此网格相邻的流体体积函数分布而定。在二维自由表面的重构当中，将网格中的自由面看作局部的单值函数 $Y(x)$和 $X(y)$，采用 9 个网格的模板，如图 3.4.2 所示，计算 $i-1$，$i+1$ 网格列的 Y_i 值和 $j-1$，$j+1$ 网格列的 X_i 的值，估算出每个网格上自由表面的斜率值 $\mathrm{d}Y/\mathrm{d}x$ 和 $\mathrm{d}X/\mathrm{d}y$，

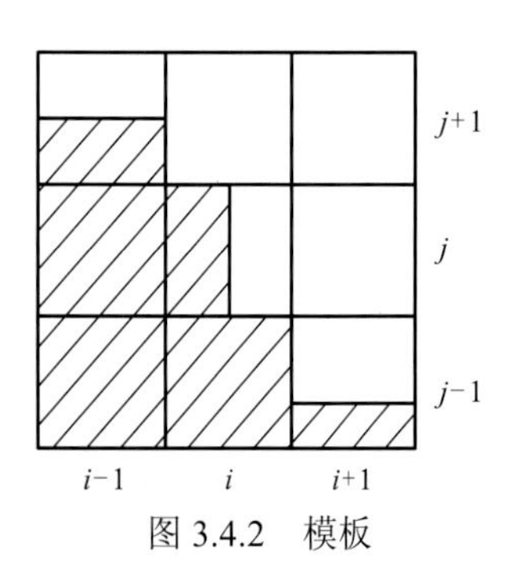

图 3.4.2　模板

然后根据流体体积函数和斜率的大小确定网格(i,j)上的自由面的位置和方向。

$$Y_l=\sum_{k=j-1}^{j+1}F_{lk}\delta_{yk},\quad l=i-1,i,i+1 \tag{3.13}$$

$$\frac{\mathrm{d}Y}{\mathrm{d}x}=\frac{2(Y_{i+1}-Y_{i-1})}{\delta x_{i+1}+2\delta x_i+\delta x_{i-1}} \tag{3.14}$$

$$X_l=\sum_{k=i-1}^{i+1}F_{lk}\delta_{xk},\quad l=j-1,j,j+1 \tag{3.15}$$

$$\frac{\mathrm{d}X}{\mathrm{d}y}=\frac{2(X_{j+1}-X_{j-1})}{\delta y_{j+1}+2\delta y_j+\delta y_{j-1}} \tag{3.16}$$

若按式（3.13）～式（3.16）计算出的 $\mathrm{d}Y/\mathrm{d}x$ 值小于 $\mathrm{d}X/\mathrm{d}y$，则自由面定义为水平面，否则为垂直面。以上说明的是二维网格单元中的自由表面重构，对于三维情况，采用的是平行于单元体表面的平面来重构自由表面。在每一单元的周围，共有 26 个相邻单元将其包围在内，在 x，y，z 三个方向均可分为三层，每层为 9 个单元，分别计算每一个方向单元的左右两侧 9 个单元 F 的和值，这样可以得到每一个单元 x 方向左侧、右侧，y 方向前侧、后侧，z 方向下侧和上侧的共 6 个关于流体体积函数 F 的和值。通过比较此 6 个和值的大小，取其最大值，若左侧的 F 和值最大，则自由表面平行于单元的左侧。在自由面的方向确定后，其位置可以通过控制体内所含有的流体体积函数值 F 得到。例如，设自由表面经计算后应平行于单元左侧面，则自由表面至左侧面的距离 X_s 可通过下式计算得

$$F(i,j,k)\Delta x\Delta y\Delta z=\Delta y\Delta zX_s \tag{3.17}$$

在三维情况下，由于一个网格内真实的自由表面形状一般为曲面，采用垂直或水平平面来表示自由表面，无疑会大大降低模拟精度，为了精确重构曲面表面，Flow-3D 自版本 8.2 后，就加入了新的拉格朗日算法（unsplit Largrangian method 和 split Largrangian method）进行自由表面追踪。这种新方法实质是采用分段线性的平面来表示自由表面，降低了标准方法在计算流体运动方向不与坐标轴平行时出现的误差，但是应用发现，这种方法容易在高旋涡流动区域和远离自由表面的满流体单元处出现体积误差，且三维的应用实例表明，此方法在计算自由表面的法向量方面有待进一步改进。新的拉格朗日 VOF 对流法并未作为 Flow-3D 的推荐选项，本书三维数值波浪水池中的水流流动沿 x 轴正向流动，因此选用了标准的 Hirt 和 Nichols 的施主-受主法进行自由表面的追踪。在 Flow-3D 中关于流体体积函数 F 的输运式同样需要考虑体积和面积分数参数，关于 F 的输运方程表达式（3.18）虽不同于式（3.7），但是求解方法还是一样的。

$$\frac{\partial F}{\partial t}+\frac{1}{V_F}\left[\frac{\partial}{\partial x}(FA_xu)+\frac{\partial}{\partial y}(FA_yv)+\frac{\partial}{\partial z}(FA_zw)\right]=0 \tag{3.18}$$

4）紊流方程

Flow-3D 提供了 5 种紊流模型，分别是零方程模型中的普朗特混合长度模型、一方程模型、标准的 k-ε模型、RNG k-ε两方程模型和大涡模拟。对本书而言，需要对溢流堰闸门

控泄的水流和电站尾水进行模拟，属于复杂几何体的外流问题，因此适合采用 RNG k-ε两方程模型进行模拟。

与连续性方程和动量方程类似，Flow-3D 的 RNG k-ε两方程模型控制方程中也加入了体积分率 V_F 和面积分率 A_x，A_y，A_z，k 方程和ε方程表达式如下：

$$\frac{\partial k_T}{\partial t}+\frac{1}{V_F}\left\{uA_x\frac{\partial k_T}{\partial x}+vA_y\frac{\partial k_T}{\partial x}+wA_z\frac{\partial k_T}{\partial x}\right\}=P_T+G_T+\mathrm{DIff}_T-\varepsilon_T \tag{3.19}$$

$$\frac{\partial \varepsilon_T}{\partial t}+\frac{1}{V_F}\left\{uA_x\frac{\partial \varepsilon_T}{\partial x}+vA_y\frac{\partial \varepsilon_T}{\partial x}+wA_z\frac{\partial \varepsilon_T}{\partial x}\right\}=\frac{\mathrm{CDIS}\cdot\varepsilon_T}{k_T} \tag{3.20}$$

$$(P_T+\mathrm{CDIS}\cdot G)+\mathrm{Diff}_\varepsilon-\mathrm{CDIS}\frac{\bar{\varepsilon}_T}{k_T} \tag{3.21}$$

式中，P_T 表示由速度梯度引起的紊动动能 k 的产生项，表达式如下：

$$P_T=\mathrm{CSPRO}\left(\frac{\mu}{\rho V_F}\right)\left\{\begin{array}{c}2A_x\left(\frac{\partial u}{\partial x}\right)^2+2A_y\left(R\frac{\partial v}{\partial y}+\xi\frac{u}{x}\right)^2+2A_z\left(\frac{\partial w}{\partial z}\right)^2\\+\left(\frac{\partial v}{\partial x}+R\frac{\partial u}{\partial y}-\xi\frac{v}{x}\right)\left[A_x\frac{\partial v}{\partial x}+A_y\left(R\frac{\partial u}{\partial y}-\xi\frac{v}{x}\right)\right]\\+\left(\frac{\partial u}{\partial z}+\frac{\partial w}{\partial x}\right)\left(A_z\frac{\partial u}{\partial z}+A_x\frac{\partial w}{\partial x}\right)\\+\left(\frac{\partial v}{\partial z}+R\frac{\partial w}{\partial y}\right)\left(A_z\frac{\partial v}{\partial z}+A_yR\frac{\partial w}{\partial y}\right)\end{array}\right\} \tag{3.22}$$

对于直角坐标系，$R=1$，$\xi=0$。CSPRO 为紊动参数，默认取 0。G_T 为由浮力引起的紊动动能产生项，对于不可压缩流体取为 0。扩散项的表达式如下：

$$\mathrm{Diff}_T=\frac{1}{V_F}\left\{\frac{\partial}{\partial x}\left(v_kA_x\frac{\partial k_T}{\partial x}\right)+R\frac{\partial}{\partial y}\left(v_kA_yR\frac{\partial k_T}{\partial y}\right)+\frac{\partial}{\partial z}\left(v_kA_z\frac{\partial k_T}{\partial z}\right)+\xi\frac{v_kA_xk_T}{x}\right\} \tag{3.23}$$

$$\mathrm{Diff}_\varepsilon=\frac{1}{V_F}\left\{\frac{\partial}{\partial x}\left(v_\varepsilon A_x\frac{\partial \varepsilon_T}{\partial x}\right)+R\frac{\partial}{\partial y}\left(v_\varepsilon A_yR\frac{\partial \varepsilon_T}{\partial y}\right)+\frac{\partial}{\partial z}\left(v_\varepsilon A_z\frac{\partial \varepsilon_T}{\partial z}\right)+\xi\frac{v_\varepsilon A_x\varepsilon_T}{x}\right\} \tag{3.24}$$

v_T表示紊动的运动黏滞系数：

$$v_T=\mathrm{CNU}\frac{k_T^2}{\varepsilon_T} \tag{3.25}$$

则紊动的动力黏滞系数 μ 为

$$\mu=\rho(v+v_T) \tag{3.26}$$

为控制紊动动能耗散率 ε_T，避免能量的巨大耗散，RNG k-ε两方程模型中引入了表示紊动特征长度的 TLEN(LENgth)参数。若通过求式（3.20）得到的 ε_T 值小于由式（3.27）得到的 ε_T，则程序将调整 ε_T 的值为式（3.27）计算出的值。合理选取 TLEN 值非常重要，如果取得太小，则过高估计了能量耗散，取得太大则能量耗散值偏小，紊流没有得到充分的描述。Flow-3D 推荐 TLEN 值一般取为计算域三方向最小长度尺度的 0.07。本书按推荐值选取。

$$\varepsilon_T=\mathrm{CNU}\sqrt{\frac{3}{2}}\frac{k_T^{1/2}}{\mathrm{TLEN}} \tag{3.27}$$

k 方程和 ε 方程中各系数的值按表 3.4.1 选取。

表 3.4.1　方程系数取值

系数	CNU	v_k	v_c	CDIS1	CDIS2
取值	0.085	1.39	1.39	1.42	1.92

3. 数值方案

在对控制方程进行求解前，需将计算区域离散化。即把空间上连续的计算区域划分成许多个子区域，并确定每个区域中的节点，从而生成网格。将控制方程在网格上离散，则原来的偏微分方程及其定解条件转化为各个网格节点上变量之间关系的代数方程组，通过求解代数方程组获得物理量的近似值。此外，由于波浪的运动属于瞬态过程，在时间上也需要进行离散，即将模拟的物理时间分解为若干时间步进行处理。

1）方程的离散

Flow-3D 采用有限差分法对控制方程进行离散，空间离散成三维的矩形交错网格，如图 3.4.3 所示，标量定义在控制体的中心上，如压强 P、流体体积函数 F、密度ρ、可流动的体积分数 V_F 等，而速度和面积分数定义在网格边界面的中心点上。采用交错网格后，对于三维问题，需采用四个不同的控制体来分别存储标量和三个方向的动量。标量方程和三个方向的动量方程在各个控制体上进行离散。网格交错排列的一个好处就是在计算标量输运时所需要的位置上产生速度，不需要任何插值就可得到压力控制体界面上的速度，且压力节点与速度控制体积界面相一致，则压力梯度如 x 方向动量方程中的$\partial p/\partial x$ 可通过 x 方向相邻两个节点间的压力差来获得，而不是用相间两个节点间的压力差来描述。经由交错网格离散后的动量方程能检测出不合理的压力场，而如果使用普通网格（所有变量定义在网格中心）是做不到的，因此交错网格应用十分广泛，它是求解方程的基础。

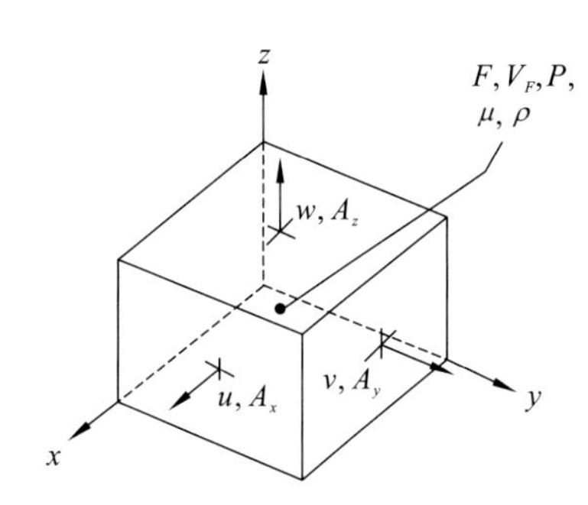

图 3.4.3　离散为三维空间变量

计算域的变量在网格上布置好后，定义第(i, j, k)个差分中心所在的控制体的网格尺度为$(\delta x, \delta y, \delta z)$，位于此控制体中心上某一时间层 n 上的流体体积函数为 $F^n_{i,j,k}$，压力为 $P^n_{i,j,k}$，可流动的体积分数为 $\mathrm{VF}^n_{i,j,k}$。其余标量类似定义。处于单元体边界面上 i+1/2，j+1/2，k+1/2 位置处的三个方向速度定义为 $u^n_{i,j,k}$，$v^n_{i,j,k}$，$w^n_{i,j,k}$，对应的面积分数定义为 $\mathrm{AFR}^n_{i,j,k}$，$\mathrm{AFB}^n_{i,j,k}$，$\mathrm{AFT}^n_{i,j,k}$。有了以上变量符号定义后，经差分离散后的动量方程可以写成下式：

$$u^{n+1}_{i,j,k} = u^n_{i,j,k} + \delta t^{n+1}\left[-\frac{P^{n+1}_{i+1,j,k} - P^{n+1}_{i,j,k}}{(\rho\delta x)^n_{i+\frac{1}{2},j,k}} + G_x - \mathrm{FUX} - \mathrm{FUY} - \mathrm{FUZ} + \mathrm{VISX} \right] \tag{3.28}$$

$$v_{i,j,k}^{n+1} = v_{i,j,k}^{n} + \delta t^{n+1}\left[-\frac{P_{i+1,j,k}^{n+1} - P_{i,j,k}^{n+1}}{(\rho\delta y)_{i,j+\frac{1}{2},k}^{n}} + G_y - \text{FUX} - \text{FUY} - \text{FUZ+VISY}\right] \tag{3.29}$$

$$w_{i,j,k}^{n+1} = w_{i,j,k}^{n} + \delta t^{n+1}\left[-\frac{P_{i+1,j,k}^{n+1} - P_{i,j,k}^{n+1}}{(\rho\delta z)_{i,j,k+\frac{1}{2}}^{n}} + G_z - \text{FUX} - \text{FUY} - \text{FUZ+VISZ}\right] \tag{3.30}$$

其中：

$$(\rho\delta x)_{i+\frac{1}{2},j,k}^{n} = \frac{1}{2}(\rho_{i,j,k}^{n}\delta x_i + \rho_{i+1,j,k}^{n}\delta x_{i+1}) \tag{3.31}$$

$$(\rho\delta y)_{i,j+\frac{1}{2},k}^{n} = \frac{1}{2}(\rho_{i,j,k}^{n}\delta y_j + \rho_{i,j+1,k}^{n}\delta y_{j+1}) \tag{3.32}$$

$$(\rho\delta z)_{i,j,k+\frac{1}{2}}^{n} = \frac{1}{2}(\rho_{i,j,k}^{n}\delta z_k + \rho_{i,j,k+1}^{n}\delta z_{k+1}) \tag{3.33}$$

式中：FUX、FUY、FUZ 表示速度 u，v，w 在 x，y，z 方向的对流项；VISX、VISY、VISZ 表示三个方向的黏滞项；G_X、G_y、G_z 表示三个方向的重力加速度项。

在均匀网格上，对流项、黏滞项、重力加速度项离散方法的选择在动量方程中并不重要，因为其主要功能是增加数值计算的稳定性。但是对于不均匀网格来讲，离散方法的选择将对计算结果的准确性产生很大影响。如在以往应用模型算法控制（model algorithm control，MAC）离散动量方程和连续性方程时，对流项写成守恒的形式，即$\partial u^2/\partial^2 x$，在均匀网格上离散，模型算法控制呈现很好的守恒性和准确性，但是一旦出现非均匀网格，守恒形式的离散方法就失去了在均匀网格上的准确性，这主要是因为在不均匀网格当中，动量方程离散的控制体中心不在速度所在的位置。图 3.4.4 中虚线显示了非均匀网格中 x-z 平面上 x 方向动量方程离散的控制体积。

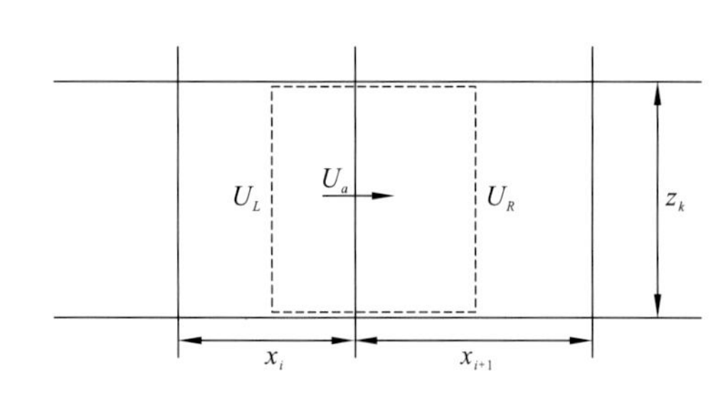

图 3.4.4　x 方向动量离散控制体积示意图

为了避免采用守恒形式的对流项在非均匀网格中离散出现不准确，Flow-3D 中对流项采用非守恒形式 $u\nabla u$ 进行离散，采用中心差分格式和迎风格式相结合的离散方法，通过参数α的值来判断选取何种差分格式，从而保证了计算结果的精度和稳定性。如 x 方向对流项 FUX＝$(A_x/V)u\partial u/\partial x$ 经差分离散后可以写成：

$$\text{FUX} = \frac{0.5}{\text{VFC}}[(\text{UAR} - \alpha\,|\,\text{UAR}\,|)\cdot\text{DUDR} + (\text{UAL} + \alpha\,|\,\text{UAL}\,|)\cdot\text{DUDL}] \tag{3.34}$$

其中：

$$\text{DUDL} = \frac{u_{i,j,k} - u_{i-1,j,k}}{\delta x_i} \tag{3.35}$$

$$\mathrm{DUDR}=\frac{u_{i+1,j,k}-u_{i,j,k}}{\delta x_{i+1}} \tag{3.36}$$

$$\mathrm{UAR}=0.5(u_{i+1,j,k}\mathrm{AFR}_{i+1,j,k}+u_{ijk}\mathrm{AFR}_{ijk}) \tag{3.37}$$

$$\mathrm{UAL}=0.5(u_{i,j,k}\mathrm{AFR}_{i,j,k}+u_{i-1,j,k}\mathrm{AFR}_{i-1,j,k}) \tag{3.38}$$

$$\mathrm{VFC}=\frac{\delta x_i V_{F_{i,j,k}}+\delta x_{i+1}V_{F_{i+1,j,k}}}{\delta x_i+\delta x_{i+1}} \tag{3.39}$$

当网格为均匀时，$\alpha=0$，对流项的差分式方程为二阶的中心差分，中心差分格式计算效率高，当数值计算稳定时计算结果与精确解吻合较好；当$\alpha=1$时，差分方程变为完全的迎风格式，迎风格式认为在一个对流占据主导地位的有方向流动当中，界面上的物理量受上游来流方向的节点值影响比来自下游节点更强烈，因此在确定界面上的物理量值时恒取上游节点的值。而这种迎风格式具有一阶的截断误差，故称为一阶迎风格式。其他方向的对流项离散如同 x 方向。Flow-3D 中默认动量对流离散选用一阶格式，这种方法能很好维持计算的稳定，且计算效率高，在许多计算实例中证实，一阶格式都能满足要求。但是在有些流动当中，比如流动方向与网格线斜交的多维问题当中，一阶离散引起的计算误差较大，此时可以选用精度较高的二阶、三阶离散格式来减轻或消除数值计算中的误差。本书计算中，对流项空间上按默认选取一阶离散格式，时间层上对流项为显格式。

黏滞项按照标准的中心差分格式进行离散，表达式如下：

$$\mathrm{VISX}=-\frac{\mu}{\rho}\left(\frac{u_{i+1,j,k}-2u_{i,j,k}+u_{i-1,j,k}}{\delta x^2}+\frac{u_{i,j+1,k}-2u_{i,j,k}+u_{i,j-1,k}}{\delta y^2}+\frac{u_{i,j,k+1}-2u_{i,j,k}+u_{i,j,k-1}}{\delta z^2}\right) \tag{3.40}$$

黏滞项在时间层上可以根据需要选用显式或隐式的。本书计算中，黏滞项时间上选用显格式。

连续性方程差分式方程为

$$\frac{\mathrm{AFR}_{i,j,k}^{n+1}u_{i,j,k}^{n+1}-\mathrm{AFR}_{i-1,j,k}^{n+1}u_{i-1,j,k}^{n+1}}{\delta x}+\frac{\mathrm{AFB}_{i,j,k}^{n+1}v_{i,j,k}^{n+1}-\mathrm{AFB}_{i,j-1,k}^{n+1}v_{i,j-1,k}^{n+1}}{\delta y}$$
$$+\frac{\mathrm{AFT}_{i,j,k}^{n+1}w_{i,j,k}^{n+1}-\mathrm{AFT}_{i,j,k-1}^{n+1}w_{i,j,k-1}^{n+1}}{\delta z}=0 \tag{3.41}$$

由差分离散后的动量方程和连续性方程可知，速度分量既出现在动量方程中，又出现在连续性方程中，方程错综复杂地耦合在一起，而压力项仅出现在动量方程中，没有可以直接求解压力的方程。一般情况下，压力 p 也是待求的物理量，在求解速度场之前，压力 p 是不知道的，考虑到压力可以间接通过连续性方程规定，因此最直接的方法就是求解整个关于(u, v, w, p)的复杂耦合离散方程组，这种方法虽然可行，但是即便是单个因变量的离散化方程组，也需要大量的计算内存和时间，这是非常低效和不实际的。为了提高计算效率，避免同时求解所有变量，目前应用比较广泛的流场数值解法就是求解原始变量(u, v, w, p)的分离方程解法，其基本思路是不直接解联立的方程组，而是顺序地、逐个地求解各变量代数方程组。Flow-3D 中提供了三种压力速度分离式解法：SOR 迭代法、线性隐方程的 ADI 算法，以及广义的极小残差（generalized minimum residual，GMRES）算法。由于 GMRES 算法收敛速度快，计算精度高，不易发散，在求解 N-S 方程中有很高的效率，因此成为本书数值计算所选用的方法。

2）GMRES 算法求解离散方程

GMRES 算法是由 Soulaimani 等（2002）提出的求解大规模非对称稀疏线性方程组的一种迭代算法，其基本思想是建立在伽辽金法原理上的，出发点是当在求解较大维数空间的代数方程组时，通过在较低维上的求解来得到满足一定精度的解。该方法对求解较高维度上的方程组，不但能较好地提高求解速度，同时也在一定程度上减少了求解过程中所需的存储空间。由于其在流场求解上具有高效率，因此在计算流体力学中得到广泛的应用。在控制方程离散为代数方程组后，由于压力速度是耦合在一起的，需通过一定的顺序来求解。Flow-3D 中先引入一个中间速度，不考虑新时刻的压力场对速度场的影响，而是引入一个当前时刻的压力修正值。求解动量方程获得中间速度，将经由动量方程离散出来的中间速度和压力修正值的关系代入连续性方程，生成含有压力修正值的压力泊松方程，再应用 GMRES 算法来求解压力泊松方程。求解控制方程的基本步骤如下。

第一步，引入中间速度 $u^*_{i,j,k}$，$v^*_{i,j,k}$，$w^*_{i,j,k}$，代入差分动量方程。如 x 方向的动量方程引入中间速度后将变成如下等价形式（为了分析简便，式中未加入面积和体积分数，真正的程序计算中是有考虑的）。

$$\frac{u^*_{i,j,k}-u^n_{i,j,k}}{\delta t}=fx^n_{i,j,k}-(\mathrm{FUX}+\mathrm{FUY}+\mathrm{FUZ})^n_{i,j,k}-\frac{1}{\rho}\frac{p^n_{i+1,j,k}-p^n_{i,j,k}}{\delta x}$$
$$-\frac{\mu}{\rho}\left[\frac{u^n_{i+1,j,k}-2u^n_{i,j,k}+u^n_{i-1,j,k}}{\delta x^2}+\frac{u^n_{i,j+1,k}-2u^n_{i,j,k}+u^n_{i,j-1,k}}{\delta y^2}+\frac{u^n_{i,j,k+1}-2u^n_{i,j,k}+u^n_{i,j,k-1}}{\delta z^2}\right] \quad (3.42)$$

$$\frac{u^{n+1}_{i,j,k}-u^*_{i,j,k}}{\delta t}=-\frac{1}{\rho}\frac{p'_{i+1,j,k}-p'_{i,j,k}}{\delta x} \quad (3.43)$$

式中：p' 表示当前时刻 n 的压力修正值，则下一时刻的压力 $p_{n+1}=p_n+p'$。通过求解式（3.42）可得中间速度值 $u^*_{i,j,k}$，但是所得到的中间速度不一定满足连续性方程。

第二步，将式（3.43）代入差分后的连续性方程（3.41）中，可得包含压力修正值的压力泊松式

$$\nabla\cdot u^*-\frac{\delta t}{\rho}\nabla^2 p=0 \quad (3.44)$$

采用 GMRES 算法求解包含压力修正值的线性方程（3.44）可得修正后的压力值 p'，则 n+1 时刻的压力值 p_{n+1} 也求解出来，最后将得到的压力修正值代入方程（3.43）中，求得 n+1 时刻的速度场。最后检查计算出的速度场是否收敛，若不收敛，则程序将自动调整时间步长，直到获得收敛解。

第三步，求出新时刻的收敛的速度场和压力场后，再用施主-受主方法计算每个单元体的 n+1 时刻的流体体积函数 F 值，并重构出新时刻的自由面形状和位置，形成新的自由表面和边界条件，同时更新其余的变量。

在整个计算过程中，还需考虑边界条件，如在求解 n+1 时刻的压力值时，压力需满足自由表面的动力学边界条件，且需满足计算所需要的稳定性条件。本次计算中时间步长根据稳定性和收敛性条件自动调整，在满足稳定性条件，不超过最大允许的时间步长，以及不超过最大的压力迭代次数下，自动调整到可以允许的最大值。当压力迭代超过最大迭代

次数不收敛时，时间步长将自动减少，使得压力迭代收敛。

3.4.2　计算模型与计算条件

1. 计算模拟范围

为有效模拟电站尾水，在三维建模中对电站尾水管出口 967.08 m 高程至 971.32 m 高程进行模拟，模拟范围如图 3.4.5 所示。

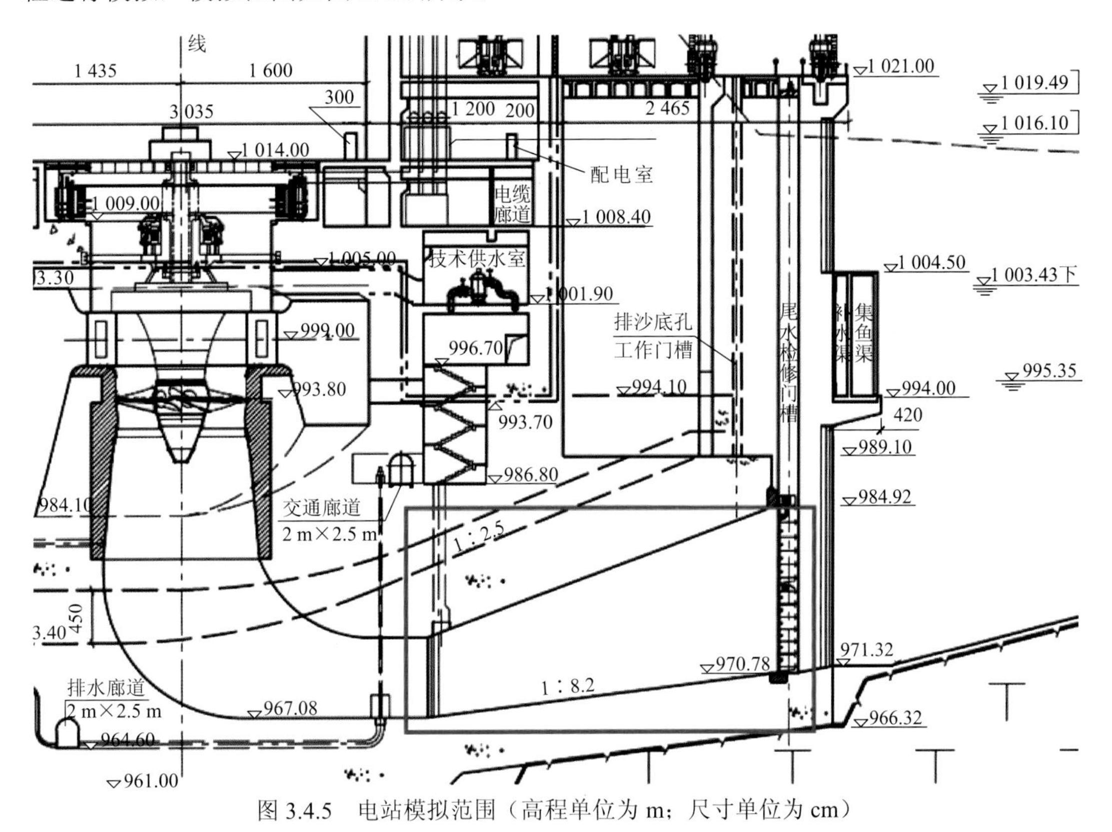

图 3.4.5　电站模拟范围（高程单位为 m；尺寸单位为 cm）

本次数值模拟采用 CATIA 软件建模，Flow-3D 进行数值计算。

计算区域包括五孔泄水闸及下游消力池，以及上游河道和电站尾水部分，模拟范围上游至 0−760 m 断面，下游至 0+460 m 断面，左岸自电站边墙起，右岸至生态泄水孔边墙，同时用平板闸门将生态泄水孔封堵，对于五个泄水孔，采用弧形闸门将其开至计算开度，三维体型如图 3.4.6 所示。

2. 计算网格

Flow-3D 计算需要定义网格块去包围所要计算的体型。利用多重网格技术可以降低总网格数和提高计算可靠性。综合考虑计算机的计算效率和计算准确性，本计算采用拼接式网格，共设置 3 块网格，网格划分如图 3.4.7 所示。

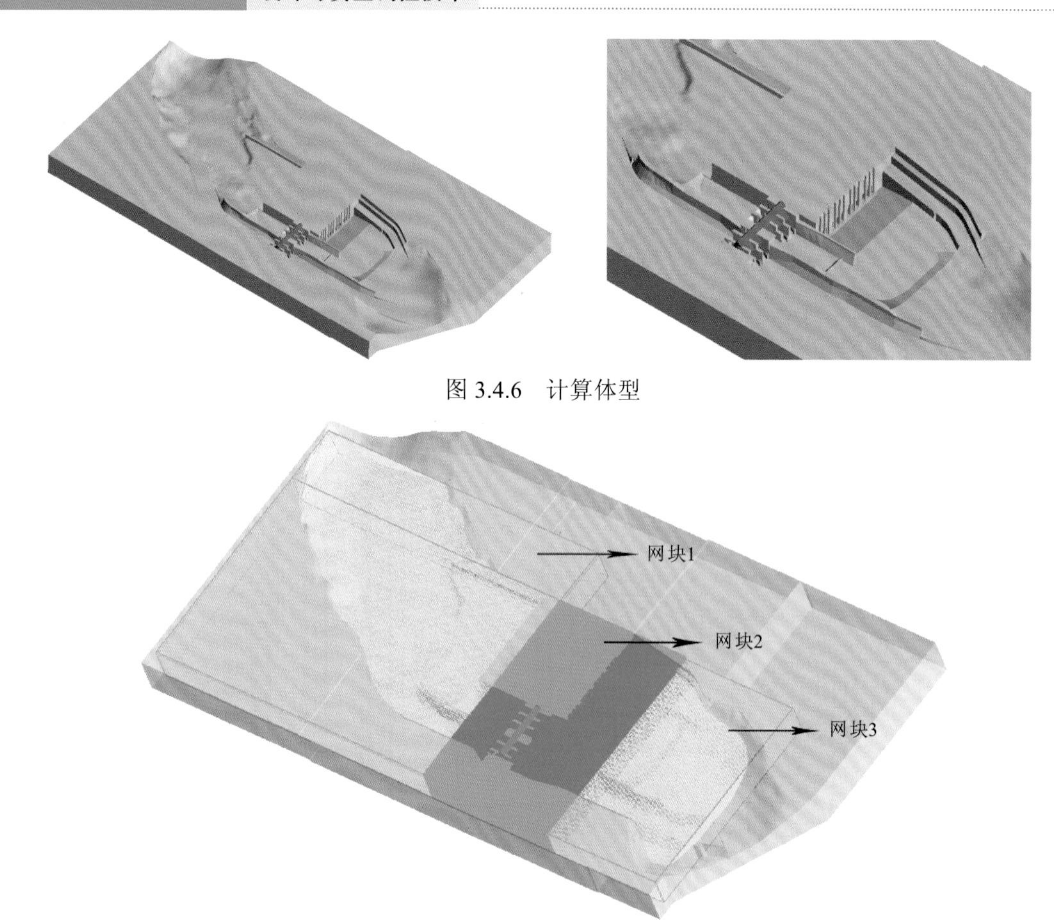

图 3.4.6　计算体型

图 3.4.7　计算网格划分

本次模拟共设三个网块，其中网块 1 和网块 3 分别为上游进口和下游出口部分，网块 2 为主要研究部分，网格尺度应适当加密。

网块 1 为上游河道部分，沿水流向（*Y* 方向）自 0−760 断面至 0−100 断面，不涉及主要研究范围，因此在水流向（*Y* 方向）、坝轴线方向（*X* 方向）和垂直方向（*Z* 方向）网格尺度均为 4 m。

网块 2 为主要研究部分，沿 *Y* 方向自 0−100 断面至 0+200 断面，为此次数值模拟研究的主要范围，故对此范围网格进行加密。沿坝轴线方向（*X* 方向），左岸至厂坝导墙段网格尺度为 1.2 m，厂坝导墙至右岸网格尺度为 1.5 m；沿水流向（*Y* 方向）网格尺度为 1.2 m，垂直向（*Z* 方向）在 1 006 m 高程以下网格尺寸为 2 m，1 006 ～1 016 m 为主要波动研究范围，对网格进行加密，网格尺寸为 0.33 m，1 016 m 以上网格尺寸为 1 m。

网块 3 为下游河道部分，沿 *Y* 方向自 0+200 断面至 0+460 断面，不是主要研究部分，网格适当加粗。在水流向（*Y* 方向）和坝轴线方向（*X* 方向）网格尺度为 3 m，垂直向（*Z* 方向）网格尺度为 2 m。

3. 计算工况

数值模拟主要计算以下工况，见表 3.4.2。

表 3.4.2 计算工况

工况	洪水频率/%	总流量/(m^3/s)	表孔泄量/(m^3/s)	电站流量/(m^3/s)	上游水位/m	下游水位/m	上下游水位差/m	备注
1	3.33	12 100	8 282	3 818	1 022	1 014.00	8.00	4 台机组满发，5 孔控泄
2	5.00	11 400	7 582	3 818	1 022	1 013.30	8.70	4 台机组满发，5 孔控泄
3	20.00	8 780	4 962	3 818	1 022	1 010.42	11.58	4 台机组满发，5 孔控泄
4	—	6 530	2 712	3 818	1 022	1 007.50	14.50	4 台机组满发，河床 3 孔控泄

4. 边界及初始条件

上游设置为每个工况的库水位、闸门开度，因工况而异，下游设置为对应每个工况的尾水位，这些边界均通过给定水位和相应静水压力实现。水面设置为自由水面，各结构壁面设置为固壁边界，粗糙系数设置为混凝土粗糙系数 0.014。

为有效模拟电站尾水出水流态，采用质量元模拟不同机组运行流量，由于此次数值计算所选工况均为 4 台机组满发，电站流量 3 818 m^3/s，根据电站结构，每台机组有三个出水口，故在电站 4 台机组 12 个出水口内均设质量元，发电流量平均分布，每个质量元流量均约为 318.2 m^3/s。

为了加快计算稳定收敛的进度，在算例初始化时以水流方向桩号 0+000 为界，此桩号以上部分计算区域的水位设为各工况上游水位，即 1 022 m，以下部分计算区域的水位设为各工况的下游水位。

5. 数据采集方法

Flow-3D 中没有特定采集表面波动的选项功能，为有效采集表面波动，利用 Flow-3D 中的 Flux surface 功能，在对应测点位置设置条带状测量面，测量面为无厚度、全透水的截面，因此不会对计算产生任何影响，通过采集 Baffle 测量面的过水面积，除以测量面的宽度，即可求得对应水位来反映该位置的波动变化。同时，为了尽可能捕捉某一点位的水位波动情况，需要尽可能地缩小测量面的宽度，但该宽度又同时受网格尺度的制约而不能过小。本次计算中测量面宽度选为 0.3 m，垂向范围最高达 1 016 m，采样频率为 100 Hz。

对于压力的采集，Flow-3D 中 probe 工具可以有效采集水体任意一点处的压力变化数据，probe 为理想化的无体积无质量的测点。为研究压力变化，在横向和垂向均布置了一定数量的 probe 测点，以采集对应位置的压力变化，采样频率为 100 Hz。

对于波动的分析，通常不仅要分析其时域的变化规律及波动特性，如平均值、峰值和标准差等，还需要对其频域特性进行提取，找到其波动的主频，以进一步分析水体波动对水电站的影响。

目前，对于时域信号向频域的转换多采用快速傅里叶变换（fast Fourier transform，FFT）的方法，其计算速度较快，本试验中采用 Matlab 中的 FFT 函数完成该变换，并进一步进行统计量的计算和绘图。

6. 测点布置

对于表面波动和脉动压力数据的采集，在尾水下游侧、明渠段、河床段均布置了测点，测点分布示意，如图 3.4.8 所示。

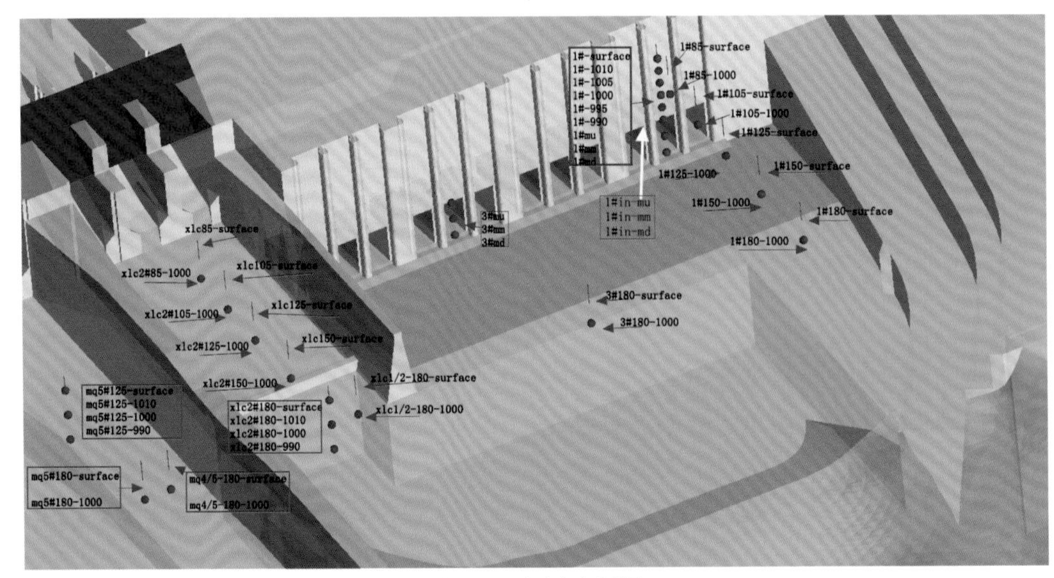

图 3.4.8 测点布置图

mq 为明渠；xlc 为消力池

在本次试验中，水体波动传播规律为主要研究内容。研究小组通过图 3.4.8 中大量的测点从垂向、横向和顺水流向三个方向进行了规律分析。在三个方向的波动传播规律分析中，采用的测点的详细信息见表 3.4.3～表 3.4.7。

表 3.4.3 电站尾水出口垂向波动测点布置

测点编号	测点位置	测量内容
1#md	1#机组尾水中间出口轴线，底部，971.5 m 高程	脉动压力
1#mm	1#机组尾水中间出口轴线，中部，978.2 m 高程	脉动压力
1#mu	1#机组尾水中间出口轴线，顶部，984.8 m 高程	脉动压力
1#-990	1#机组尾水中间出口轴线，990 m 高程	脉动压力
1#-995	1#机组尾水中间出口轴线，995 m 高程	脉动压力
1#-1 000	1#机组尾水中间出口轴线，1 000 m 高程	脉动压力
1#-1 005	1#机组尾水中间出口轴线，1 005 m 高程	脉动压力
1#-1 010	1#机组尾水中间出口轴线，1 010 m 高程	脉动压力
1#-surface	1#机组尾水中间出口轴线表面	表面波动

表 3.4.4 泄水孔垂向波动测点布置

测点编号	测点位置	测量内容
xlc2#180-990	2#泄水孔轴线，0+180 断面，990 m 高程	脉动压力
xlc2#180-1 000	2#泄水孔轴线，0+180 断面，1 000 m 高程	脉动压力
xlc2#180-1 010	2#泄水孔轴线，0+180 断面，1 010 m 高程	脉动压力
xlc2#180-surface	2#泄水孔轴线，0+180 断面，水体表面	表面波动
mq5#125-990	5#泄水孔轴线，125 断面，990 m 高程	脉动压力
mq5#125-1 000	5#泄水孔轴线，125 断面，1 000 m 高程	脉动压力
mq5#125-1 010	5#泄水孔轴线，125 断面，1 010 m 高程	脉动压力
mq5#125-surface	5#泄水孔轴线，125 断面，水体表面	表面波动

表 3.4.5 横向波动测点布置

测点编号		测点位置	测量内容
压力测点	1#180-1 000	1#机组尾水管中心轴线，0+180 断面，1 000 m 高程	脉动压力
	3#180-1 000	3#机组尾水管中心轴线，0+180 断面，1 000 m 高程	脉动压力
	xlc1/2-180-1 000	1#与 2#泄水孔正中间，0+180 断面，1 000 m 高程	脉动压力
	xlc2#180-1 000	2#泄水孔轴线，0+180 断面，1 000 m 高程	脉动压力
	mq4/5-180-1 000	4#与 5#泄水孔正中间，0+180 断面，1 000 m 高程	脉动压力
	mq5#180-1 000	5#泄水孔轴线，0+180 断面，1 000 m 高程	脉动压力
表面波动测点	1#180-surface	1#机组尾水管中心轴线，0+180 断面，水体表面	表面波动
	3#180-surface	3#机组尾水管中心轴线，0+180 断面，水体表面	表面波动
	xlc1/2-180-surface	1#与 2#泄水孔正中间，0+180 断面，水体表面	表面波动
	xlc2#180-surface	2#泄水孔轴线，0+180 断面，水体表面	表面波动
	mq4/5-180-surface	4#与 5#泄水孔正中间，0+180 断面，水体表面	表面波动
	mq5#180-surface	5#泄水孔轴线，0+180 断面，水体表面	表面波动

表 3.4.6 水流向波动测点布置

测点编号		测点位置	测量内容
电站尾水压力测点	1#-1 000	1#机组尾水管出口轴线，1 000 m 高程	脉动压力
	1#85-1 000	1#机组尾水管轴线，85 断面，1 000 m 高程	脉动压力
	1#105-1 000	1#机组尾水管轴线，105 断面，1 000 m 高程	脉动压力
	1#125-1 000	1#机组尾水管轴线，125 断面，1 000 m 高程	脉动压力
	1#150-1 000	1#机组尾水管轴线，150 断面，1 000 m 高程	脉动压力
	1#180-1 000	1#机组尾水管轴线，0+180 断面，1 000 m 高程	脉动压力

续表

	测点编号	测点位置	测量内容
电站尾水波动测点	1#-surface	1#机组尾水管出口轴线，水体表面	表面波动
	1#85-surface	1#机组尾水管轴线，85 断面，水体表面	表面波动
	1#105-surface	1#机组尾水管轴线，105 断面，水体表面	表面波动
	1#125-surface	1#机组尾水管轴线，125 断面，水体表面	表面波动
	1#150-surface	1#机组尾水管轴线，150 断面，水体表面	表面波动
	1#180-surface	1#机组尾水管轴线，0+180 断面，水体表面	表面波动
消力池压力测点	xlc2#85-1 000	2#泄水孔轴线，85 断面，1 000 m 高程	脉动压力
	xlc2#105-1 000	2#泄水孔轴线，105 断面，1 000 m 高程	脉动压力
	xlc2#125-1 000	2#泄水孔轴线，125 断面，1 000 m 高程	脉动压力
	xlc2#150-1 000	2#泄水孔轴线，150 断面，1 000 m 高程	脉动压力
	xlc2#180-1 000	2#泄水孔轴线，0+180 断面，1 000 m 高程	脉动压力
消力池波动测点	xlc2#85-surface	2#泄水孔轴线，85 断面，水体表面	表面波动
	xlc2#105-surface	2#泄水孔轴线，105 断面，水体表面	表面波动
	xlc2#125-surface	2#泄水孔轴线，125 断面，水体表面	表面波动
	xlc2#150-surface	2#泄水孔轴线，150 断面，水体表面	表面波动
	xlc2#180-surface	2#泄水孔轴线，0+180 断面，水体表面	表面波动

表 3.4.7　电站内部测点布置

测点编号	测点位置	测量内容
1#in-mu	1#机组尾水管内部轴线，0+61.8 断面，979 m 高程	脉动压力
1#in-mm	1#机组尾水管内部轴线，0+61.8 断面，974 m 高程	脉动压力
1#in-md	1#机组尾水管内部轴线，0+61.8 断面，969.2 m 高程	脉动压力
1#mu	1#机组尾水中间出口轴线，顶部，971.5 m 高程	表面波动
1#mm	1#机组尾水中间出口轴线，中部，978.2 m 高程	脉动压力
1#md	1#机组尾水中间出口轴线，底部，984.8 m 高程	脉动压力

3.4.3　各工况流场计算成果

1. 工况 1

工况 1 中上游水位 1 022 m，下游水位 1 014 m，五孔控泄，闸门开度 8.52 m，电站 4 台机组满发，泄水孔设计流量 8 282 m^3/s。

1）流量情况

工况 1 仿真时间共 500 s，每 5 s 的流量变化情况详见表 3.4.8，工况 1 下计算流量平均值：7 937.31 m^3/s，在工况 1 下的设计流量为 8 282.00 m^3/s，计算过流比设计过流低 4.16%。由于在数值模拟计算中网格精度有限，闸门开度由经验公式计算，存在一定误差。

表 3.4.8　工况 1 流量变化情况

计算时间/s	流量/（m^3/s）	波幅/%	计算时间/s	流量/（m^3/s）	波幅/%
1 005.00	7 952.04	3.98	1 140.00	7 943.04	4.09
1 010.00	7 944.50	4.08	1 145.00	7 942.53	4.10
1 015.00	7 947.24	4.04	1 150.00	7 938.13	4.15
1 020.00	7 958.19	3.91	1 155.00	7 934.18	4.20
1 025.00	7 951.73	3.99	1 160.00	7 929.16	4.26
1 030.00	7 938.53	4.15	1 165.00	7 926.63	4.29
1 035.00	7 920.04	4.37	1 170.00	7 923.75	4.33
1 040.00	7 917.90	4.40	1 175.00	7 916.57	4.41
1 045.00	7 916.07	4.42	1 180.00	7 918.65	4.39
1 050.00	7 925.42	4.31	1 185.00	7 924.56	4.32
1 055.00	7 931.95	4.23	1 190.00	7 922.09	4.35
1 060.00	7 941.60	4.11	1 195.00	7 920.34	4.37
1 065.00	7 948.12	4.03	1 200.00	7 923.39	4.33
1 070.00	7 953.77	3.96	1 205.00	7 924.88	4.31
1 075.00	7 951.41	3.99	1 210.00	7 928.94	4.26
1 080.00	7 946.80	4.05	1 215.00	7 932.05	4.23
1 085.00	7 952.68	3.98	1 220.00	7 924.97	4.31
1 090.00	7 959.25	3.90	1 225.00	7 915.82	4.42
1 095.00	7 952.58	3.98	1 230.00	7 911.19	4.48
1 100.00	7 947.22	4.04	1 235.00	7 916.13	4.42
1 105.00	7 947.54	4.04	1 240.00	7 917.31	4.40
1 110.00	7 947.25	4.04	1 245.00	7 920.75	4.36
1 115.00	7 943.12	4.09	1 250.00	7 930.97	4.24
1 120.00	7 936.72	4.17	1 255.00	7 936.85	4.17
1 125.00	7 931.32	4.23	1 260.00	7 935.69	4.18
1 130.00	7 938.98	4.14	1 265.00	7 932.53	4.22
1 135.00	7 945.84	4.06	1 270.00	7 930.61	4.24

续表

计算时间/s	流量/（m^3/s）	波幅/%	计算时间/s	流量/（m^3/s）	波幅/%
1 275.00	7 933.11	4.21	1 390.00	7 935.45	4.18
1 280.00	7 940.29	4.13	1 395.00	7 933.85	4.20
1 285.00	7 943.91	4.08	1 400.00	7 936.21	4.18
1 290.00	7 947.09	4.04	1 405.00	7 938.32	4.15
1 295.00	7 946.89	4.05	1 410.00	7 939.89	4.13
1 300.00	7 945.23	4.07	1 415.00	7 937.54	4.16
1 305.00	7 938.87	4.14	1 420.00	7 937.22	4.16
1 310.00	7 938.04	4.15	1 425.00	7 937.09	4.16
1 315.00	7 932.92	4.21	1 430.00	7 945.20	4.07
1 320.00	7 933.52	4.21	1 435.00	7 945.76	4.06
1 325.00	7 934.74	4.19	1 440.00	7 943.15	4.09
1 330.00	7 940.45	4.12	1 445.00	7 944.49	4.08
1 335.00	7 940.91	4.12	1 450.00	7 943.72	4.08
1 340.00	7 933.93	4.20	1 455.00	7 943.33	4.09
1 345.00	7 935.86	4.18	1 460.00	7 945.55	4.06
1 350.00	7 934.97	4.19	1 465.00	7 951.69	3.99
1 355.00	7 930.49	4.24	1 470.00	7 958.31	3.91
1 360.00	7 923.60	4.33	1 475.00	7 959.77	3.89
1 365.00	7 924.38	4.32	1 480.00	7 958.30	3.91
1 370.00	7 927.95	4.27	1 485.00	7 951.60	3.99
1 375.00	7 931.43	4.23	1 490.00	7 949.90	4.01
1 380.00	7 936.02	4.18	1 495.00	7 949.79	4.01
1 385.00	7 937.70	4.16	1 500.00	7 943.13	4.09

故总体来看，实际过流的计算误差小于 5%，在允许范围之内，此次数值模拟计算的过流量模拟较为准确。

2）整体流场分布

图 3.4.9 与图 3.4.10 为本工况整体流场分布图和下游表面流场分布图，从表面流场分布可以看出，整体水流沿河道下泄，在上游 100 m 区域内流线逐渐由弯变直，在通过泄水闸时流速明显增大。在泄水闸下游，电站尾水部分受泄水闸高速下泄水流的影响，表面水流在闸墩尾部位置紊动强烈，但由于有厂坝导墙隔离，并未对电站尾水造成较大影响，电站尾水表面的流速相对泄水闸明显减小，且分布基本平稳。明渠侧 4#和 5#泄水孔下泄水流在消力池存在回流现象，主流受到挤压后，在两泄水孔下游中间形成较大波动，在该区域具有较大流速，较河床侧三孔流速大。

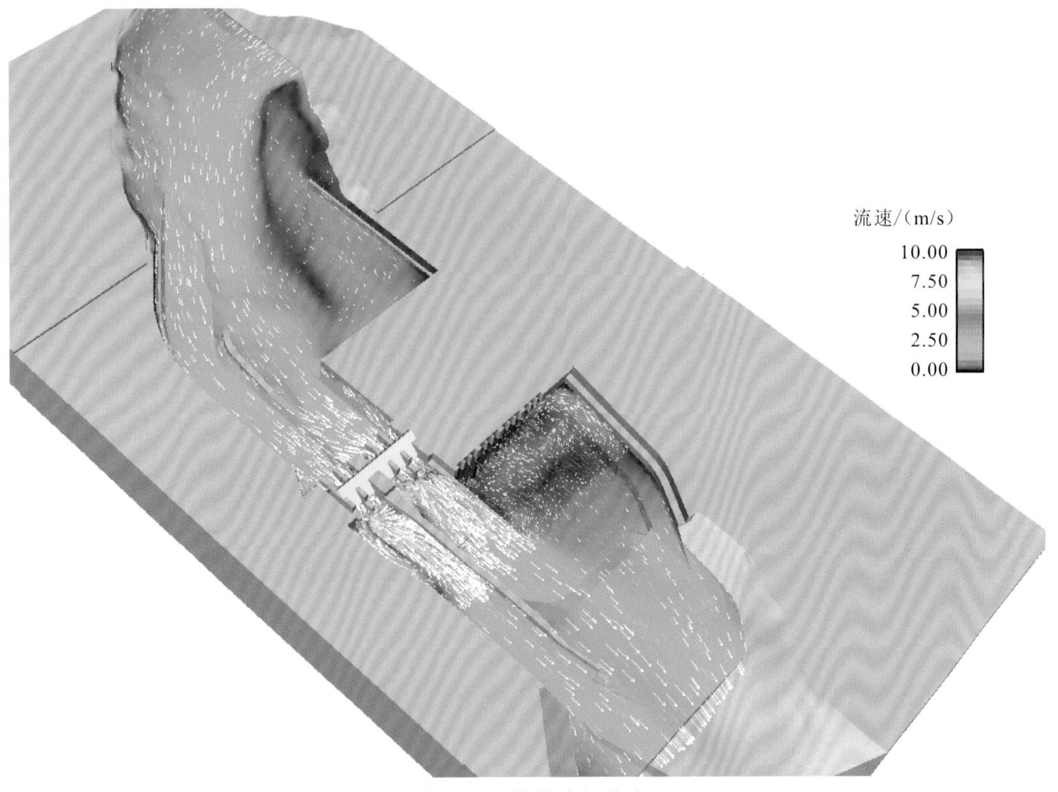

图 3.4.9　整体流场分布

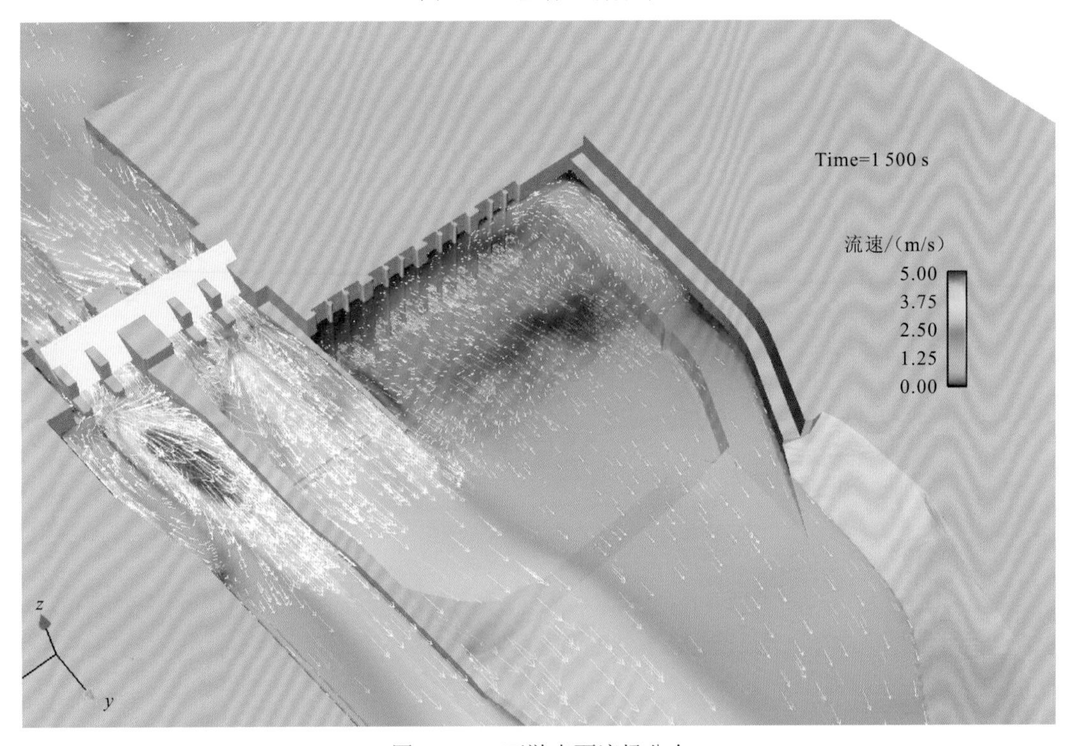

图 3.4.10　下游表面流场分布

3）泄水孔流场分布

图 3.4.11 与图 3.4.12 分别为河床 2#闸孔轴线和明渠 4#内闸孔轴线纵剖面流场分布图。

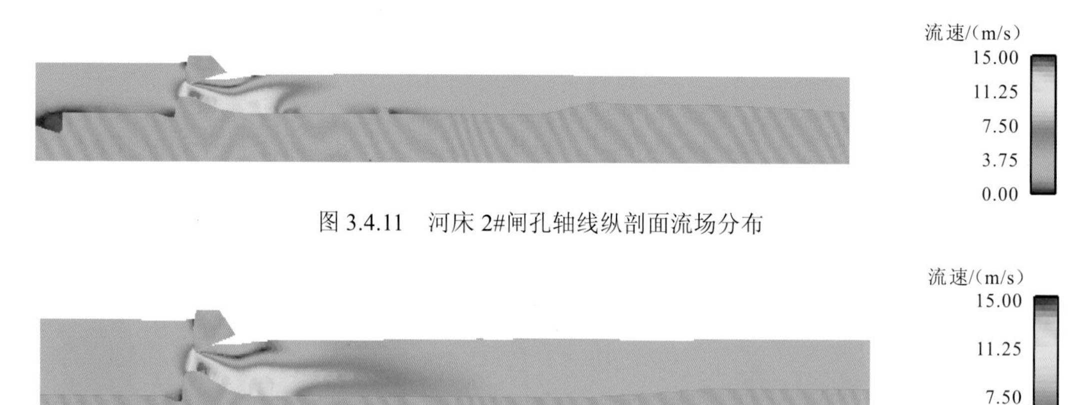

图 3.4.11　河床 2#闸孔轴线纵剖面流场分布

图 3.4.12　明渠 4#闸孔轴线纵剖面流场分布

对比发现，两侧沿水流方向均在堰顶出现最大流速，最大流速在 15 m/s 左右，水流过堰后沿堰面下泄，沿堰面流速较大，都在 10 m/s 以上，水面流速相对较小。在闸孔末端由于设立宽尾墩，水面突然束窄，高速水流挑射出流，在尾坎后重新入水，使得下游表面流速较底部大。由于 2#闸孔下游侧有消力尾坎，流速在尾坎附近出现了一定波动，下泄水流通过尾坎时出现挑射现象，使上部流速较底部大，流态与 4#闸孔下游不同。

4）电站流场分布

图 3.4.13 为 2#机组中部纵剖面流场分布图。自尾水管出流流速逐渐减小，在反坡段表面流速基本为 0，流速主要由下部尾水管出流产生，在反坡段后表面和底部流速基本保持相同。

图 3.4.13　2#机组中部纵剖面流场分布

2. 工况 2

工况 2 中上游水位 1 022.0 m，下游水位 1 013.3 m，五孔控泄，闸门开度 7.75 m，电站 4 台机组满发，泄水孔设计流量 7 582 m^3/s。

1）流量情况

工况 2 仿真时间共 500 s，每 5 s 的流量变化情况详见表 3.4.9。由表 3.4.9 可知，工况

2 下计算流量平均值：7 238.14 m^3/s，在工况 2 下的设计流量为 7 582.00m^3/s，计算过流比设计过流低 4.53%。由于在数值模拟计算中网格精度有限，闸门开度由经验公式计算而来，存在一定误差。

表 3.4.9　工况 2 流量变化情况

计算时间/s	流量/（m^3/s）	波幅/%	计算时间/s	流量/（m^3/s）	波幅/%
1 505.00	7 164.81	5.50	1 645.00	7 246.94	4.42
1 510.00	7 188.05	5.20	1 650.00	7 243.34	4.47
1 515.00	7 201.45	5.02	1 655.00	7 229.07	4.65
1 520.00	7 183.95	5.25	1 660.00	7 221.41	4.76
1 525.00	7 186.66	5.21	1 665.00	7 220.65	4.77
1 530.00	7 215.42	4.84	1 670.00	7 222.45	4.74
1 535.00	7 211.31	4.89	1 675.00	7 231.73	4.62
1 540.00	7 210.39	4.90	1 680.00	7 231.66	4.62
1 545.00	7 222.52	4.74	1 685.00	7 224.75	4.71
1 550.00	7 229.05	4.66	1 690.00	7 218.76	4.79
1 555.00	7 237.57	4.54	1 695.00	7 213.93	4.85
1 560.00	7 245.56	4.44	1 700.00	7 219.10	4.79
1 565.00	7 240.65	4.50	1 705.00	7 221.90	4.75
1 570.00	7 238.16	4.53	1 710.00	7 225.90	4.70
1 575.00	7 245.56	4.44	1 715.00	7 227.49	4.68
1 580.00	7 250.90	4.37	1 720.00	7 235.72	4.57
1 585.00	7 244.12	4.46	1 725.00	7 240.16	4.51
1 590.00	7 242.74	4.47	1 730.00	7 234.47	4.58
1 595.00	7 257.94	4.27	1 735.00	7 232.02	4.62
1 600.00	7 268.88	4.13	1 740.00	7 240.80	4.50
1 605.00	7 265.58	4.17	1 745.00	7 250.98	4.37
1 610.00	7 266.85	4.16	1 750.00	7 255.01	4.31
1 615.00	7 260.03	4.25	1 755.00	7 248.52	4.40
1 620.00	7 261.95	4.22	1 760.00	7 248.08	4.40
1 625.00	7 258.11	4.27	1 765.00	7 255.49	4.31
1 630.00	7 260.67	4.24	1 770.00	7 250.19	4.38
1 635.00	7 254.75	4.32	1 775.00	7 248.05	4.40
1 640.00	7 246.79	4.42	1 780.00	7 247.92	4.41

续表

计算时间/s	流量/（m^3/s）	波幅/%	计算时间/s	流量/（m^3/s）	波幅/%
1 785.00	7 252.22	4.35	1 895.00	7 225.22	4.71
1 790.00	7 260.49	4.24	1 900.00	7 228.75	4.66
1 795.00	7 252.22	4.35	1 905.00	7 230.87	4.63
1 800.00	7 245.79	4.43	1 910.00	7 234.26	4.59
1 805.00	7 238.22	4.53	1 915.00	7 234.50	4.58
1 810.00	7 242.56	4.48	1 920.00	7 238.11	4.54
1 815.00	7 249.17	4.39	1 925.00	7 237.58	4.54
1 820.00	7 244.43	4.45	1 930.00	7 241.97	4.48
1 825.00	7 237.78	4.54	1 935.00	7 249.73	4.38
1 830.00	7 233.90	4.59	1 940.00	7 258.48	4.27
1 835.00	7 231.78	4.62	1 945.00	7 253.73	4.33
1 840.00	7 223.21	4.73	1 950.00	7 256.04	4.30
1 845.00	7 223.15	4.73	1 955.00	7 259.91	4.25
1 850.00	7 225.02	4.71	1 960.00	7 259.12	4.26
1 855.00	7 224.24	4.72	1 965.00	7 261.24	4.23
1 860.00	7 225.83	4.70	1 970.00	7 263.43	4.20
1 865.00	7 226.68	4.69	1 975.00	7 269.50	4.12
1 870.00	7 229.53	4.65	1 980.00	7 272.96	4.08
1 875.00	7 226.04	4.69	1 985.00	7 268.36	4.14
1 880.00	7 220.80	4.76	1 990.00	7 262.64	4.21
1 885.00	7 226.30	4.69	1 995.00	7 263.58	4.20
1 890.00	7 225.80	4.70	2 000.00	7 263.60	4.20

故总体来看，实际过流的计算误差小于 5%，在允许范围之内，此次数值模拟计算的过流量模拟较为准确。

2）整体流场分布

图 3.4.14 与图 3.4.15 为工况 2 整体表面流场分布情况和下游表面流场分布图，从表面流场分布可以看出，整体水流沿河道下泄，在上游 100 m 区域内流线逐渐由弯变直，在通过泄水闸时流速明显增大。在泄水闸下游，电站尾水部分受泄水闸高速下泄水流的影响，表面水流在闸墩尾部位置紊动强烈，但由于有厂坝导墙隔离，并未对电站尾水造成较大影响，电站尾水表面的流速相对泄水闸明显减小，且分布基本平稳。明渠侧 4#和 5#泄水孔下泄水流在两孔中间形成较大波动，在该区域具有较大流速，较河床侧三孔流速大。

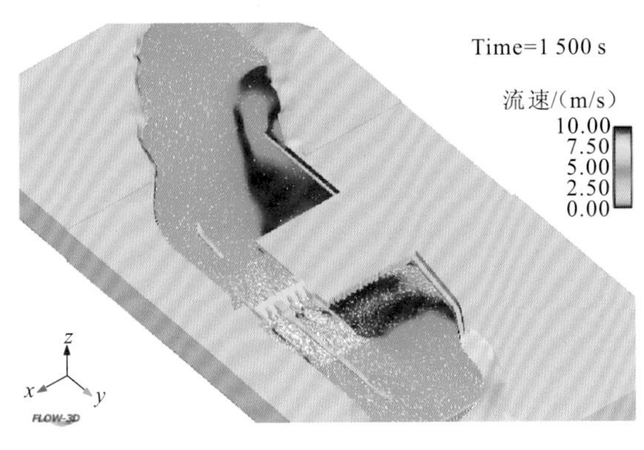

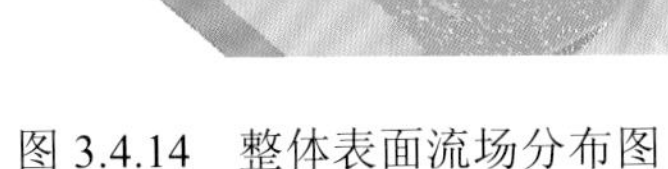
图 3.4.14　整体表面流场分布图

图 3.4.15　下游表面流场分布图

3）泄水孔流场分布

图 3.4.16 与图 3.4.17 分别为河床 2#孔中部和明渠 4#内闸孔中部纵剖面流场分布图。

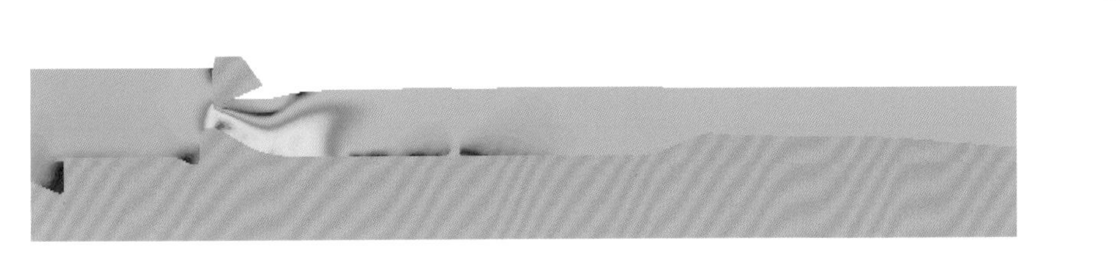

图 3.4.16　河床 2#闸孔中部纵剖面流场分布

图 3.4.17　明渠 4#闸孔中部纵剖面流场分布

对比发现，两侧沿水流方向均在堰顶出现最大流速，最大流速在 16 m/s 左右，水流过堰后沿堰面下泄，沿堰面流速较大，都在 11 m/s 以上，水面流速相对较小。在闸孔末端由于设立宽尾墩，水面突然束窄，高速水流挑射出流，在尾坎后重新入水，使得下游表面流速较底部大。

4）电站流场分布

图 3.4.18 为 2#机组中部纵剖面流场分布图。自尾水管出流流速逐渐减小，在反坡段表面流速基本为 0，流速主要由下部尾水管出流产生，在反坡段后表面和底部流速基本保持相同。

图 3.4.18　2#机组中部纵剖面流场分布

3. 工况 3

工况 3 中上游水位 1 022.00 m，下游水位 1 010.42 m，五孔控泄，闸门开度 4.95 m，电站 4 台机组满发，泄水孔设计流量 4 962 m^3/s。

1）流量情况

工况 3 仿真时间共 500 s，每 5 s 的流量变化情况详见表 3.4.10，由表可知，工况 3 下计算流量平均值：5 204.31 m^3/s，在工况 3 下的设计流量为 4 962.00 m^3/s，计算过流比设计过流高 4.88%。总体来看，实际过流的计算误差在允许范围之内，工况 3 数值模拟计算的过流量较为准确。

表 3.4.10　工况 3 流量变化情况

计算时间/s	流量/（m^3/s）	波幅/%	计算时间/s	流量/（m^3/s）	波幅/%
805.00	5 133.86	3.46	895.00	5 174.77	4.29
810.00	5 136.62	3.52	900.00	5 184.55	4.49
815.00	5 145.56	3.70	905.00	5 184.12	4.48
820.00	5 150.52	3.80	910.00	5 185.35	4.50
825.00	5 154.99	3.89	915.00	5 194.88	4.69
830.00	5 151.09	3.81	920.00	5 199.69	4.79
835.00	5 142.90	3.65	925.00	5 205.77	4.91
840.00	5 112.27	3.03	930.00	5 208.46	4.97
845.00	5 119.76	3.18	935.00	5 228.26	5.37
850.00	5 113.32	3.05	940.00	5 241.60	5.63
855.00	5 111.73	3.02	945.00	5 235.66	5.52
860.00	5 115.09	3.09	950.00	5 236.63	5.53
865.00	5 119.13	3.17	955.00	5 245.42	5.71
870.00	5 125.95	3.30	960.00	5 247.79	5.76
875.00	5 136.90	3.52	965.00	5 244.78	5.70
880.00	5 132.79	3.44	970.00	5 231.83	5.44
885.00	5 151.52	3.82	975.00	5 229.46	5.39
890.00	5 169.50	4.18	980.00	5 233.79	5.48

续表

计算时间/s	流量/（m^3/s）	波幅/%	计算时间/s	流量/（m^3/s）	波幅/%
985.00	5 229.96	5.40	1 145.00	5 235.52	5.51
990.00	5 210.44	5.01	1 150.00	5 236.10	5.52
995.00	5 209.92	5.00	1 155.00	5 242.25	5.65
1 000.00	5 201.54	4.83	1 160.00	5 237.75	5.56
1 005.00	5 203.32	4.86	1 165.00	5 233.22	5.47
1 010.00	5 205.82	4.91	1 170.00	5 225.09	5.30
1 015.00	5 193.39	4.66	1 175.00	5 223.47	5.27
1 020.00	5 203.16	4.86	1 180.00	5 217.22	5.14
1 025.00	5 194.42	4.68	1 185.00	5 207.71	4.95
1 030.00	5 182.92	4.45	1 190.00	5 204.30	4.88
1 035.00	5 174.28	4.28	1 195.00	5 207.89	4.96
1 040.00	5 170.28	4.20	1 200.00	5 209.58	4.99
1 045.00	5 171.10	4.21	1 205.00	5 206.49	4.93
1 050.00	5 174.48	4.28	1 210.00	5 196.12	4.72
1 055.00	5 176.39	4.32	1 215.00	5 194.13	4.68
1 060.00	5 174.62	4.29	1 220.00	5 193.71	4.67
1 065.00	5 180.02	4.39	1 225.00	5 197.18	4.74
1 070.00	5 183.88	4.47	1 230.00	5 189.15	4.58
1 075.00	5 189.10	4.58	1 235.00	5 187.76	4.55
1 080.00	5 189.97	4.59	1 240.00	5 183.66	4.47
1 085.00	5 206.10	4.92	1 245.00	5 179.97	4.39
1 090.00	5 213.29	5.06	1 250.00	5 181.81	4.43
1 095.00	5 210.76	5.01	1 255.00	5 187.25	4.54
1 100.00	5 214.29	5.08	1 260.00	5 187.84	4.55
1 105.00	5 221.28	5.23	1 265.00	5 191.95	4.63
1 110.00	5 217.01	5.14	1 270.00	5 199.59	4.79
1 115.00	5 217.90	5.16	1 275.00	5 203.82	4.87
1 120.00	5 224.00	5.28	1 280.00	5 208.35	4.96
1 125.00	5 232.70	5.46	1 285.00	5 211.75	5.03
1 130.00	5 245.64	5.72	1 290.00	5 209.97	5.00
1 135.00	5 243.32	5.67	1 295.00	5 214.41	5.09
1 140.00	5 236.85	5.54	1 300.00	5 215.71	5.11

2）整体流场分布

图 3.4.19 与图 3.4.20 为工况 3 整体流场分布和下游表面流场分布情况。从整体流场来看，整体流场分布平稳，水流在通过泄水孔下泄时速度增大，明渠侧 4#与 5#孔消力池中间流速明显大于河床侧 3 孔流速，最大流速大于 5 m/s，河床侧流速基本在 3 m/s 左右。电站尾水侧流速明显较泄水孔侧小，基本都在 1 m/s 左右，与泄水孔侧有明显分界。

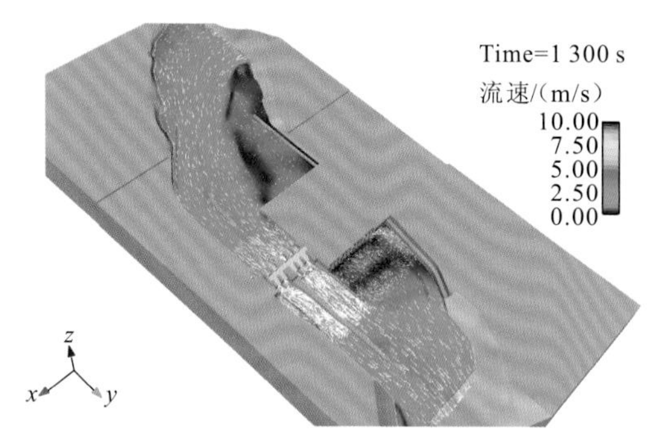

图 3.4.19　整体流场分布

图 3.4.20　下游表面流场分布

3）泄水孔流场分布

图 3.4.21 与图 3.4.22 分别为河床 2#闸孔轴线和明渠内 4#闸孔轴线剖面流场分布图。

图 3.4.21　明渠河床 2#闸孔轴线剖面流场分布

图 3.4.22　明渠内 4#闸孔轴线剖面流场分布

水流通过泄水孔后流速变大，由于工况 3 下闸门开度较工况 1 与工况 2 明显减小，在上游水位相同的情况下，过堰流速明显大于之前工况，堰顶最大流速在 17 m/s 以上。水流过堰后在末尾经宽尾墩射流，形成一定的挑射形态，使得消力池内上部流速较底部流速大。

4）电站流场分布

图 3.4.23 为电站下游尾水纵剖面流场分布图。自尾水管出流流速逐渐减小，在反坡段表面流速基本为 0，流速主要由下部尾水管出流产生，流速基本为 1 m/s，在反坡段后表面和底部流速基本保持相同，不再有大的速度差。

图 3.4.23　2#机组中部纵剖面流场分布

4. 工况 4

工况 4 中上游水位 1 022.0 m，下游水位 1 007.5 m，河床三孔控泄，闸门开度 4.49 m，电站 4 台机组满发，泄水孔设计流量 2 712 m^3/s。

1）流量情况

工况 4 仿真时间共 500 s，每 5 s 的流量变化情况详见表 3.4.11，由该表可知，工况 4 下计算流量平均值：2 829.91 m^3/s，在工况 4 下的设计泄量为 2 712 m^3/s，计算过流比设计过流高 4.35%。由于在数值模拟计算中网格精度有限，闸门开度由经验公式计算而来，存在一定误差。

表 3.4.11　工况 4 流量变化情况

计算时间/s	流量/(m^3/s)	波幅/%	计算时间/s	流量/(m^3/s)	波幅/%
805.00	2 869.47	5.81	900.00	2 837.60	4.63
810.00	2 825.59	4.19	905.00	2 834.86	4.53
815.00	2 829.79	4.34	910.00	2 837.32	4.62
820.00	2 824.73	4.16	915.00	2 841.08	4.76
825.00	2 817.63	3.90	920.00	2 846.08	4.94
830.00	2 813.21	3.73	925.00	2 849.46	5.07
835.00	2 813.51	3.74	930.00	2 852.94	5.20
840.00	2 802.56	3.34	935.00	2 857.01	5.35
845.00	2 800.73	3.27	940.00	2 866.39	5.69
850.00	2 799.16	3.21	945.00	2 864.35	5.62
855.00	2 802.10	3.32	950.00	2 860.25	5.47
860.00	2 803.72	3.38	955.00	2 862.18	5.54
865.00	2 801.92	3.32	960.00	2 861.43	5.51
870.00	2 809.13	3.58	965.00	2 857.79	5.38
875.00	2 810.44	3.63	970.00	2 855.42	5.29
880.00	2 819.90	3.98	975.00	2 848.57	5.04
885.00	2 823.06	4.10	980.00	2 849.29	5.06
890.00	2 828.83	4.31	985.00	2 844.27	4.88
895.00	2 834.22	4.51	990.00	2 838.04	4.65

续表

计算时间/s	流量/（m^3/s）	波幅/%	计算时间/s	流量/（m^3/s）	波幅/%
995.00	2 834.66	4.52	1 150.00	2 856.48	5.33
1 000.00	2 830.83	4.38	1 155.00	2 857.16	5.35
1 005.00	2 831.78	4.42	1 160.00	2 852.84	5.19
1 010.00	2 832.18	4.43	1 165.00	2 847.88	5.01
1 015.00	2 823.81	4.12	1 170.00	2 849.02	5.05
1 020.00	2 820.39	4.00	1 175.00	2 847.15	4.98
1 025.00	2 817.87	3.90	1 180.00	2 843.78	4.86
1 030.00	2 812.60	3.71	1 185.00	2 838.68	4.67
1 035.00	2 809.60	3.60	1 190.00	2 837.45	4.63
1 040.00	2 807.52	3.52	1 195.00	2 836.74	4.60
1 045.00	2 804.55	3.41	1 200.00	2 832.50	4.44
1 050.00	2 803.47	3.37	1 205.00	2 829.02	4.32
1 055.00	2 804.57	3.41	1 210.00	2 825.00	4.17
1 060.00	2 807.97	3.54	1 215.00	2 822.80	4.09
1 065.00	2 809.32	3.59	1 220.00	2 820.46	4.00
1 070.00	2 813.44	3.74	1 225.00	2 816.69	3.86
1 075.00	2 818.35	3.92	1 230.00	2 811.43	3.67
1 080.00	2 820.44	4.00	1 235.00	2 812.64	3.71
1 085.00	2 823.58	4.11	1 240.00	2 807.46	3.52
1 090.00	2 824.69	4.16	1 245.00	2 807.64	3.53
1 095.00	2 826.45	4.22	1 250.00	2 809.45	3.59
1 100.00	2 829.04	4.32	1 255.00	2 808.93	3.57
1 105.00	2 833.54	4.48	1 260.00	2 810.00	3.61
1 110.00	2 837.96	4.64	1 265.00	2 812.79	3.72
1 115.00	2 840.74	4.75	1 270.00	2 817.47	3.89
1 120.00	2 844.01	4.87	1 275.00	2 819.18	3.95
1 125.00	2 849.67	5.08	1 280.00	2 820.79	4.01
1 130.00	2 854.01	5.24	1 285.00	2 821.34	4.03
1 135.00	2 855.50	5.29	1 290.00	2 823.44	4.11
1 140.00	2 851.99	5.16	1 295.00	2 826.95	4.24
1 145.00	2 852.89	5.20	1 300.00	2 829.39	4.33

总体来看，实际过流的计算误差小于 5%，在允许范围之内，此次数值模拟计算较为准确。

2）整体流场分布

图 3.4.24 与图 3.4.25 为工况 4 整体流场分布和下游表面流场分布情况。从表面流场分布可以看出，整体水流沿河道下泄，在上游 100 m 区域内流线逐渐由弯变直，在通过泄水闸河床侧 3 孔时流速明显增大。在泄水闸下游，电站尾水部分受泄水闸高速下泄水流的影响，表面水流在闸墩尾部位置紊动强烈，但由于有厂坝导墙隔离，并未对电站尾水造成较大影响，电站尾水表面的流速相对泄水闸明显减小。明渠侧 4#和 5#泄水孔在工况 4 下处于关闭状态，在两泄水孔的下游流速基本为 0。

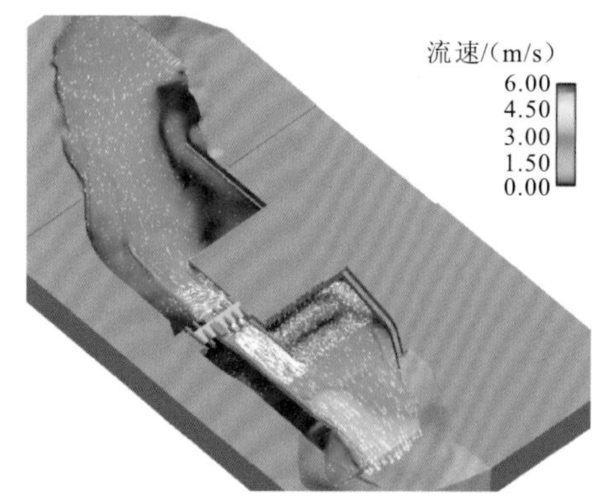

图 3.4.24　整体流场分布

图 3.4.25　下游表面流场分布

3）泄水孔流场分布

图 3.4.26 为河床 2#闸孔轴线纵剖面流场分布图，此时明渠侧 2 孔关闭。

图 3.4.26　河床 2#闸孔轴线纵剖面流场分布

观察数据发现，河床侧 2 孔水流在堰顶出现最大流速，最大流速在 20 m/s 左右，水流过堰后沿堰面下泄，沿堰面流速较大，在 10 m/s 以上，水面流速相对较小。在闸孔末端由于设立宽尾墩，水面突然束窄，高速水流挑射出流，在尾坎后重新入水，使得下游表面流速较底部大。

4）电站流场分布

图 3.4.27 为电站下游尾水纵剖面流场分布图。自尾水管出流流速逐渐减小，在反坡段表面流速基本为 0，流速主要由下部尾水管出流产生，在反坡段后表面和底部流速基本保持相同。

图 3.4.27　2#机组中部纵剖面流场分布

3.4.4　数值模拟流场成果与模型试验成果对比分析

1. 流态对比

图 3.4.28 与图 3.4.29 分别为 Q=11 400 m^3/s 工况模型试验与数值模拟的流态，图 3.4.30 与图 3.4.31 分别为 Q=8 780 m^3/s 工况模型试验与数值模拟的流态。

图 3.4.28　模型试验流态（Q=11 400 m^3/s　$H_{下}$=1 013.3 m　5 表孔控泄）

图 3.4.29　数值模拟流态（Q=11 400 m^3/s　$H_{下}$=1 013.3 m　5 表孔控泄）

图 3.4.30　模型试验流态（Q=8 780 m^3/s　$H_{下}$=1 010.42 m　5 表孔控泄）

图 3.4.31　数值模拟流态（Q=8 780 m^3/s　$H_{下}$=1 010.42 m　5 表孔控泄）

对比可知，模型试验与数值模拟所反映的流态整体一致，河床与明渠内表孔消力池流速较高，紊动明显，而厂房尾水下游相对平静很多；在明渠孔水流进入消力池后，由于宽度变大，水体存在局部回流，同时对主流也形成了挤压。

2. 流速对比

图 3.4.32 与图 3.4.33 分别为 Q=11 400 m^3/s 工况模型试验与数值模拟的流速分布情况，图 3.4.34 与图 3.4.35 分别为 Q=8 780 m^3/s 工况模型试验与数值模拟的流速分布情况。

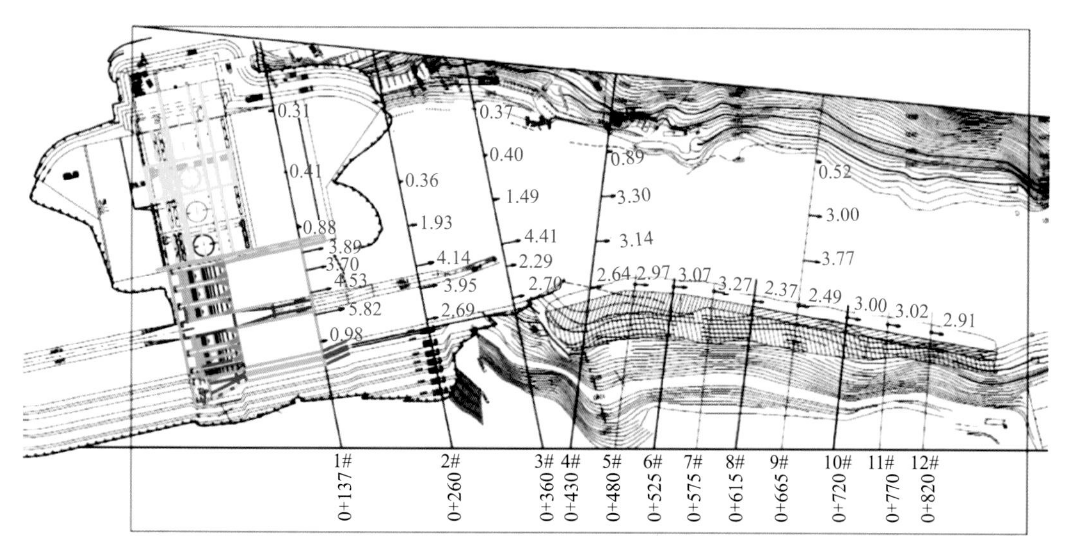

图 3.4.32　模型试验流速分布图（Q=11 400 m^3/s　$H_{下}$=1 013.3 m　5 孔控泄）（流速单位：m/s）

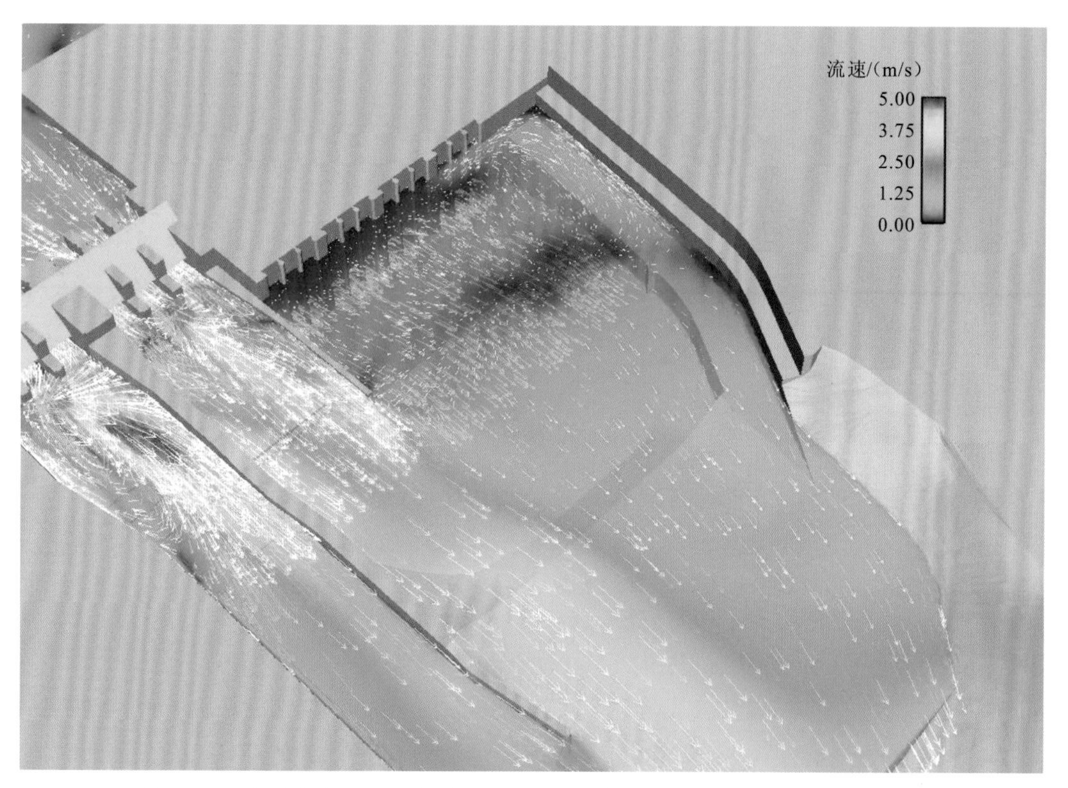

图 3.4.33　数值模拟流速分布图（Q=11 400 m^3/s　$H_{下}$=1 013.3 m　5 孔控泄）

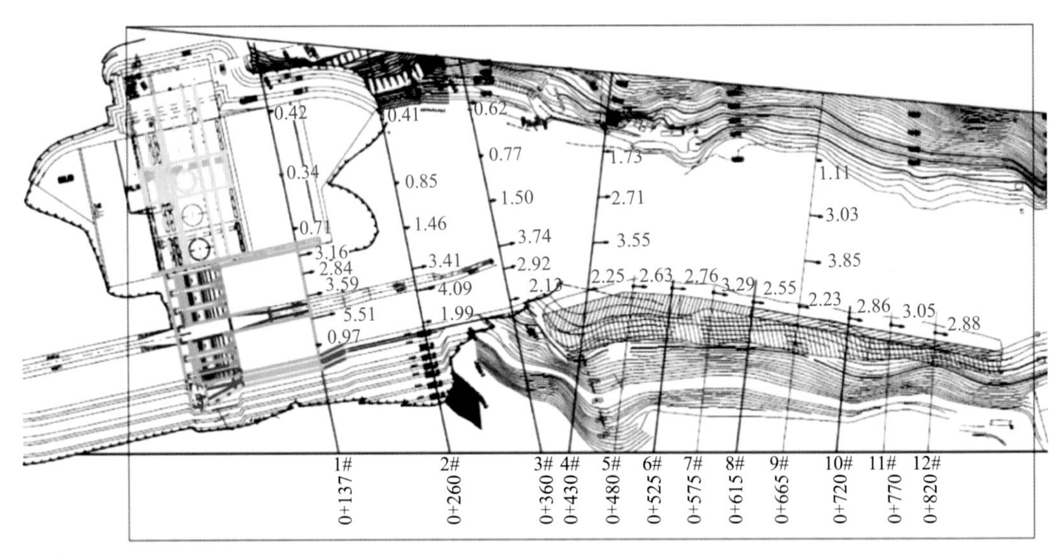

图 3.4.34　模型试验流速分布图（Q=8 780 m^3/s　$H_{下}$=1 010.42 m　5 孔控泄）（流速单位：m/s）

图 3.4.35　数值模拟流速分布图（Q=8 780 m^3/s　$H_{下}$=1 010.42 m　5 孔控泄）

由对比可知，两种工况情况下，模型试验与数值模拟的流速分布情况总体规律一致。水流在通过泄水孔下泄时速度增大，明渠侧 4#与 5#孔中流速明显大于河床侧 3 孔流速，最大流速大于 5 m/s，河床侧流速基本在 3 m/s 左右。电站尾水侧流速明显较泄水孔侧小，基本都在 1 m/s 以内，与泄水孔侧有明显分界。

3. 水面线对比

图 3.4.36 与图 3.4.37 为 Q=8 780 m^3/s 工况模型试验与数值模拟的河床表孔及消力池水面线，图 3.4.38 与图 3.4.39 为该工况模型试验与数值模拟的明渠表孔及消力池水面线。对

比可知，二者极为接近。

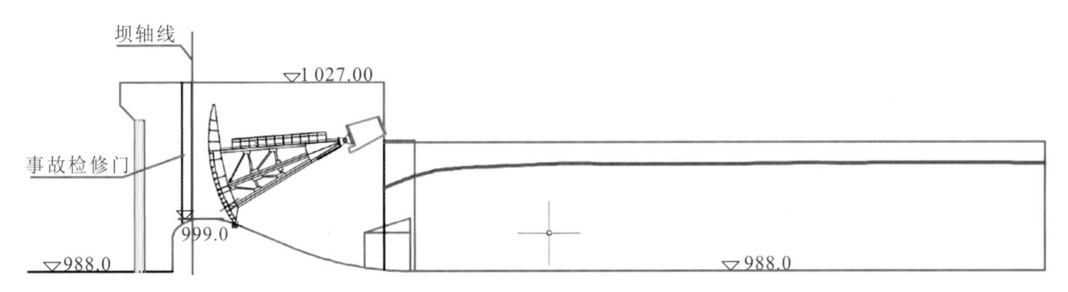

图 3.4.36　模型试验河床孔水面线（Q=8 780 m^3/s　$H_{下}$=1 010.42 m　5 孔控泄）（高程单位：m）

图 3.4.37　数值模拟河床孔水面线（Q=8 780 m^3/s　$H_{下}$=1 010.42 m　5 孔控泄）（高程单位：m）

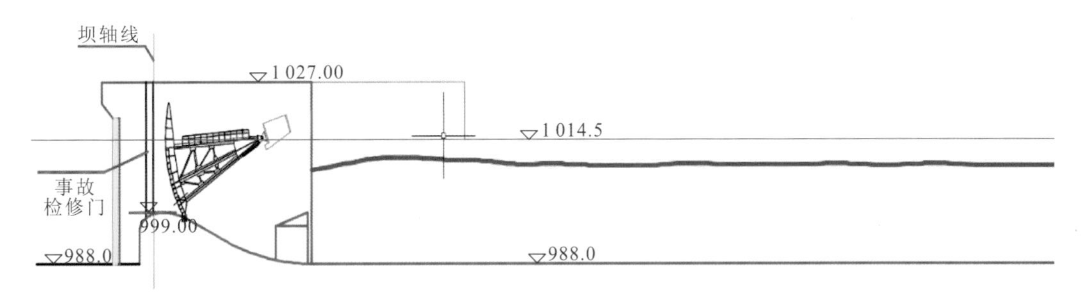

图 3.4.38　模型试验明渠孔水面线（Q=8 780 m^3/s　$H_{下}$=1 010.42 m　5 孔控泄）（高程单位：m）

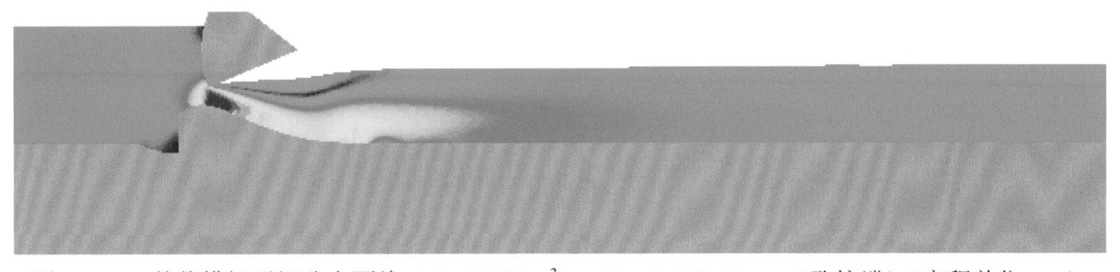

图 3.4.39　数值模拟明渠孔水面线（Q=8 780 m^3/s　$H_{下}$=1 010.42 m　5 孔控泄）（高程单位：m）

3.4.5　水体波动计算分析

1. 典型工况水体紊动能分析

紊动能可以有效反映水体紊流特性，进而反映水体的波动情况。Flow-3D 中采用的 RNG k-ε 两方程模型可以计算水流的紊动能[$\text{TKE}=(\overline{u_x'^2}+\overline{u_y'^2}+\overline{u_z'^2})/2$ ，其中 u' 为脉动流速]，紊

动能在两方程模型中作为水流紊乱程度的重要衡量指标，对波动的传播规律分析有着重要的作用。本书选取了泄水孔和电站尾水处关键断面，分析水体紊动能分布情况。

由于工况 1（枢纽泄量 12 100 m^3/s，4 台机满发，5 孔控泄）上下游水头差为 8 m，为电站在泄洪时发电的最大泄量工况，将其作为典型工况进行水体紊动能的深入分析。

1）整体紊动能分布

图 3.4.40 为典型工况水体整体紊动能分布图。由紊动能分布可看出，在上游侧水库内水流紊动能接近于 0，过堰后水流紊动强烈，紊动能变大，电站尾水 150 至 170 桩号以内紊动能相对较大，190 桩号下游紊动能明显变小；由于厂坝导墙阻滞，河床侧泄水孔的紊动能明显较电站尾水处大，两侧紊动能有明显分界线，泄水孔的紊动能变化对电站下游侧紊动能影响不大。

为便于分析电站尾水处波动情况，将图例显示范围由 0～10 缩小至 0～0.25，如图 3.4.41 所示，可看出电站尾水处，由于 1#机组后方受地形斜向收缩的影响，在 1#机组后方形成局部旋涡回流，1#机组尾水后紊动能较其余 3 台机组紊动能略大，尾水波动较其余机组更为剧烈。

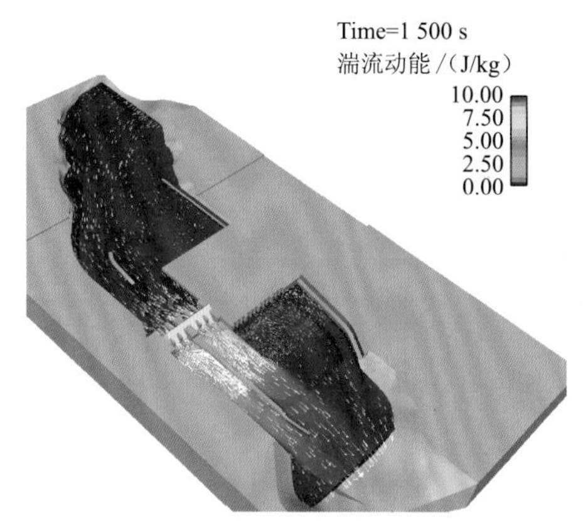

图 3.4.40 整体紊动能分布

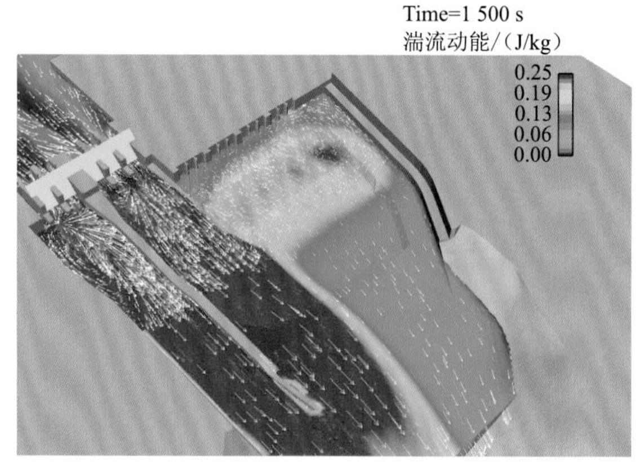

图 3.4.41 下游紊动能分布

2）泄水孔紊动能分布

对河床 2#闸孔中部和明渠 4#闸孔中部的纵剖面进行分析，如图 3.4.42 与图 3.4.43 所示。可以看到，堰前紊动能基本为 0，过堰后紊动能明显增大，表面紊动能明显大于水体下部紊动能，在堰后 0+300 断面附近，水体趋于平稳，紊动能接近于 0。

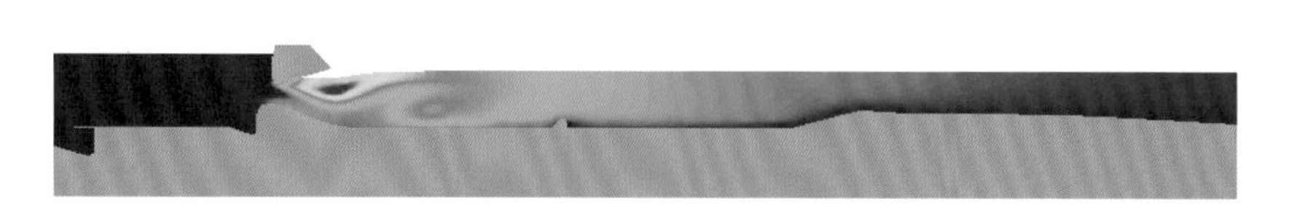
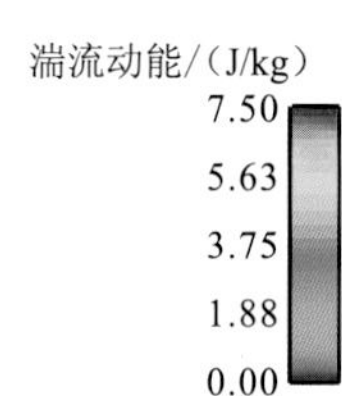

图 3.4.42 河床 2#闸孔中部纵剖面紊动能分布

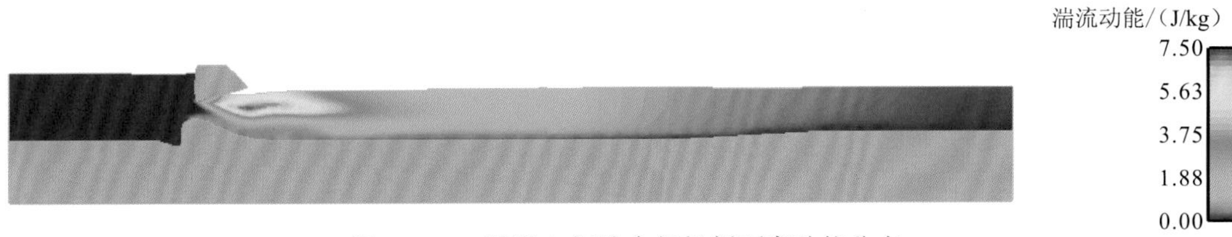

图 3.4.43　明渠 4#闸孔中部纵剖面紊动能分布

3）电站紊动能分布

2#机组中部纵剖面紊动能分布如图 3.4.44 所示。整体来看，除尾水管出流处，其余位置紊动能均接近 0，整体水体较为平稳，在反坡段表面紊动能较底部大。

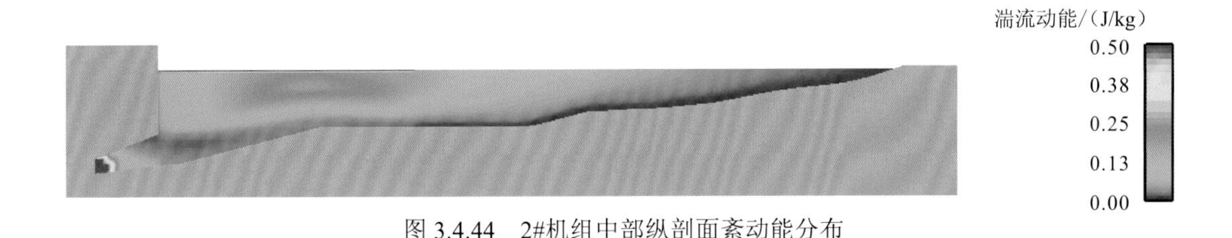

图 3.4.44　2#机组中部纵剖面紊动能分布

2. 典型工况水体波动规律分析

对于水体波动的研究，由于电站下游尾水管出口为重点研究范围，所以以下游电站尾水管出口为核心，研究下游横向、垂向、纵向三个方向的水流及尾水管内部的波动情况。

为更好展示各工况的波动情况，便于观察水面波动及压力波动的相关性，在此采用如下方法对压力值进行数值转换。

将采集到的压力值 p 加上所在测点高程 z 转换到与水面高程近似的数量级。由于水流紊动，在对三个方向不同位置的测点的 $p+z$ 值进行对比时，其绝对值在纵轴上的差距可能较大，有时远大于其中某一测点波动极差的 10 倍。因此，为了更加直观地对比不同测点的波动时程曲线，在本节中对变换所得的结果加减某一常量，使所有测点结果均保持在较为接近的水平，便于观察波动过程中的波形规律，且测点波形在图像上按空间位置排序。故在四个工况计算结果中，关于所展示波动时程曲线的绝对值不具有完全参考意义。

1）波动的垂向传播特性

（1）电站尾水波动的垂向传播特性。图 3.4.45 为电站尾水出口垂向各测点的波动时程曲线，图 3.4.46 为各测点的傅里叶谱。

由垂向时域过程可看出，在垂向上，电站尾水管出口各高程波动规律总体较为一致，除 1#mu 测点距离上边壁较近，近壁约束使其在该位置波动相对剧烈，其余测点波动均较为平稳。

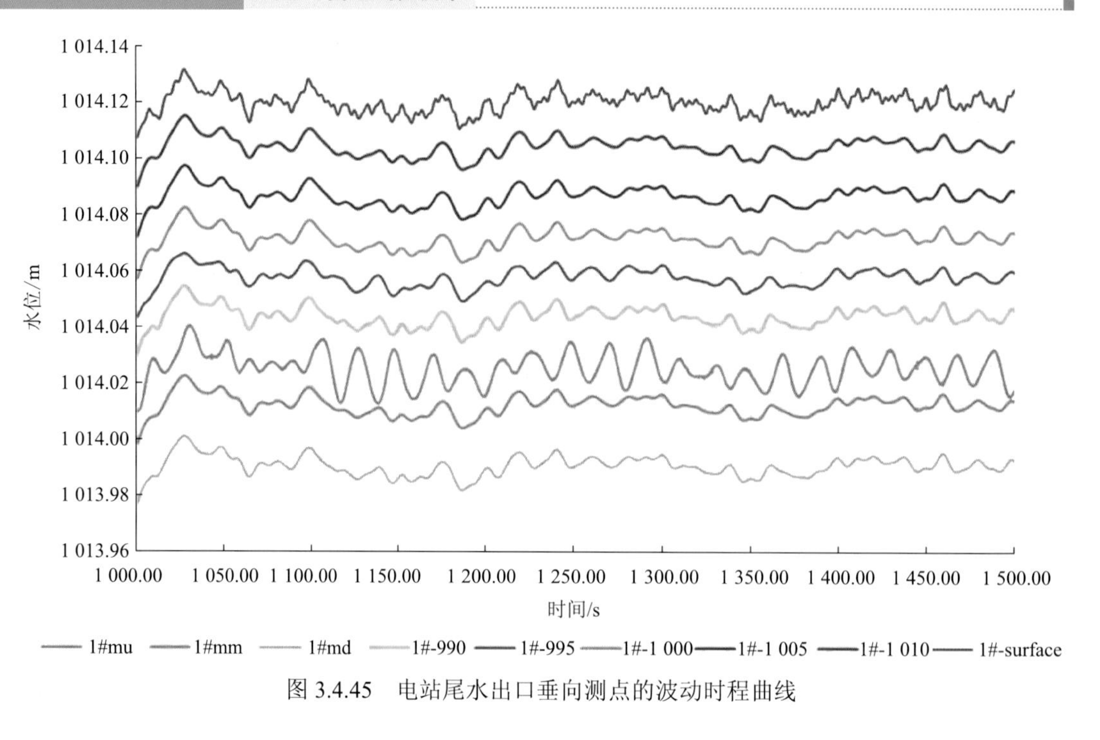

图 3.4.45　电站尾水出口垂向测点的波动时程曲线

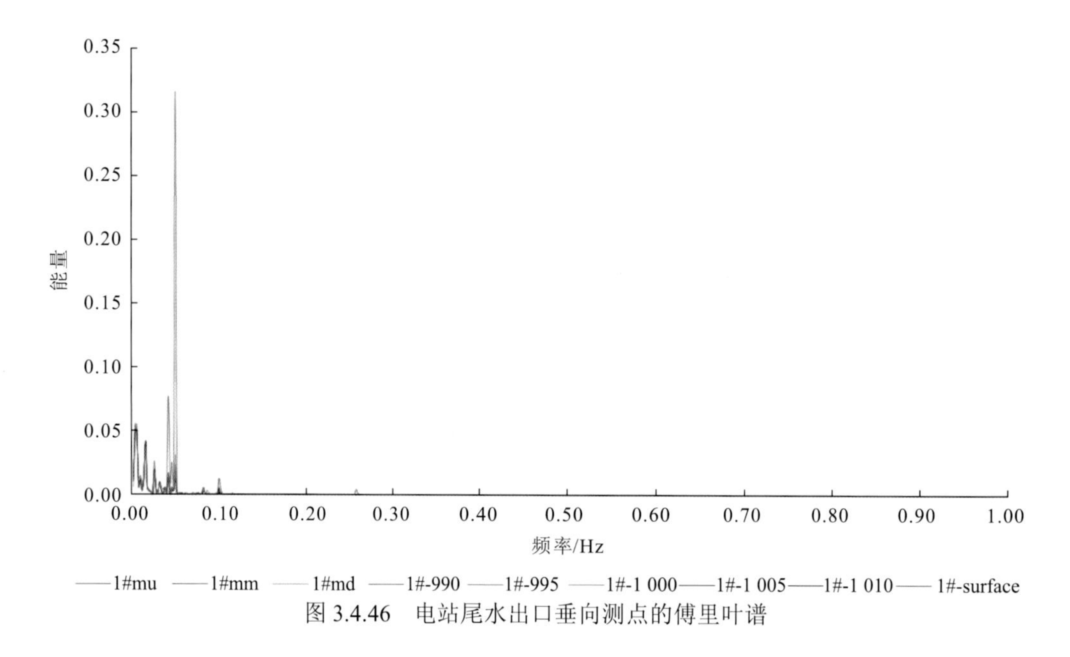

图 3.4.46　电站尾水出口垂向测点的傅里叶谱

对时程曲线进行傅里叶变换后发现，除 1#mu 测点外，其余测点优势频率多集中在 0.004 Hz 附近，在 0.05 Hz 附近能量也较周围频率大，在 0.1 Hz 之后能量基本趋近于 0。考虑到 1#mu 测点受边壁约束，波动较其余测点稍显不同，总体来看，水体底部压力波动同表面水体波动存在一定相关性。

从原始数据中，计算求得波动的相关特征值见表 3.4.12。

表 3.4.12　电站尾水出口垂向测点的波动特征值

测点	极差/m	均方差/m	优势主频/Hz
1#mu	0.023 96	0.003 50	0.004
1#mm	0.023 95	0.003 42	0.004
1#md	0.030 56	0.005 39	0.05
1#-990	0.024 23	0.003 58	0.004
1#-995	0.022 56	0.003 39	0.006
1#-1 000	0.025 29	0.003 53	0.004
1#-1 005	0.025 22	0.003 51	0.004
1#-1 010	0.025 17	0.003 50	0.004
1#-surface	0.024 03	0.003 60	0.006

（2）泄水孔侧波动的垂向传播特性。图 3.4.47 为河床 2#表孔消力池末端垂向各测点的波动时程曲线，图 3.4.48 为各测点波动的傅里叶谱。

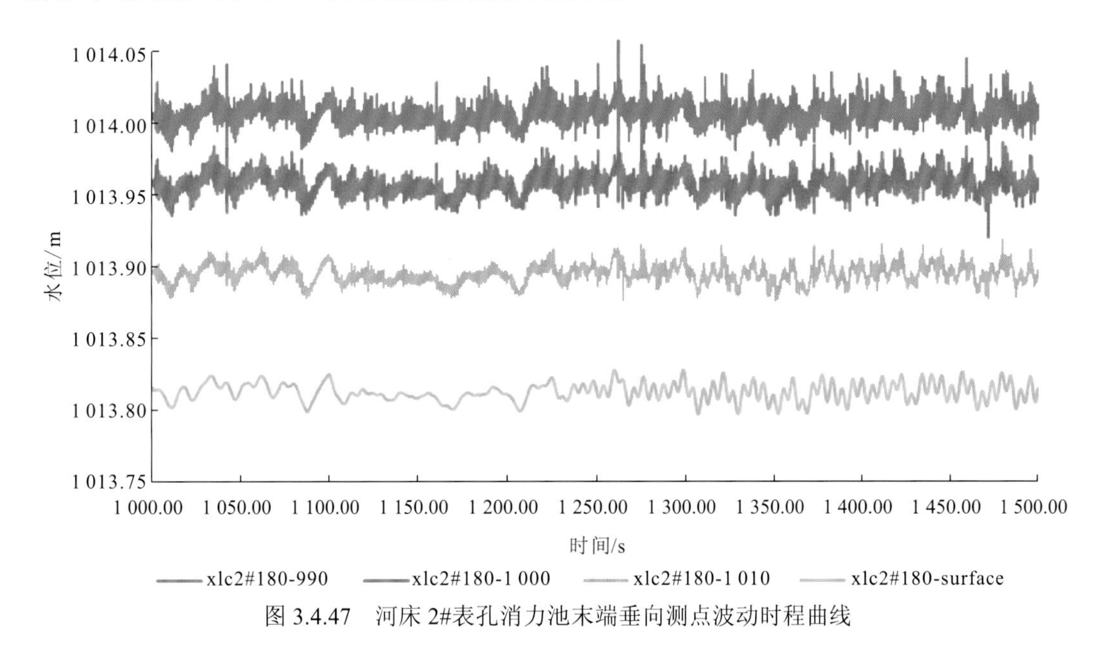

图 3.4.47　河床 2#表孔消力池末端垂向测点波动时程曲线

在 2#泄水孔下游侧，由时域曲线看，从底部到表面波动基本保持一致，各点的压力具有较强的一致性与同步性，但底部压力波动较水体表面明显更剧烈，这是由底部测点更靠近消力池底板，受底板约束而造成的。从极差值看，从表面到底部的振幅越来越大，从 0.03 m 增大到接近 0.1 m，但波动均方差呈逐渐减小的趋势，变幅不大，基本在 0.006 m 左右。从频域谱分析，各点主频均在 0.05 Hz 左右，在 0.1 Hz 以内能量较大，在 0.18 Hz 左右有第二个较优频率，在 0.18 Hz 以后能量基本为 0。

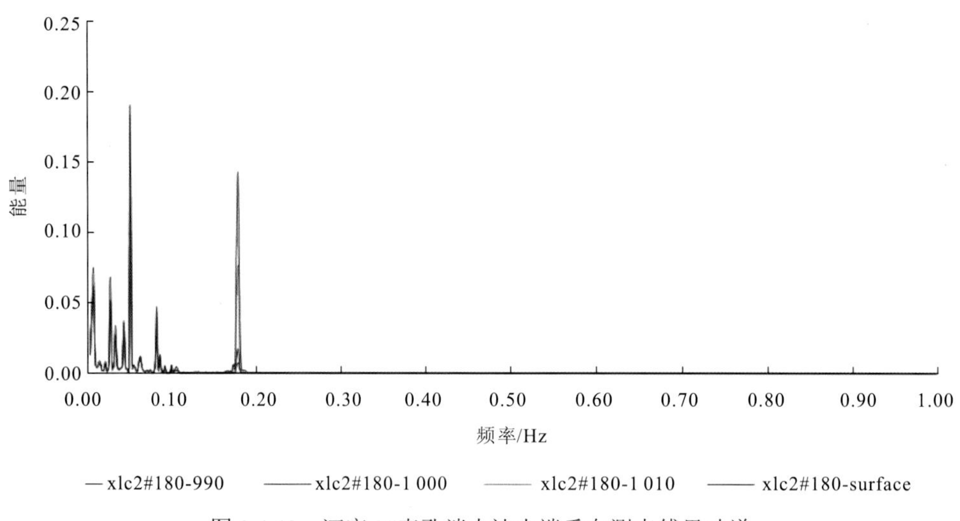

图 3.4.48 河床 2#表孔消力池末端垂向测点傅里叶谱

从原始数据中，计算求得波动的相关特征值见表 3.4.13。

表 3.4.13 河床 2#表孔消力池垂向测点波动特征值

测点	极差/m	均方差/m	优势主频/Hz
xlc2#180-990	0.094 35	0.005 39	0.05
xlc2#180-1 000	0.077 49	0.005 36	0.05
xlc2#180-1 010	0.042 79	0.005 78	0.05
xlc2#180-surface	0.030 87	0.006 13	0.05

图 3.4.49 为明渠 5#表孔消力池末端垂向各测点的波动时程曲线，图 3.4.50 为各测点波动的傅里叶谱。

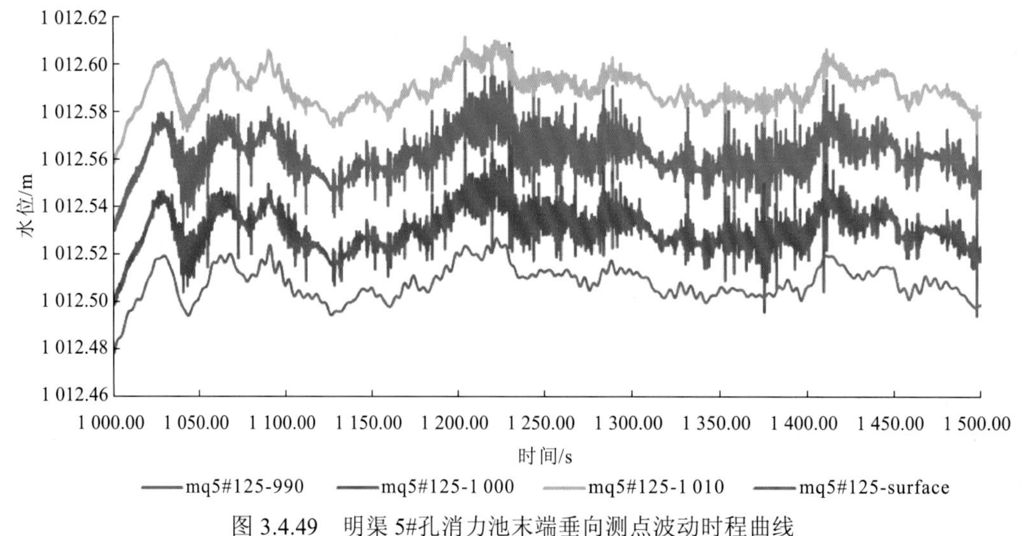

图 3.4.49 明渠 5#孔消力池末端垂向测点波动时程曲线

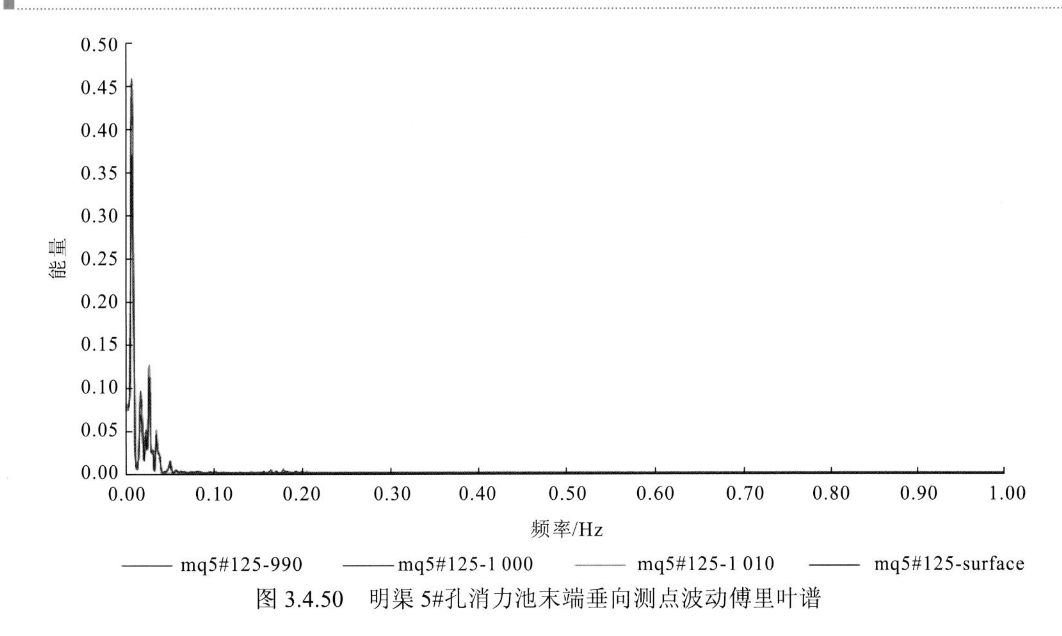

图 3.4.50 明渠 5#孔消力池末端垂向测点波动傅里叶谱

明渠 5#孔消力池末端垂向测点的波动特性规律基本与河床 2#孔消力池末端保持一致。底部测点波动较表面更为剧烈，极差也更大，均方差基本都在 0.008 m 以内。各点波动能量主要集中在 0.006 Hz 附近，在 0.05 Hz 以后能量基本为 0。

横向对比河床 2#孔消力池末端与明渠 5#孔消力池末端的波动情况，可发现明渠侧（5#孔）波动较河床侧（2#孔）更为剧烈，优势主频更低，波动周期较河床侧更长。

从原始数据中，计算求得波动的相关特征值见 3.4.14。

表 3.4.14 明渠 5#孔消力池垂向测点波动特征值

测点	极差/m	均方差/m	优势主频/Hz
Mq5#125-990	0.090 49	0.008 12	0.006
Mq5#125-1 000	0.075 01	0.007 98	0.006
Mq#125-1 010	0.053 30	0.007 62	0.006
Mq5#125-surface	0.048 67	0.007 28	0.006

2）横向测点的波动特性

由前述紊动能分布云图可以发现，在电站尾水侧与河床泄水孔侧紊动能有明显的分界线，表明两区域的波动存在明显差异。通过同在 1 000 m 高程、顺流向 180 m 位置的各测点的压力和水流表面波动数据，来分析横向水体波动的特性。

在电站尾水侧、河床侧、明渠侧三个位置各布置了水体内压力和表面波动两个测点。由计算可得出，同一分区内的测点波动具有较强的相关性，时域波动较为同步，主频、均方差、极差等特征值也较为接近，而不同分区由于均有导墙或纵向围堰阻隔，阻滞了波动的横向传播，波动相关性较弱。从波动特征值来看，河床侧和明渠侧波动明显较电站尾水侧剧烈，与前文的紊动能计算结果相吻合，如图 3.4.51～图 3.4.54 所示。

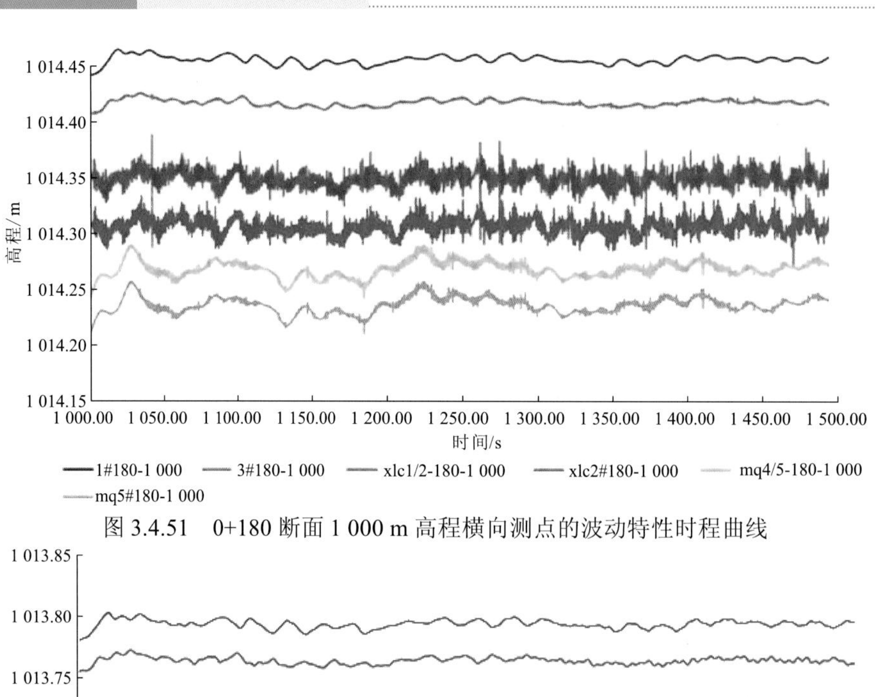

图 3.4.51　0+180 断面 1 000 m 高程横向测点的波动特性时程曲线

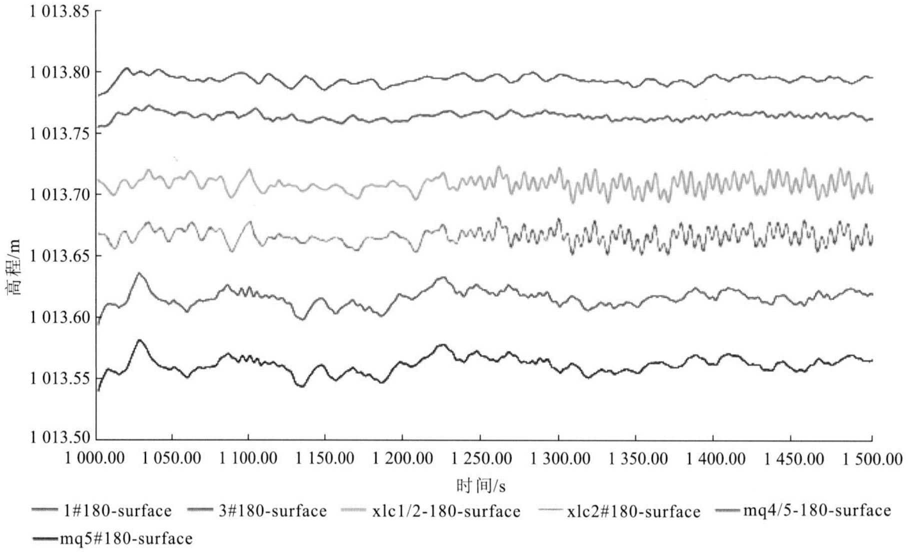

高程/m
1 013.85
1 013.80
1 013.75
1 013.70
1 013.65
1 013.60
1 013.55
1 013.50
1 000.00 1 050.00 1 100.00 1 150.00 1 200.00 1 250.00 1 300.00 1 350.00 1 400.00 1 450.00 1 500.00
时间/s
1#180-surface　3#180-surface　xlc1/2-180-surface　xlc2#180-surface　mq4/5-180-surface　mq5#180-surface

图 3.4.52　0+180 断面表面波动分布时程曲线

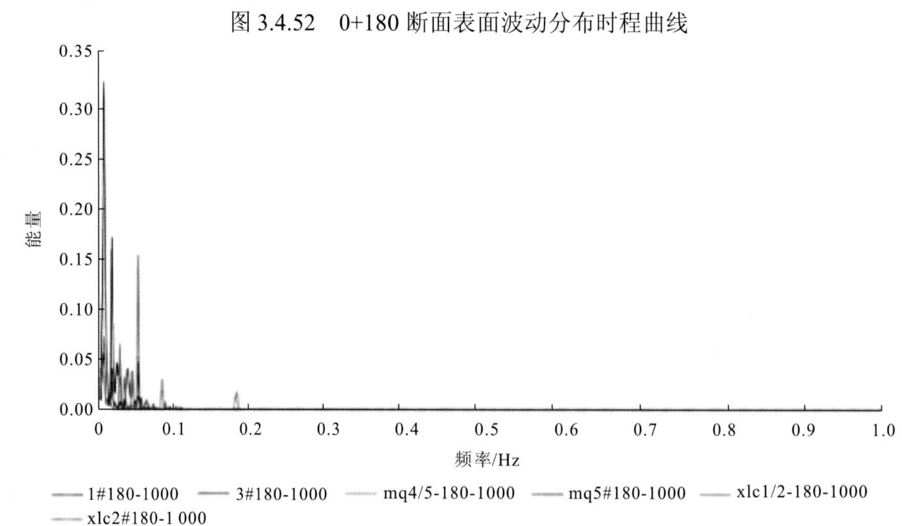

图 3.4.53　0+180 断面 1 000 m 高程横向测点的波动特性傅里叶谱

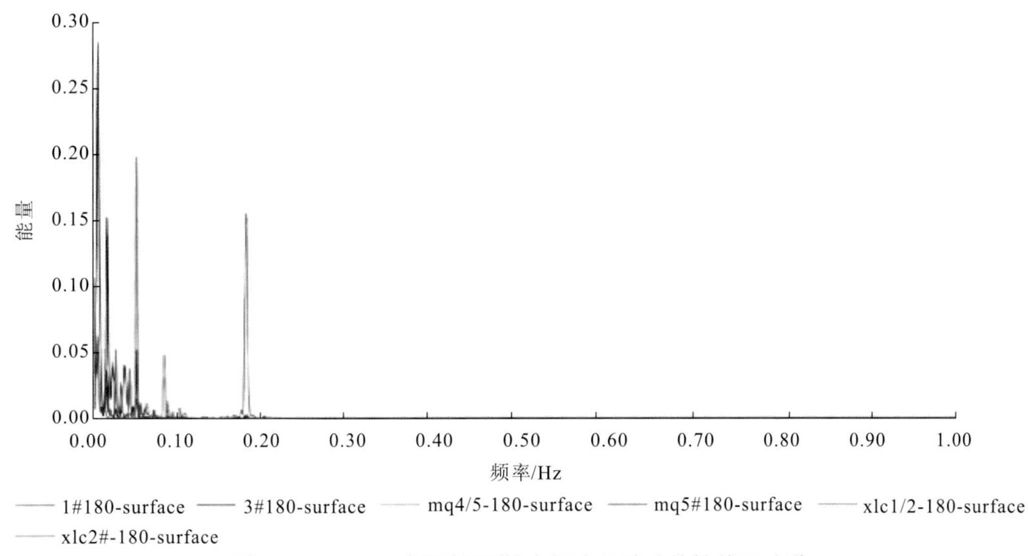

图 3.4.54　0+180 断面表面横向测点的波动特性傅里叶谱

从原始数据中，计算求得波动的相关特征值见表 3.4.15。

表 3.4.15　横向波动特征值

测点		极差/m	均方差/m	优势主频/Hz
1 000 m 高程压力波动	1#180-1 000	0.022 71	0.003 67	0.006
	3#180-1 000	0.019 29	0.003 02	0.006
	xlc1/2-180-1 000	0.063 68	0.005 01	0.050
	xlc2#180-1 000	0.077 49	0.005 36	0.050
	mq4/5-180-1 000	0.047 69	0.007 04	0.006
	mq5#180-1 000	0.046 79	0.007 11	0.006
表面波动	1#180-surface	0.022 68	0.003 58	0.050
	3#180-surface	0.018 07	0.002 97	0.006
	xlc1/2-180-surface	0.031 01	0.006 03	0.050
	xlc2#180-surface	0.030 87	0.006 13	0.050
	mq4/5-180-surface	0.043 44	0.006 78	0.006
	mq5#180-surface	0.042 92	0.006 81	0.006

3）水流向波动分布

（1）电站尾水侧。图 3.4.55 与图 3.4.56 分别为水电站 1#机组 1 000 m 高程和 1#机组表面水流向各测点的波动时程曲线，图 3.4.57 与图 3.4.58 为相应的傅里叶谱图。

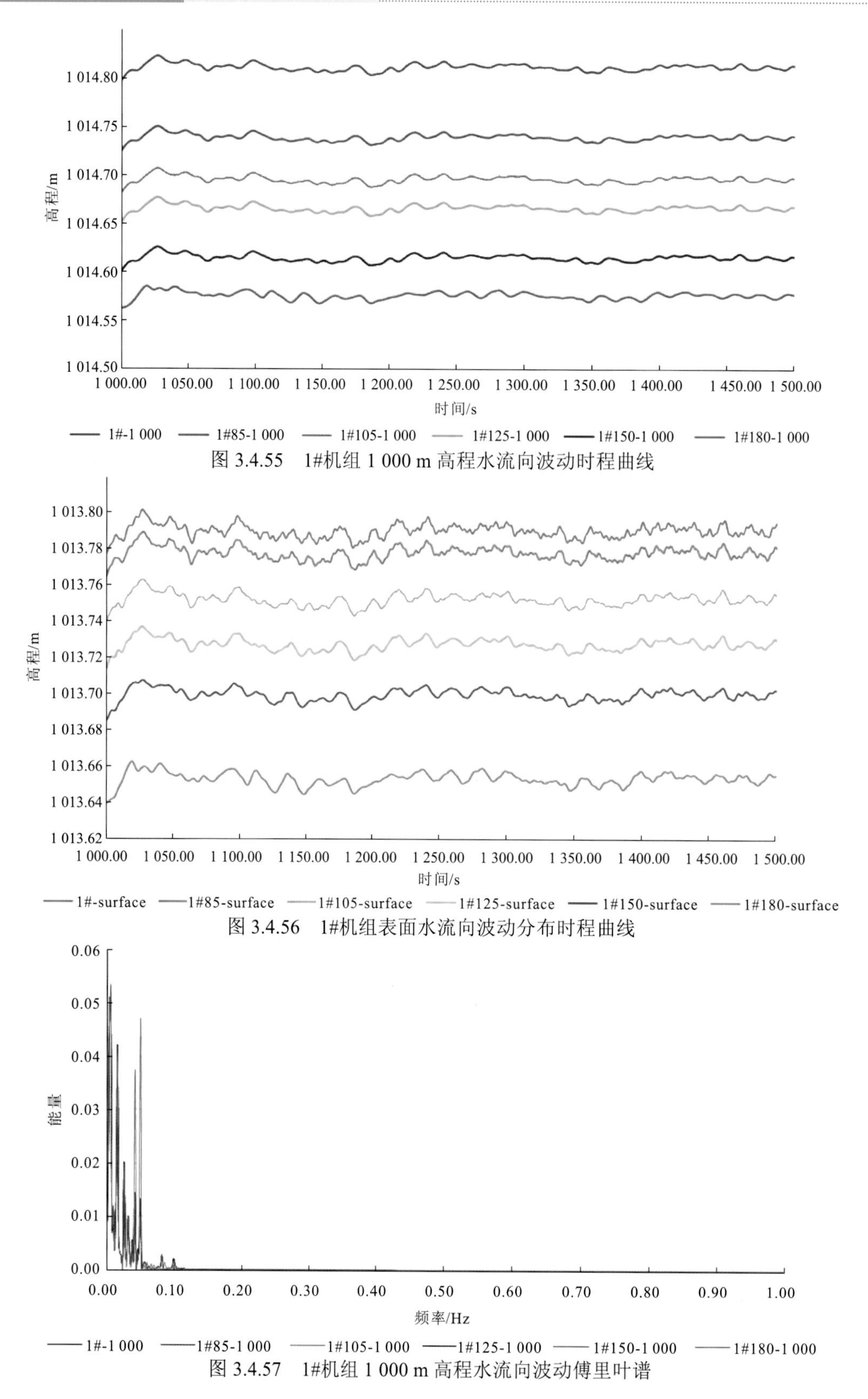

图 3.4.55 1#机组 1 000 m 高程水流向波动时程曲线

图 3.4.56 1#机组表面水流向波动分布时程曲线

图 3.4.57 1#机组 1 000 m 高程水流向波动傅里叶谱

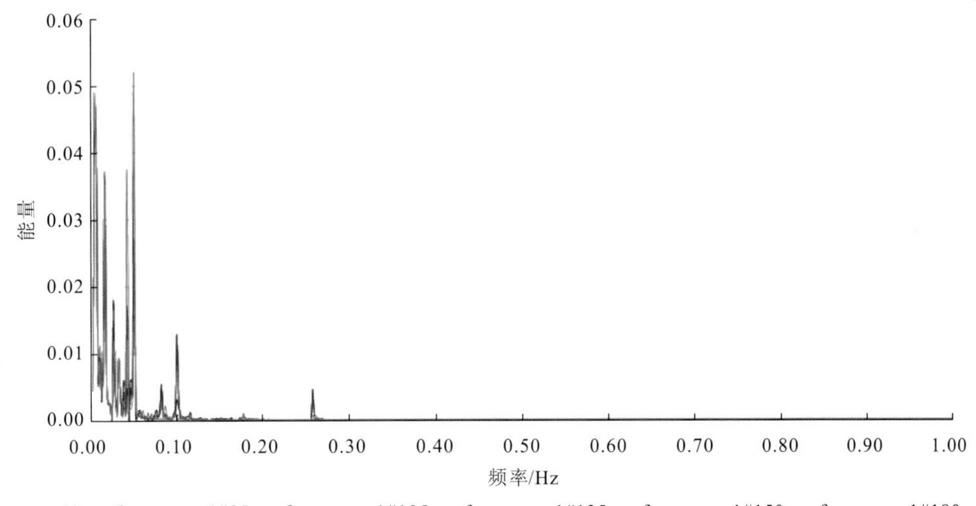

图 3.4.58　1#机组表面水流向波动傅里叶谱

由对比可知，在电站尾水侧，沿水流向各点的时域波动基本保持一致，同步性较强，1 000 m 高程压力和表面波动的极差基本都在 0.025 0 m 左右，均方差都在 0.003 5m 左右。从频域来看，波动主频集中在 0.004～0.006 Hz，但是各点在 0.05 Hz 附近也有一较大能量集中，在 0.1 Hz 之后能量基本为 0。

从原始数据计算求得波动的相关特征值见表 3.4.16。

表 3.4.16　电站尾水侧水流向波动特征值

测点		极差/m	均方差/m	优势主频/Hz
1 000 m 高程压力波动	1#-1 000	0.025 29	0.003 53	0.004
	1#85-1 000	0.025 24	0.003 50	0.004
	1#105-1 000	0.025 20	0.003 49	0.004
	1#125-1 000	0.025 34	0.003 49	0.006
	1#150-1 000	0.025 27	0.003 49	0.004
	1#180-1 000	0.022 71	0.003 67	0.006
表面波动	1#-surface	0.024 03	0.003 60	0.006
	1#85-surface	0.024 13	0.003 58	0.004
	1#105-surface	0.022 88	0.003 46	0.004
	1#125-surface	0.023 02	0.003 33	0.006
	1#150-surface	0.022 04	0.003 29	0.006
	1#180-surface	0.022 68	0.003 33	0.006

（2）河床泄水孔侧。图 3.4.59 与图 3.4.60 分别为 2#泄水孔水流向 1 000 m 高程和 2#泄水孔水流向表面测点的波动时程曲线，图 3.4.61 与图 3.4.62 为相应的傅里叶谱。

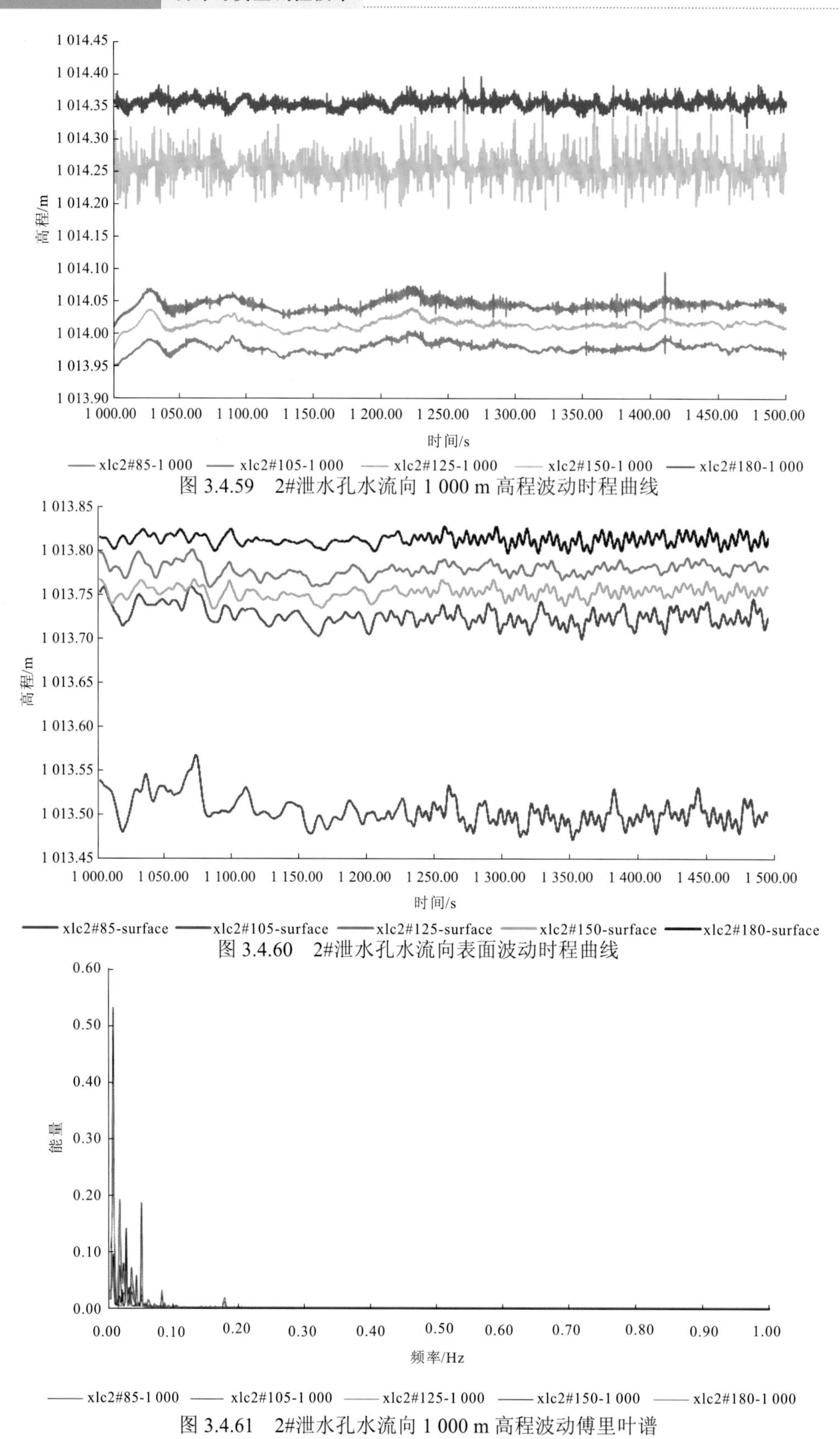

图 3.4.59　2#泄水孔水流向 1 000 m 高程波动时程曲线

图 3.4.60　2#泄水孔水流向表面波动时程曲线

图 3.4.61　2#泄水孔水流向 1 000 m 高程波动傅里叶谱

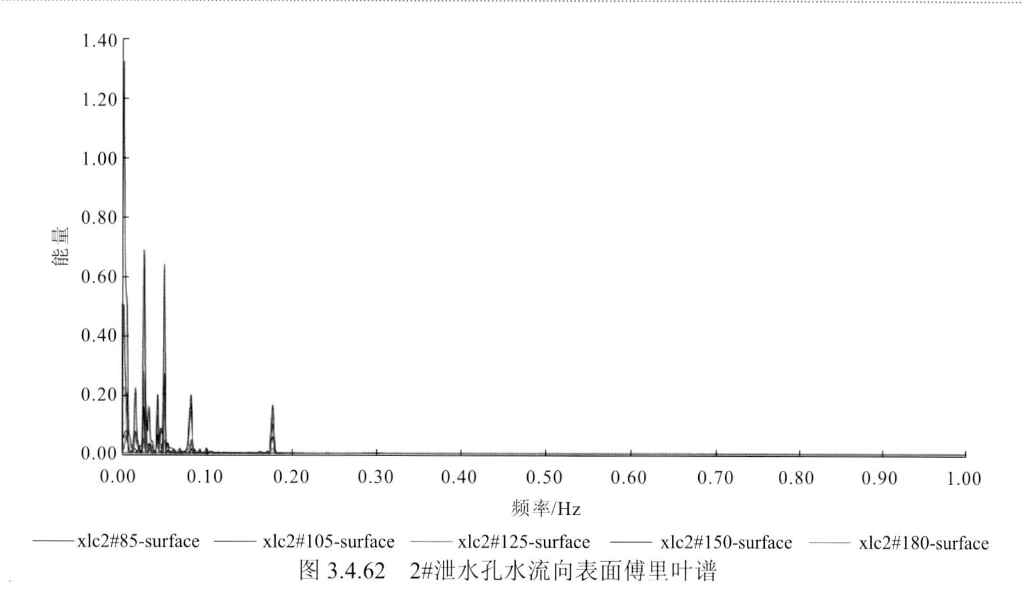

图 3.4.62　2#泄水孔水流向表面傅里叶谱

根据前文垂向波动分析发现，在泄水孔侧，底部压力波动较表面波动更加剧烈。但沿水面路径来看，时域波动仍具有较强的相关性，在 1 000 m 高程的压力分布中，可以看到 x1c2#150-1 000 和 x1c2#180-1 000 号测点的波动较上游测点的波动大，从特征值看，x1c2#150-1 000 断面极差明显较其余断面大，1 000 m 高程的压力极差较表面波动的极差大。从频域来看，能量主要集中在 0.002～0.006 Hz 以及 0.05 Hz 附近。

从原始数据计算求得波动的相关特征值见表 3.4.17。

表 3.4.17　2#泄水孔水流向波动特征值

测点		极差/m	均方差/m	优势主频/Hz
1 000 m 高程压力波动	xlc2#85-1 000	0.054 68	0.007 82	0.006
	xlc2#105-1 000	0.084 67	0.008 06	0.006
	xlc2#125-1 000	0.063 08	0.008 06	0.006
	xlc2#150-1 000	0.169 95	0.007 24	0.05
	xlc2#180-1 000	0.077 49	0.005 36	0.05
表面波动	xlc2#85-surface	0.096 28	0.015 83	0.002
	xlc2#105-surface	0.059 89	0.010 68	0.002
	xlc2#125-surface	0.042 91	0.007 72	0.026
	xlc2#150-surface	0.033 68	0.006 59	0.05
	xlc2#180-surface	0.030 87	0.006 13	0.05

4）尾水管内波动分布

由于 4 台机组 12 个尾水管的形状和流量相同，出口处水流条件也相差不大，故本节仅对 1#机组尾水管中部的压力波动情况进行分析。图 3.4.63 与图 3.4.64 分别为测点波动的时程曲线与傅里叶谱图。

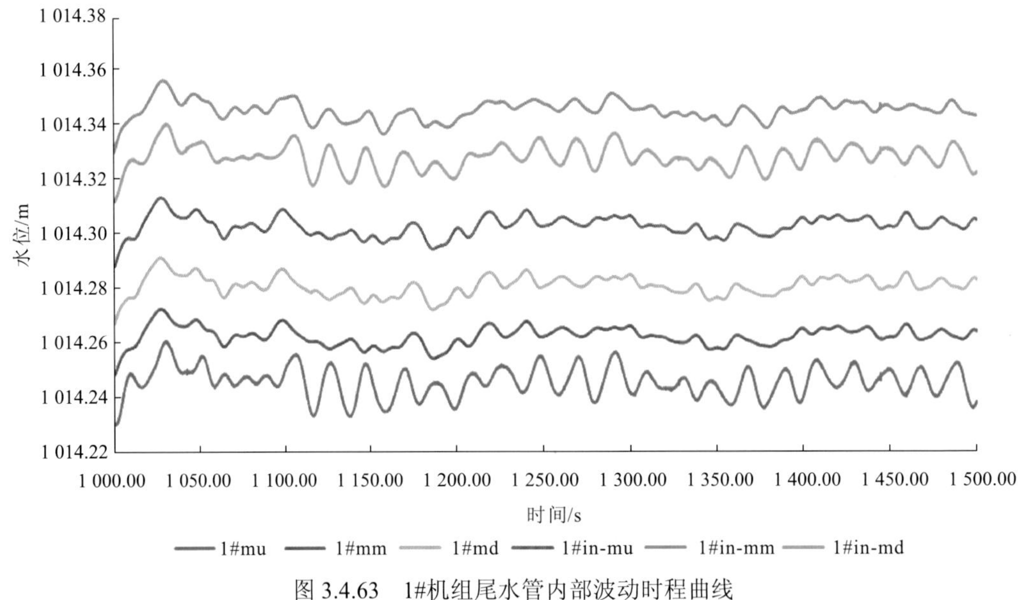

图 3.4.63　1#机组尾水管内部波动时程曲线

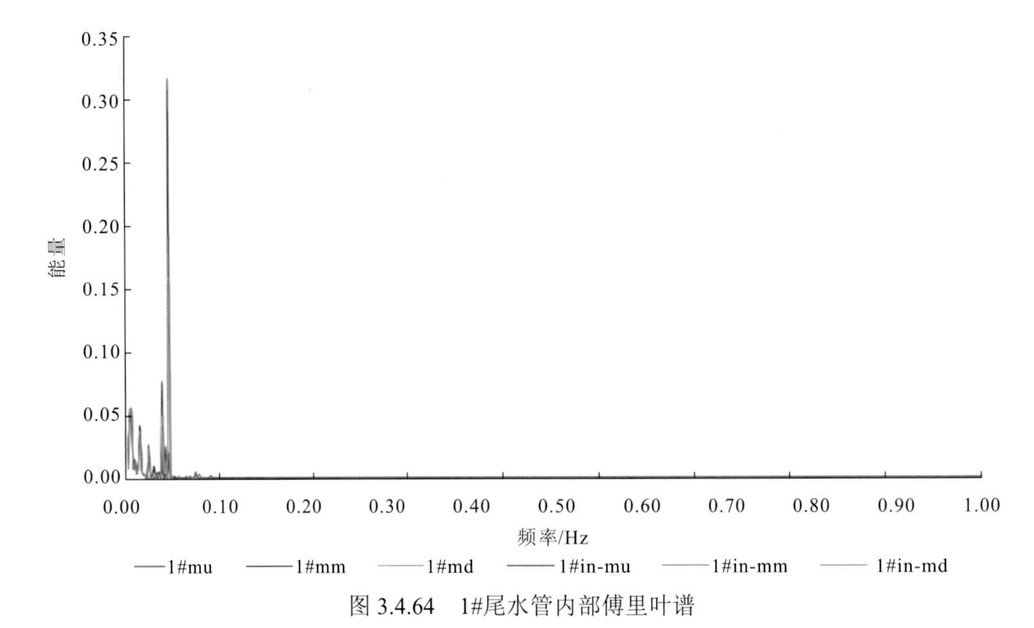

图 3.4.64　1#尾水管内部傅里叶谱

从对比可以发现，尾水管内水流压力波动的幅值、均方差和主频与尾水管出口处测点相差不大，且在垂向上不同测点也未见明显差别。

从原始数据计算求得波动的相关特征值见表 3.4.18。

表 3.4.18　尾水管内波动特征值

测点	极差/m	均方差/m	优势主频/Hz
1#in-mu	0.025 33	0.003 51	0.006
1#in-mm	0.026 47	0.003 51	0.006
1#in-md	0.028 80	0.004 39	0.050
1#mu	0.030 56	0.005 39	0.050
1#mm	0.023 95	0.003 42	0.004
1#md	0.023 96	0.003 50	0.050

3.4.6　数值分析结果

通过采用 Flow-3D 进行数值仿真分析，研究可知：

（1）对四个典型工况进行计算分析，得到各工况下枢纽整体流场分布情况，计算结果符合一般规律。从流态、流速及水面线等方面对比可知，在对应工况下，数值模型与模型试验主要结果基本一致。

（2）以紊动能作为水流紊乱程度的衡量指标，对泄水孔和电站尾水处关键断面的水体波动情况进行了分析研究。由结果可知，由于厂坝导墙阻滞，河床侧泄水孔的紊动能明显较电站尾水处大，两侧紊动能有明显分界线，泄水孔的紊动能变化对电站下游侧紊动能影响不大。

（3）枢纽下游垂向、横向、水流向三个方向及尾水管内部的波动情况为：①枢纽下游在垂向，电站尾水和消力池内的水体表面与内部波动，从时域与频谱上看，并非完全一致，但有明显的相关性。②枢纽下游在横向，电站尾水、河床表孔消力池与明渠表孔消力池内的水体波动明显不同，由于厂坝导墙或纵向围堰阻隔，阻滞了波动的横向传播，波动相关性较弱。③枢纽下游在顺流向，电站尾水内的波动基本一致；泄洪孔消力池内的水体波动沿程有一定差异。④尾水管内水流压力波动的幅值、均方差和主频与尾水管出口处测点相差不大，且在垂向上不同测点也未见明显差别。

3.5　降低尾水波动措施研究

由上述分析可知，对于金沙水电站而言，即使在泄洪过程中产生了较为明显的电站尾水水面波动，实际对机组运行的影响也很小，可不必采取特别措施。但若想进一步消除尾水水面的波动，则可采取一定的消浪措施（彭海波，2018）。

3.5.1　消浪措施比选

为模拟浮式防波堤或消浪排等消浪措施，在水工模型试验中，拟定了两种形式的消浪排。（1）管排式消浪排：消浪排由多层并排的 PVC 管组成，单管管径 D=1.6 cm，两层 PVC

管交错排列，如图 3.5.1 所示。单管管轴线顺水流方向，其目的是让波能顺畅传入管内，通过在管内振荡消除波能，以减小电站尾水波动。

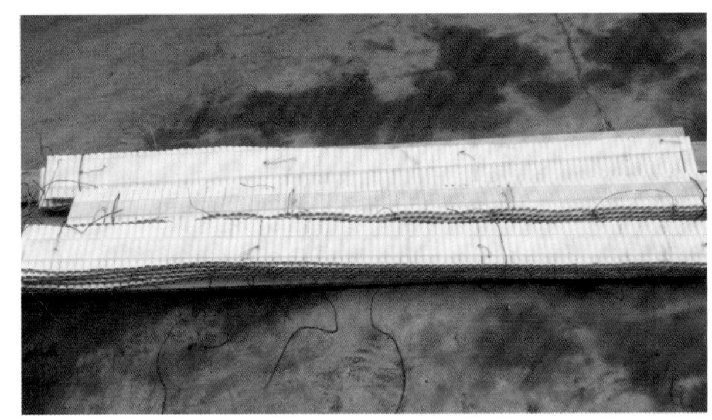

图 3.5.1 管排式消浪排

（2）浮筒式消浪排：采用泳池内泳道分隔浮筒来模拟消浪排，如图 3.5.2 所示。

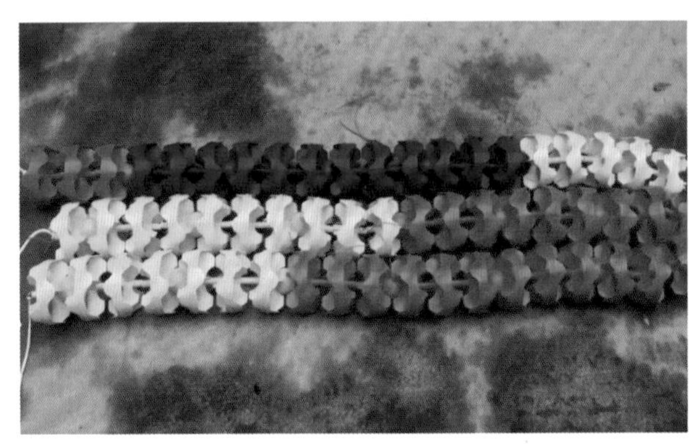

图 3.5.2 浮筒式消浪排

考虑到管排式消浪排取材方便、结构尺寸种类较多，且便于加工，主要采用管排式消浪排开展试验研究。管排式消浪排在水工模型上的布置如图 3.5.3 所示。

图 3.5.3 管排式消浪排的布置

3.5.2　各方案试验效果

以各工况下尾水波动值均小于发电水头的 5%为目标，开展了不同消浪措施的比选研究，并比较了厂闸导墙长度对尾水波动的影响。

以 20 年一遇泄洪工况下尾水波动值均小于发电水头的 7%，5 年一遇泄洪工况下尾水波动值小于发电水头的 5%为目标，进一步比选了消浪措施。

1. 增设消浪排方案

根据试验结果可知，电站尾水波动值随枢纽下泄流量的增大而增大，因此以各工况下尾水波动值均小于发电水头的 5%为目标，选取允许电站发电的最大枢纽泄洪工况（P=3.33%，Q=12 100 m^3/s，$H_{下}$=1 014.0 m）进行消浪措施的探索研究。

1）增设 10 m 宽消浪排方案

在厂闸导墙末端增设宽 10 m（顺水流方向）、厚 5 m（高度方向）消浪排，消浪排起于左岸岸坡、止于厂闸导墙，将尾水渠水面与下游完全隔离，以避免波浪衍射，如图 3.5.4 所示。

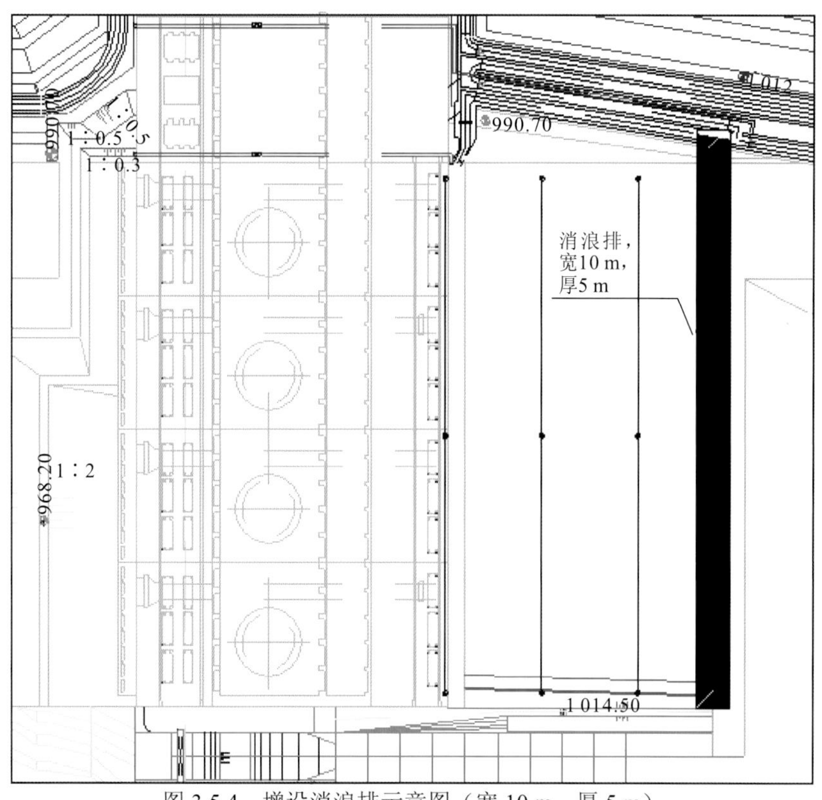

图 3.5.4　增设消浪排示意图（宽 10 m，厚 5 m）

消浪排由多层并排 PVC 管组成如图 3.5.5 所示，单管管轴线顺水流方向，其目的是让波能顺畅传入管内，通过在管内振荡消除波能，以减小电站尾水波动。

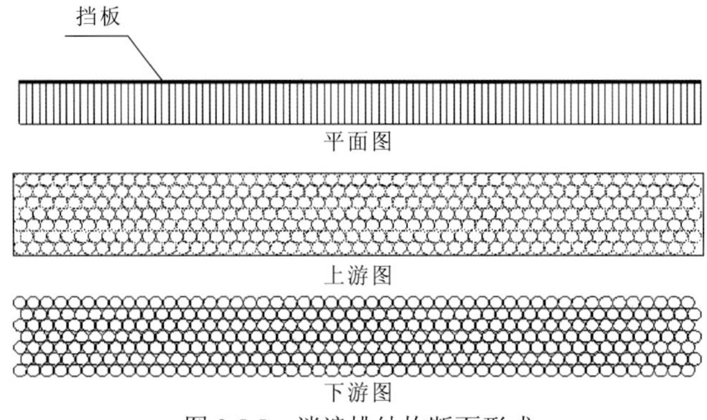

图 3.5.5 消浪排结构断面形式

本方案的试验结果见表 3.5.1，该方案下最大波高为 0.72 m，占发电水头的 9.00%，相比未采取消浪措施的原方案，最大波高值降低约 50%，但未达到小于 5%的设计要求。

表 3.5.1 电站尾水波动成果表（一）

<table>
<tr><td colspan="3" rowspan="3">工况</td><td colspan="6">Q = 12 100 m^3/s，$H_{下}$ = 1 014.00 m，表孔控泄</td></tr>
<tr><td colspan="2">4 台机满发</td><td colspan="2">3 台机满发</td><td colspan="2">2 台机满发</td></tr>
<tr><td>波动值/m</td><td>周期/s</td><td>波动值/m</td><td>周期/s</td><td>波动值/m</td><td>周期/s</td></tr>
<tr><td rowspan="4">1#断面</td><td rowspan="4">桩号
0+82.0</td><td>左边</td><td>0.74</td><td>6.24</td><td>0.86</td><td>7.13</td><td>0.75</td><td>6.27</td></tr>
<tr><td>中间</td><td>0.74</td><td>6.13</td><td>0.77</td><td>6.43</td><td>0.68</td><td>5.70</td></tr>
<tr><td>右边</td><td>0.71</td><td>5.92</td><td>0.75</td><td>6.26</td><td>0.83</td><td>6.91</td></tr>
<tr><td>平均值</td><td>0.73</td><td>6.10</td><td>0.79</td><td>6.61</td><td>0.75</td><td>6.29</td></tr>
<tr><td rowspan="4">2#断面</td><td rowspan="4">桩号
0+112.0</td><td>左边</td><td>0.69</td><td>5.81</td><td>0.65</td><td>5.43</td><td>0.75</td><td>6.22</td></tr>
<tr><td>中间</td><td>0.72</td><td>5.97</td><td>0.69</td><td>5.79</td><td>0.66</td><td>5.47</td></tr>
<tr><td>右边</td><td>0.78</td><td>6.48</td><td>0.72</td><td>6.00</td><td>0.75</td><td>6.25</td></tr>
<tr><td>平均值</td><td>0.73</td><td>6.09</td><td>0.69</td><td>5.74</td><td>0.72</td><td>5.98</td></tr>
<tr><td rowspan="4">3#断面</td><td rowspan="4">桩号
0+142.0</td><td>左边</td><td>0.52</td><td>4.30</td><td>0.63</td><td>5.25</td><td>0.66</td><td>5.52</td></tr>
<tr><td>中间</td><td>0.56</td><td>4.69</td><td>0.58</td><td>4.85</td><td>0.60</td><td>5.02</td></tr>
<tr><td>右边</td><td>0.78</td><td>6.53</td><td>0.83</td><td>6.94</td><td>0.73</td><td>6.10</td></tr>
<tr><td>平均值</td><td>0.62</td><td>5.17</td><td>0.68</td><td>5.68</td><td>0.66</td><td>5.55</td></tr>
<tr><td colspan="3">平均值</td><td>0.69</td><td>5.79</td><td>0.72</td><td>6.01</td><td>0.71</td><td>5.94</td></tr>
<tr><td colspan="3">占发电水头的百分比/%</td><td colspan="2">8.63</td><td colspan="2">9.00</td><td colspan="2">8.90</td></tr>
</table>

2）增设 20 m 宽消浪排方案

在厂闸导墙末端增设两排宽 10 m（沿水流方向）、厚 5 m（沿水深方向）消浪排，如图 3.5.6 所示。

试验结果见表 3.5.2，该方案下最大波高为 0.60 m，占发电水头的 7.5%，相比上一方案的最大波高略有降低，依然未达到小于 5%的设计要求。

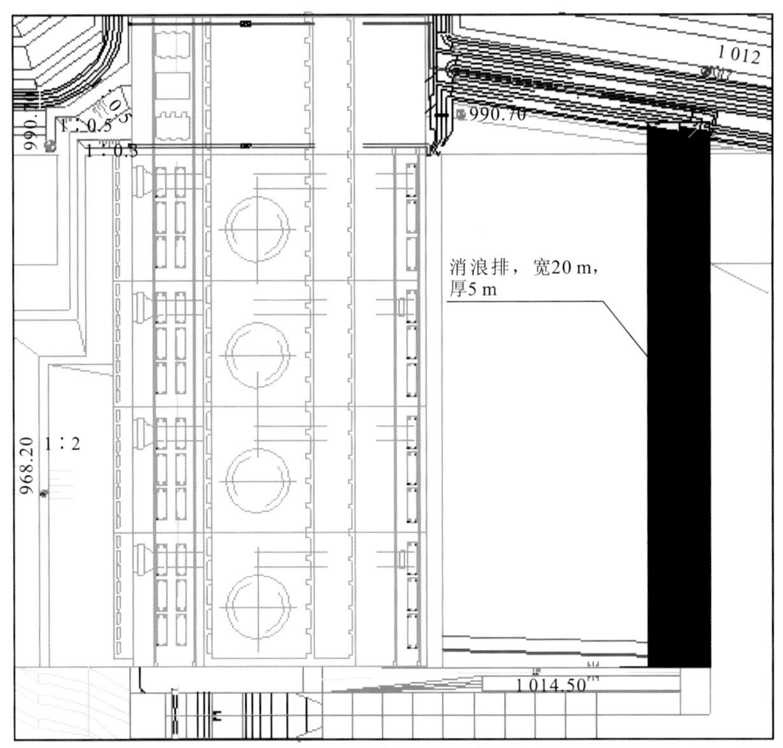

图 3.5.6　增设消浪排示意图（总宽 20 m，厚 5 m）

表 3.5.2　电站尾水波动成果表（二）

工况			Q = 12 100 m^3/s，$H_下$ = 1 014.00 m，表孔控泄					
			4 台机满发		3 台机满发		2 台机满发	
			波动值/m	周期/s	波动值/m	周期/s	波动值/m	周期/s
1#断面	桩号 0+82.0	左边	0.68	5.70	0.56	4.66	0.57	4.75
		中间	0.65	5.38	0.52	4.33	0.52	4.32
		右边	0.71	5.90	0.58	4.86	0.59	4.88
		平均值	0.68	5.66	0.55	4.62	0.56	4.65
2#断面	桩号 0+112.0	左边	0.58	4.81	0.63	5.28	0.48	3.96
		中间	0.48	4.00	0.54	4.52	0.55	4.59
		右边	0.66	5.52	0.58	4.81	0.62	5.13
		平均值	0.57	4.78	0.58	4.87	0.55	4.56
3#断面	桩号 0+142.0	左边	0.49	4.14	0.54	4.49	0.61	5.07
		中间	0.50	4.20	0.56	4.64	0.51	4.23
		右边	0.62	5.16	0.68	5.62	0.76	6.33
		平均值	0.54	4.50	0.59	4.92	0.63	5.21
平均值			0.60	4.98	0.58	4.80	0.58	4.81
占发电水头的百分比/%			7.50		7.25		7.24	

3）增设 30 m 宽消浪排方案

试验结果见表 3.5.3，在厂闸导墙末端增设宽 3 排宽 10 m（沿水流方向）、厚 5 m（沿水深方向）消浪排，如图 3.5.7 所示。

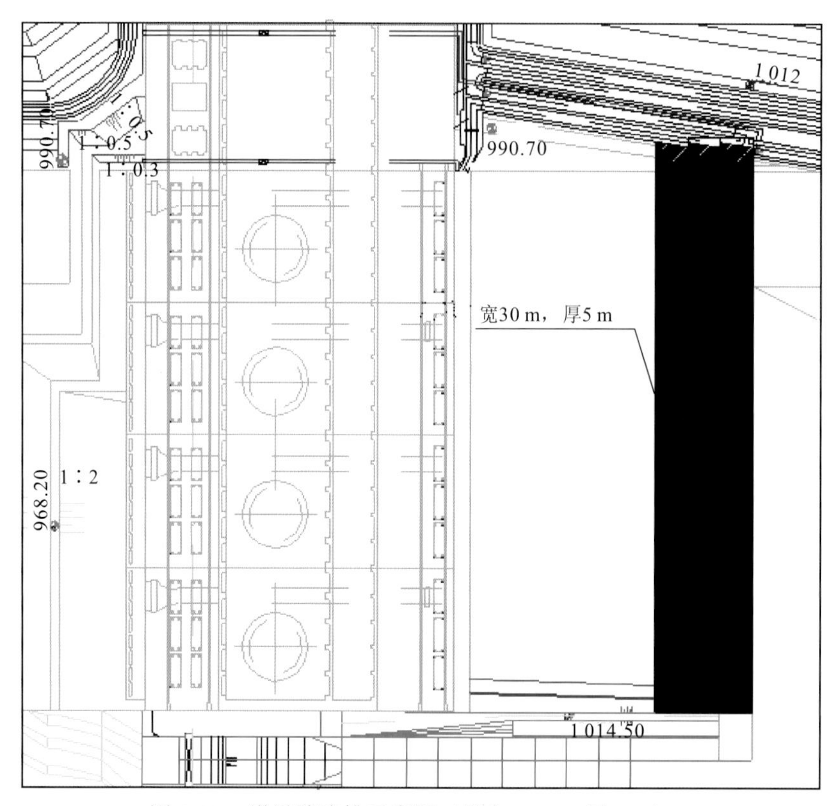

图 3.5.7 增设消浪排示意图（总宽 30 m，厚 5 m）

表 3.5.3 电站尾水波动成果表（三）

工况			Q = 12 100 m^3/s，$H_{下}$ = 1 014.00 m，表孔控泄					
			4 台机满发		3 台机满发		2 台机满发	
			波动值/m	周期/s	波动值/m	周期/s	波动值/m	周期/s
1#断面	桩号 0+82.0	左边	0.60	4.97	0.64	5.33	0.57	4.76
		中间	0.53	4.41	0.52	4.34	0.53	4.44
		右边	0.61	5.11	0.61	5.04	0.56	4.69
		平均值	0.58	4.83	0.59	4.90	0.55	4.63
2#断面	桩号 0+112.0	左边	0.54	4.52	0.53	4.45	0.57	4.72
		中间	0.47	3.95	0.47	3.90	0.49	4.11
		右边	0.59	4.91	0.58	4.80	0.51	4.25
		平均值	0.53	4.46	0.53	4.38	0.52	4.36

续表

工况			Q = 12 100 m³/s，$H_下$ = 1 014.00 m，表孔控泄					
			4 台机满发		3 台机满发		2 台机满发	
			波动值/m	周期/s	波动值/m	周期/s	波动值/m	周期/s
3#断面	桩号 0+142.0	左边	0.52	4.35	0.54	4.47	0.46	3.83
		中间	0.46	3.82	0.50	4.13	0.43	3.52
		右边	0.54	4.50	0.48	3.97	0.58	4.86
		平均值	0.51	4.22	0.51	4.19	0.49	4.07
平均值			0.54	4.50	0.54	4.49	0.52	4.35
占发电水头的百分比/%			6.75		6.75		6.50	

4）消浪排加厚至 7 m 方案

在厂闸导墙末端增设 3 排宽 10 m、厚 7 m、间隔 5 m 消浪排，如图 3.5.8 所示。

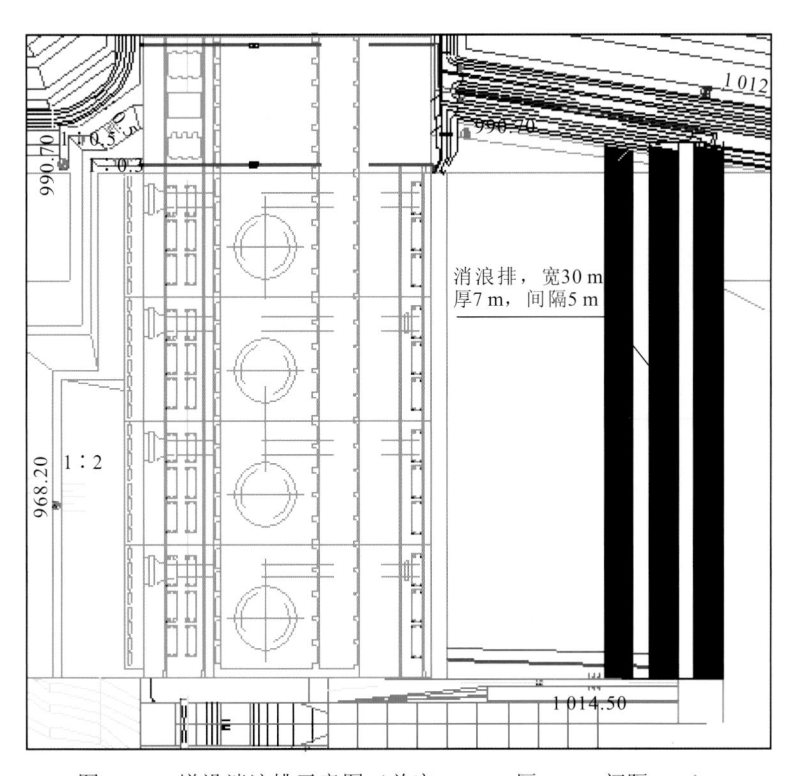

图 3.5.8　增设消浪排示意图（总宽 30 m，厚 7 m，间隔 5 m）

试验结果见表 3.5.4，该方案下最大波高为 0.49 m，占发电水头的 6.13%，相比宽 30 m、厚 5 m 消浪排方案的最大波高略有降低。

表 3.5.4 电站尾水波动成果表（四）

工况			$Q=12\ 100\ m^3/s$，$H_下=1\ 014.00\ m$，表孔控泄					
			4 台机满发		3 台机满发		2 台机满发	
			波动值/m	周期/s	波动值/m	周期/s	波动值/m	周期/s
1#断面	桩号 0+82.0	左边	0.53	4.43	0.39	3.22	0.51	4.22
		中间	0.43	3.60	0.41	3.42	0.42	3.48
		右边	0.55	4.58	0.48	3.99	0.51	4.27
		平均值	0.50	4.20	0.43	3.54	0.48	3.99
2#断面	桩号 0+112.0	左边	0.41	3.46	0.41	3.39	0.49	4.11
		中间	0.34	2.87	0.41	3.42	0.42	3.53
		右边	0.43	3.58	0.54	4.49	0.53	4.46
		平均值	0.39	3.30	0.45	3.77	0.48	4.03
3#断面	桩号 0+142.0	左边	0.50	4.13	0.54	4.51	0.56	4.71
		中间	0.45	3.73	0.41	3.38	0.45	3.71
		右边	0.40	3.37	0.46	3.87	0.50	4.18
		平均值	0.45	3.74	0.47	3.92	0.50	4.20
平均值			0.45	3.75	0.45	3.74	0.49	4.07
占发电水头的百分比/%			5.63		5.63		6.13	

2. 消浪排优化方案

由上述试验结果可知，增设消浪排后可明显降低厂房尾水波动，但在 $P=3.33\%$，$Q=12\ 100\ m^3/s$，$H_下=1\ 014.0\ m$ 工况下均难以达到尾水波动值小于发电水头 5%的目标，如在厂闸导墙末端增设宽 30 m、厚 7 m、间隔 5 m 消浪排的方案可实现目标，但该方案工程量较大，施工及后期维护难度均较大。

基于以上成果进一步分析认为，30 年一遇洪水的出现概率已然很小，而通过对水文资料的分析，30 年一遇洪水过程中 $Q=12\ 100\ m^3/s$ 的洪峰流量持续时间也很短（12～18 h），即便出现较大的尾水波动，对电站整体发电量及电能质量的影响也非常有限，可不作为尾水波动的控制工况。考虑到观音岩水电站建成后，金沙水电站坝址的 $P=2\%$和 $P=3.33\%$的设计洪水将降为 $11\ 700\ m^3/s$，与 $P=5\%$泄洪工况的泄流量 $Q=11\ 400\ m^3/s$ 相差不大，因此可将 20 年一遇泄洪工况（$Q=11\ 400\ m^3/s$，$H_下=1\ 013.30\ m$）作为尾水波动的控制工况进行研究。

通过以上分析，综合考虑消波措施的经济性与消波效果、机组运行特性等多方面的因素，将优化目标调整如下：20 年一遇泄洪工况下（$Q=11\ 400\ m^3/s$，$H_下=1\ 013.30\ m$）尾水波动值小于发电水头的 7%，5 年一遇泄洪工况下（$Q=8\ 780\ m^3/s$，$H_下=1\ 010.42\ m$）尾水波动值小于发电水头的 5%。

基于上述目标，对消浪排的结构及尺寸进行了优化调整，并分别开展了水工模型试验，主要试验工况为 $P=5\%$，$Q=11\ 400\ m^3/s$，$H_下=1\ 013.30\ m$。试验结果见表 3.5.5。

表 3.5.5　电站尾水波动成果表（五）

工况			$Q=11\,400\ \text{m}^3/\text{s}$，$H_{下}=1\,013.30$ m，表孔控泄							
			4 台机满发		3 台机满发		2 台机满发		4 台机满发，未设消浪排	
			波动值/m	周期/s	波动值/m	周期/s	波动值/m	周期/s	波动值/m	周期/s
1#断面	桩号 0+82.0	左边	0.49	4.13	0.53	4.37	0.41	3.41	1.07	8.90
		中间	0.42	3.53	0.45	3.74	0.41	3.38	1.24	10.35
		右边	0.57	4.77	0.57	4.74	0.51	4.24	1.27	10.58
		平均值	0.49	4.14	0.52	4.28	0.44	3.68	1.19	9.94
2#断面	桩号 0+112.0	左边	0.55	4.55	0.53	4.38	0.35	2.92	1.01	8.41
		中间	0.46	3.86	0.47	3.94	0.33	2.76	1.27	10.60
		右边	0.45	3.76	0.50	4.13	0.43	3.60	1.39	11.54
		平均值	0.49	4.06	0.50	4.15	0.37	3.09	1.22	10.18
3#断面	桩号 0+142.0	左边	0.50	4.13	0.39	3.26	0.48	3.97	1.06	8.86
		中间	0.45	3.74	0.41	3.38	0.31	2.62	1.32	11.00
		右边	0.51	4.23	0.45	3.76	0.46	3.84	1.27	10.57
		平均值	0.49	4.03	0.42	3.47	0.42	3.48	1.22	10.14
平均值			0.49	4.08	0.48	3.97	0.41	3.42	1.21	10.09
占发电水头的百分比/%			5.63		5.52		4.71		13.91	

（1）总宽 30 m、厚 7 m 消浪排。该方案与前述中消浪排加厚至 7 m 的方案相同。此消浪排方案下，最大尾水波高值为 0.49 m，占发电水头的 5.63%，满足设计要求。此工况下未设消浪排时，电站尾水的波高为 1.21 m，占发电水头的 13.91%。

（2）10 m 宽消浪排。在模型上进行了宽 10 m、厚 5 m 消浪排的试验，该方案下所测的最大波高为 0.76 m，周期为 6.34 s，占发电水头的 8.74%；将消浪排厚度增大至 7 m，所测最大波高为 0.75 m，周期为 5.81 s，占发电水头的 8.62%，两种消浪厚度均不能满足设计要求。

（3）10 m 宽消浪排+消浪板方案。在宽 10 m、厚 7 m 的消浪排上游沿水深方向加一挡板，挡板宽度与消浪排厚度一致。消浪排与消浪板的断面形式如图 3.5.8 所示。

本方案试验结果见表 3.5.6，该方案下最大波高为 0.65 m，周期为 5.41 s，占发电水头的 7.45%，出现于 3 台机组满发工况下，而 4 台机组满发和 2 台机组满发工况下，尾水最大波动占发电水头分别为 7.02%和 7.06%，基本满足设计要求。

表 3.5.6 电站尾水波动结果表（六）

工况			$Q=11\ 400\ m^3/s$，$H_下=1\ 013.30\ m$，表孔控泄					
			4 台机满发		3 台机满发		2 台机满发	
			波动值/m	周期/s	波动值/m	周期/s	波动值/m	周期/s
1#断面	桩号 0+82.0	左边	0.74	6.17	0.84	7.00	0.79	6.60
		中间	0.64	5.34	0.73	6.10	0.64	5.31
		右边	0.70	5.84	0.73	6.09	0.72	6.01
		平均值	0.69	5.78	0.77	6.40	0.72	5.97
2#断面	桩号 0+112.0	左边	0.60	4.98	0.59	4.94	0.70	5.84
		中间	0.58	4.85	0.52	4.33	0.52	4.41
		右边	0.56	4.72	0.66	5.50	0.48	4.03
		平均值	0.58	4.85	0.59	4.92	0.57	4.76
3#断面	桩号 0+142.0	左边	0.58	4.84	0.59	4.99	0.55	4.60
		中间	0.45	3.71	0.48	4.00	0.52	4.41
		右边	0.65	5.44	0.69	5.75	0.61	5.08
		平均值	0.56	4.66	0.59	4.91	0.56	4.70
平均值			0.61	5.10	0.65	5.41	0.61	5.14
占发电水头的百分比/%			7.02		7.45		7.06	

本方案其他工况下的尾水波动成果分别见表 3.5.7～表 3.5.9。在 $Q=8\ 780\ m^3/s$，$H_下=1\ 010.42\ m$ 工况下，尾水渠最大波高为 0.38 m，周期为 3.24 s，占发电水头的 3.28%；在 $Q=6\ 530\ m^3/s$，$H_下=1\ 007.50\ m$ 河床 3 孔控泄工况下尾水渠最大波高为 0.46 m，周期为 3.86 s，占发电水头的 3.17%；在 $Q=3\ 030\ m^3/s$，$H_下=1\ 002.00\ m$，明渠 1 孔控泄工况下，尾水渠最大波高为 0.38 m，周期为 3.20 s，占发电水头的 1.90%，与背景波高值相当。

表 3.5.7 电站尾水波动成果表（$Q=8\ 780\ m^3/s$）

工况			$Q=8\ 780\ m^3/s$，$H_下=1\ 010.42\ m$，表孔控泄					
			4 台机满发		3 台机满发		2 台机满发	
			波动值/m	周期/s	波动值/m	周期/s	波动值/m	周期/s
1#断面	桩号 0+82.0	左边	0.32	2.69	0.37	3.05	0.44	3.73
		中间	0.45	3.75	0.28	2.34	0.29	2.42
		右边	0.36	3.04	0.29	2.39	0.31	2.62
		平均值	0.38	3.16	0.31	2.59	0.35	2.92

续表

工况			$Q = 8\ 780\ m^3/s$，$H_下 = 1\ 010.42\ m$，表孔控泄					
			4 台机满发		3 台机满发		2 台机满发	
			波动值/m	周期/s	波动值/m	周期/s	波动值/m	周期/s
2#断面	桩号 0+112.0	左边	0.28	2.29	0.28	2.34	0.36	3.04
		中间	0.29	2.40	0.27	2.28	0.34	2.84
		右边	0.33	2.73	0.33	2.71	0.35	2.92
		平均值	0.30	2.47	0.29	2.44	0.35	2.93
3#断面	桩号 0+142.0	左边	0.33	2.79	0.31	2.54	0.38	3.25
		中间	0.29	2.42	0.30	2.49	0.52	4.40
		右边	0.31	2.58	0.33	2.77	0.47	3.91
		平均值	0.31	2.60	0.31	2.60	0.46	3.85
平均值			0.33	2.74	0.31	2.55	0.38	3.24
占发电水头的百分比/%			2.84		2.68		3.28	

表 3.5.8　电站尾水波动成果表（Q=6 530 m^3/s）

工况			$Q = 6\ 530\ m^3/s$，$H_下 = 1\ 007.50\ m$，河床 3 孔控泄					
			4 台机满发		3 台机满发		2 台机满发	
			波动值/m	周期/s	波动值/m	周期/s	波动值/m	周期/s
1#断面	桩号 0+82.0	左边	0.38	3.15	0.43	3.61	0.36	3.04
		中间	0.32	2.67	0.39	3.25	0.30	2.49
		右边	0.33	2.76	0.29	2.41	0.37	3.10
		平均值	0.34	2.86	0.37	3.09	0.34	2.88
2#断面	桩号 0+112.0	左边	0.41	3.40	0.32	2.67	0.33	2.71
		中间	0.48	4.06	0.30	2.52	0.36	2.98
		右边	0.50	4.20	0.34	2.82	0.36	2.97
		平均值	0.46	3.89	0.32	2.67	0.35	2.89
3#断面	桩号 0+142.0	左边	0.64	5.36	0.33	2.74	0.36	2.99
		中间	0.61	5.05	0.31	2.58	0.34	2.84
		右边	0.49	4.12	0.34	2.84	0.34	2.80.
		平均值	0.58	4.84	0.33	2.72	0.35	2.80
平均值			0.46	3.86	0.34	2.83	0.35	2.85
占发电水头的百分比/%			3.17		2.34		2.41	

表 3.5.9　电站尾水波动成果表（Q=3 030 m^3/s）

工况			Q = 3 030 m^3/s，$H_下$ = 1 002.00 m，明渠 1 孔控泄					
			3 台机满发		2 台机满发		3 台机满发，未设消浪排	
			波动值/m	周期/s	波动值/m	周期/s	波动值/m	周期/s
1#断面	桩号 0+82.0	左边	0.28	2.37	0.41	3.44	0.25	2.08
		中间	0.30	2.53	0.34	2.83	0.33	2.71
		右边	0.27	2.21	0.45	3.80	0.56	4.68
		平均值	0.28	2.37	0.40	3.36	0.38	3.16
2#断面	桩号 0+112.0	左边	0.30	2.49	0.37	3.07	0.25	2.09
		中间	0.29	2.44	0.33	2.75	0.38	3.16
		右边	0.28	2.31	0.38	3.14	0.30	2.46
		平均值	0.29	2.41	0.36	2.99	0.31	2.57
3#断面	桩号 0+142.0	左边	0.47	3.90	0.33	2.78	0.29	2.40
		中间	0.44	3.70	0.44	3.67	0.23	1.96
		右边	0.44	3.74	0.40	3.34	0.31	2.60
		平均值	0.45	3.78	0.39	3.26	0.28	2.32
平均值			0.34	2.85	0.38	3.20	0.32	2.68
占发电水头的百分比/%			1.70		1.90		1.60	

上述试验结果表明，本方案基本满足了 20 年一遇泄洪工况下尾水波动值小于发电水头的 7%、5 年一遇泄洪工况下尾水波动值小于发电水头的 5%的优化目标。

3.5.3　降低尾水波动措施效果

（1）增设消浪排的措施对于减小电站尾水渠水面波动具有明显效果。

（2）同一消浪排方案下，不同电站机组满发情况的尾水波动相差不大。

（3）总宽 30 m、厚 7 m 消浪排措施可满足控制尾水水面波动的要求，10 m 宽消浪排+消浪板方案也基本满足控制尾水水面波动的要求。

（4）10 m 宽消浪排+消浪板方案的工程量较少，可作为推荐方案。

3.6　电站尾水波动理论创新实践

3.6.1　技术创新点

提出了在泄洪发电组合条件下大型河床式水轮发电机组尾水波动机理，并给出了降低尾水波动的技术措施。

研究提出了“泄水致紊、高频衰散、低频传递”的电站尾水波动产生及传播机理，研发了“调泄隔紊、消浪阻波”降低尾水波动的综合技术，论证了浮式防波堤和消浪排等消除尾水波动措施的可行性，解决了泄洪发电条件下大型河床式水轮发电机组尾水波动控制的难题。

3.6.2　推广应用及效益

该项成果已成功应用于金沙水电站、引汉济渭黄金峡水利枢纽工程、重庆乌江白马航电枢纽工程、银江水电站等国内外水电站，取得了显著的经济效益和社会效益。

第4章 轴流转桨式水轮发电机组过渡过程关键技术

4.1 国内外研究现状

水电站机组调节保证是一项涉及水、机、电和运行调度的系统工程。近 20 年来，随着水电建设的蓬勃发展，国内外建设了一大批大型水电站。由于对机组调节保证设计研究不够或采取的措施不合理，有的电站出现了由机组甩负荷导致机组损坏水淹厂房、调压井垮塌或单机降负荷运行（单机额定功率 300 MW 的抽水蓄能机组只能发 200 MW 左右，不能满负荷运行）等事故，造成了巨大的经济损失（曲磊，2020；沈雨生 等，2017；彭小东 等，2009）。

对水电站机组在暂态过程中的特性变化规律进行准确预测一直都是水电站工程设计的一个重点和难点。水力非恒定流，以及水锤最早从探讨声波在水中的传递开始，随着全世界电力工业的发展，以及长引水、单机容量和过机流量巨大的大型水利枢纽的建设，水电站水力过渡过程越来越引起人们的重视。水电站水力过渡过程的研究主要包括两个方面：一是研究水电站流道的非恒定流现象；二是研究机组的过渡过程特性（宋晓峰 等，2021；塔拉 等，2009；童星 等，2009）。现阶段对于中高水头的混流式水轮机过渡过程预测方法的研究已经取得了相对令人满意的结果，如长江勘测规划设计研究有限责任公司承担完成的三峡、乌东德、构皮滩等装设混流式水轮发电机组的大型水利枢纽工程，但目前国内大多数相关高校及设计院对于轴流式水轮机过渡过程数值预测的相关研究还较少，而且国内大多数高校及设计院对这一类型电站的过渡过程普遍利用简单的经验公式进行预测，电算方法较少，目前还没有类似于混流式水轮机过渡过程预测的准确、可靠的电算方法，因此对这一类型电站的安全稳定运行留有一定的安全隐患。而现阶段大型轴流式和贯流式水轮机在电站中应用越来越多（如长江设计集团有限公司承担设计的金沙江金沙水电站，金沙江攀枝花河段银江水电站，孤山水电站、南水北调陶岔渠首枢纽工程等）。与混流式水轮机相比，轴流式与贯流式水轮发电机组除具有导叶与桨叶双重调节外，还具有机组转动惯量小、工作水头低、过流量大、甩负荷时引水渠中涌波较高等特点，因此水力过渡过程数值预测与混流式水轮机相比要更为复杂（宛航，2021；王苗 等，2021；杨秀维 等，2019；朱国俊 等，2014；阎伟，2007）。

4.2　轴流转桨式水轮发电机组负荷变化规律研究

4.2.1　概述

机组在稳定状态运行时，当进行正常操作和外界负荷发生变化时，机组将从一个稳定状态过渡到另一个稳定状态。

机组负荷变化的主要形式有正常开、停机，正常增、减负荷，一次调频自动增、减负荷，二次调频增、减负荷（类似正常增、减负荷），事故停机及紧急停机等。机组正常开、停机，正常增、减负荷，二次调频增、减负荷，事故停机及紧急停机由人工在中控室或调速器电气柜就地操作完成，其操作时机和操作过程可人为控制，表现为“可控工况”。一次调频自动增、减负荷，突甩负荷等为电网端负荷变化对机组调节系统的扰动，具有突发性，表现为“不可控工况”。导致水轮发电机组负荷变化的几种类型及扰动点，如图 4.2.1 所示。

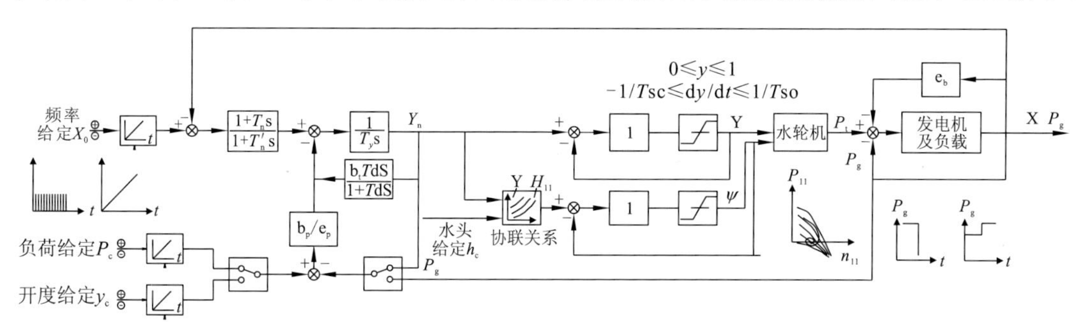

图 4.2.1　水轮发电机组负荷扰动示意图

4.2.2　机组正常开机与停机

机组正常开机与停机主要是在空载开度附近操作，即开机为机组在 0 开度 0 转速开至空载开度额定转速，停机为机组在空载开度额定转速停机至 0 开度 0 转速。由于机组正常开、停机主要是在空载开度附近操作，水力过渡过程计算不考虑该工况。

4.2.3　机组正常增、减负荷

机组正常增、减负荷是指机组在并网后，由运行人员在中控室或调速器电气柜发出增、减负荷操作指令，机组进行正常增、减负荷，为避免机组快速增、减负荷造成过大扰动，增、减负荷设积分环节，即增、减负荷按斜坡函数输入调节系统中。

机组正常增、减负荷给定详情，如图 4.2.2 所示。

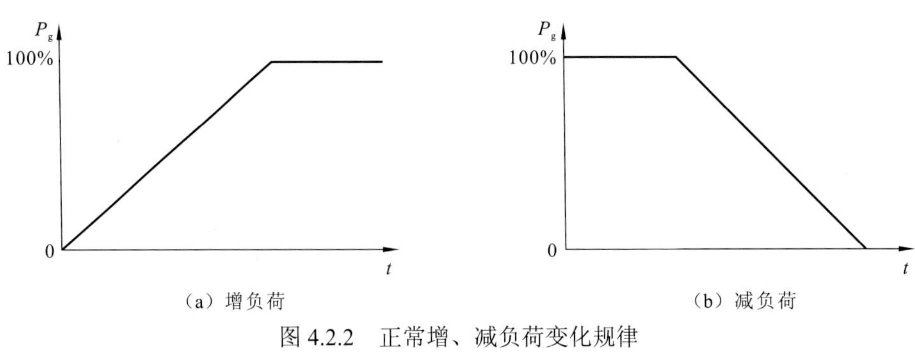

（a）增负荷　　（b）减负荷

图 4.2.2　正常增、减负荷变化规律

t 为时间，P_g 为机组负荷

机组正常增、减负荷的幅度范围从 0 到机组最大负荷。机组增加负荷速度过快，将影响水力系统的过渡过程状态，因此增负荷时间应根据共用水力单元的机组台数及对水力扰动的限制分析计算确定。

4.2.4　事故停机及紧急停机

1. 事故停机

机组事故关机是指电力系统事故导致发电机出口开关跳闸，调速器以最快速度关机至空载，机组最后维持在空载开度，额定转速运行。

2. 紧急停机

机组紧急停机是由于机组机械或电气事故、油压装置低油压或紧急停机按钮启动，调速器以最快时间关机至 0 开度，机组转速为 0。

机组事故关机和紧急停机的负荷变化规律相同，只是发电机负荷为 0 时，机组的转速和开度不同，水轮机的出力有所不同。机组事故关机和紧急停机的负荷变化规律，如图 4.2.3 所示。

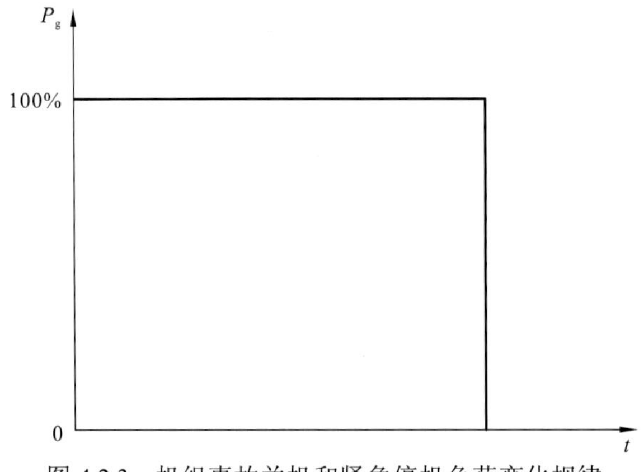

图 4.2.3　机组事故关机和紧急停机负荷变化规律

4.2.5　机组在电网中负荷突变

电网频率的稳定性和准确性，是供电质量的重要指标，取决于电网的容量及调频特性。在大电网中，频率变化指标被严格地限制在±0.2 Hz 或±0.5 Hz，电网容量越大，要求频率偏差限制在越小的范围。为维持电网频率稳定，我国电网要求发电机组必须共同参与电网一次调频。所谓一次调频，就是依靠水轮发电机组调速系统自动完成调频任务，不需要人为干预。当电网频率发生变化时，参与一次调频的水轮发电机组通过自身的调速系统控制机组负荷变化，以维持电网频率的稳定，当电网频率下降超过频率变化限制时，须通过二次调频使系统回调到正常范围。图 4.2.4 给出了一次调频（a–a_1）和二次调频的关系（a_1–a_2）。

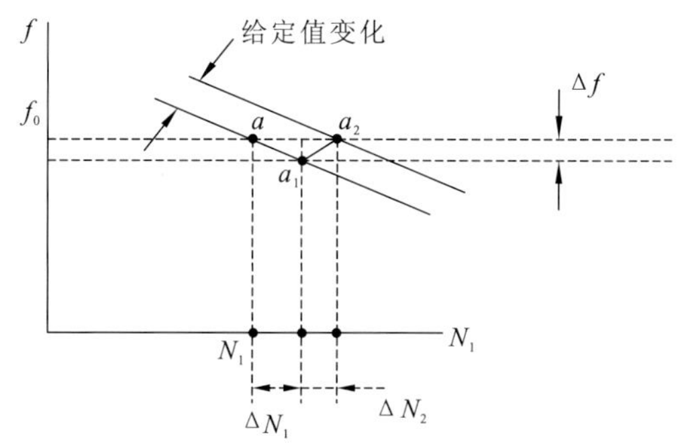

图 4.2.4　一次调频、二次调频示意图

f 为频率，N 为机组负荷

图 4.2.4 中的一次调频过程中负荷变化规律用公式可表示为 $f/L=b_p$。式中：f 为频率变化相对值；L 为负荷变化相对值；b_p 表示永态转差率。当永态转差率为 4%时，电网频率突降 0.5 Hz，一次调频控制功能就自动使机组负荷突然增加 25%。

因此，永态转差率越小，电网频率变化越大，机组承担突变负荷也越大。

由于一次调频作用，机组在电网运行中存在两种负荷突变方式：一为突增负荷；二为突减负荷，由于机组突减负荷最大值为机组突甩额定负荷，该工况在本小节中已有充分介绍，故本书主要考虑突增负荷工况。

4.2.6　机组负荷变化组合

机组负荷变化组合是指在电站运行中可能出现的“机组正常增、减负荷”、“事故停机及紧急停机”和“机组在电网中负荷突变”几种不同类型负荷变化的组合。

在正常机组操作过程中，存在机组正常增负荷过程中或正常增负荷完成后某段时间内突然甩全负荷，或在甩全负荷完成后机组要继续开机增负荷并又突然甩全负荷。这两种负荷组合，如图 4.2.5 和图 4.2.6 所示。

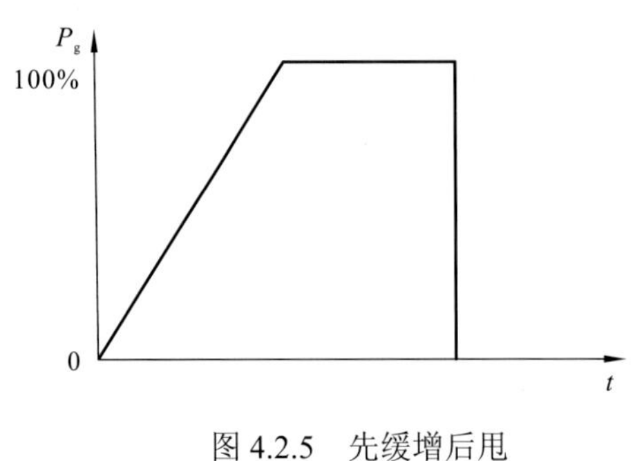

图 4.2.5 先缓增后甩

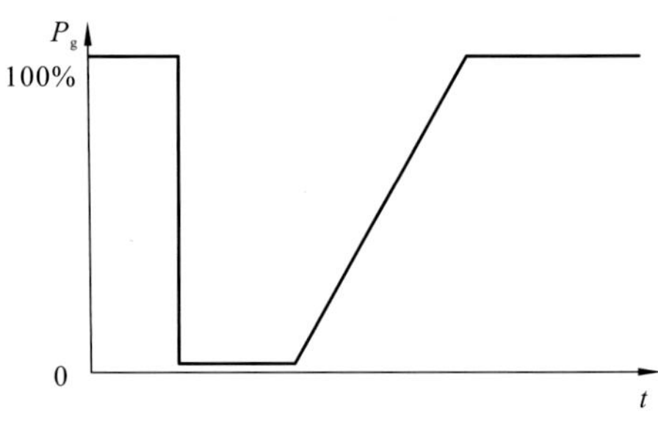

图 4.2.6 先突甩后增又突甩

在自动运行机组过程中，存在机组处于一次调频运行状态，电网频率变化导致机组负荷突变，在机组负荷突变过程中又出现故障突然甩全负荷。这种典型负荷组合，如图 4.2.7 所示。

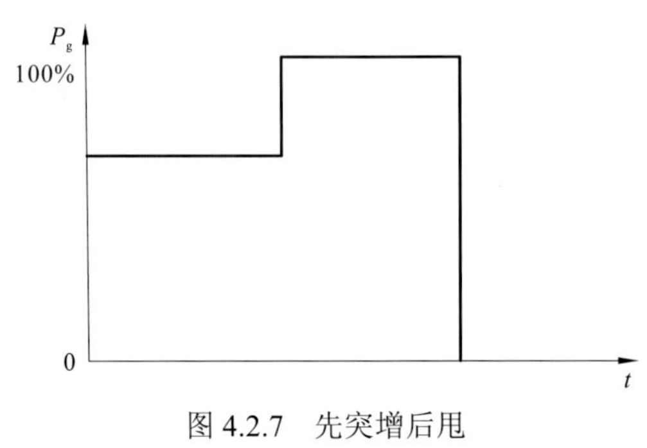

图 4.2.7 先突增后甩

由前面的分析可知，机组正常增负荷的速率可以人为控制，负荷突增及突甩负荷的时间是不能人为控制的。

4.2.7 电网自调节特性

电网自调节系数在机组并网运行时是非常重要的技术参数。为便于计算，本书电网自调节系数取值为：机组并入电网中，功率频率自调节系数为 2.0（根据有关文献，电网功率频率自调节系数在 1.0～3.0，孤网功率频率自调节系数为 1.0）；脱离电网的空载工况，功率频率自调节系数为 0.0。

4.3 轴流转桨式水轮机过渡过程通用计算理论方法和程序

在 20 世纪 70 年代以前，受制于当时计算机程序求解方法的发展，解析法是计算分析过渡过程水击压力的主要方法，当时国内外普遍采用基于水锤基本理论为基础的阿列维公式。轴流转桨式水电站水轮机水力过渡过程采用数值仿真模型计算，其基本原理是将电站调节系统，包括引水系统、机组、调速器和电网视为一个相互关联的整体，并联合进行数值仿真计算。计算系统包括引水管路、机组、调速器、尾水管及尾水隧洞。各个部件的计算数学模型要点如下。

（1）有压管道（隧洞）：特征线法。

（2）水轮机：将水轮机特性曲线以数组形式输入，用线性插值方法计算当前工作点的水轮机特性参数，将上、下端面特征线式，机组转动惯性式，水轮机能量式联立求解；由于轴流式水轮机为双调节型水轮机，比传统混流式单调节水轮机更加复杂，水轮机特征参数不仅取决于导叶开度，也取决于桨叶开度，数字化处理更加复杂。

（3）调速器：采用龙格-库塔法求调速器的控制微分式。

4.3.1　有压系统非恒定流数学模型

有压管路系统包括引水流道、蜗壳、尾水管、尾水管延长段和尾水隧洞等，需要结合的特殊边界包括岔管、水轮机组和上、下游水位等。

流经封闭管道的瞬变流用运动方程和连续性方程进行描述。在公式推导中做了如下假设。

（1）管道中的水流为一元流，且流速在整个管道横截面上均匀分布。

（2）管壁和液体满足线性弹性假设，即应力与应变成比例。

（3）假设稳态时损失公式适用于暂态过程。

基于上述假设，可得用于描述瞬变流的控制式如下。

$$\frac{\partial Q}{\partial t}+gA\frac{\partial H}{\partial x}+\frac{f}{2DA}Q|Q|=0 \tag{4.1}$$

$$\frac{a^2}{gA}\frac{\partial Q}{\partial x}+\frac{\partial H}{\partial t}=0 \tag{4.2}$$

式中：Q 为流量，m^3/s；H 为水头，m；t 为时间，s；x 为距离，m；A 为管道截面面积，m^2；D 为管道直径，m；g 为重力加速度。

式（4.1）和式（4.2）为偏微分方程，需要用特征线法将其转化为便于计算机求解的特征线方程，如图 4.3.1 所示。

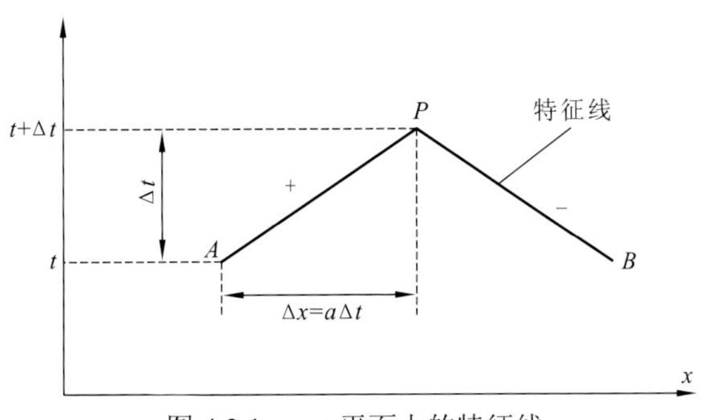

图 4.3.1　x-t 平面上的特征线

适用于管道下端面的正特征线方程：

$$Q_p=C_p-C_aH_p \tag{4.3}$$

适用于管道上端面的负特征线方程：

$$Q_p=C_n+C_aH_p \tag{4.4}$$

中间各断面的 H_p、Q_p 可联立求解式（4.3）和式（4.4），即：

$$Q_p = 0.5(C_p + C_n) \tag{4.5}$$

对于分岔点，依据连续性方程，同时忽略了分叉点连接处的水头损失并假定汇总管和所有分叉管内的速度水头相等，可得

$$H_{pi} = \left(C_{pi} - \sum_{j=1}^{x} C_{nj}\right) \bigg/ \left(C_{ai} + \sum_{j=1}^{x} C_{aj}\right) \tag{4.6}$$

以上各式中各个变量的计算方法及物理量说明如下：

$$C_p = Q_A + \frac{gA}{a} H_A - \frac{f\Delta t}{2DA} Q_A |Q_A|$$

$$C_n = Q_B - \frac{gA}{a} H_B - \frac{f\Delta t}{2DA} Q_B |Q_B|$$

$$C_a = \frac{gA}{a}$$

式中：D 为流道直径，m；L 为流道长度，m；A 为流道面积，m^2；a 为水击波速，m/s；f 为摩擦阻力损失系数；g 为重力加速度；下标 p 为当前时段。

4.3.2 电站小波动计算理论和方法

按典型的 PID 型调节规律，用四阶龙格-库塔法求解调速器微分方程组：

$$\frac{dx}{dt} = \left(1 - w - T_n \cdot \frac{d\Delta w}{dt} - x\right) \bigg/ T_n' \tag{4.7}$$

$$\frac{dy_n}{dt} = \left[T_d \left(1 - w - T_n \cdot \frac{d\Delta w}{dt} - x\right) \bigg/ T_n' + x\right] \bigg/ (b_t \cdot T_d) \tag{4.8}$$

$$\frac{dy}{dt} = \frac{y_n - y}{T_y}$$

调速器各组成部分输出可能饱和，在较大负荷变化的分析中，必须考虑这些饱和限制：

$$-\frac{1}{T_y} \leqslant \frac{dy}{dt} \leqslant \frac{1}{T_g}, \quad 0 \leqslant y_n \leqslant 1, \ 0 \leqslant y \leqslant 1 \tag{4.9}$$

式中：T_d 为缓冲时间常数；T_n 为加速时间常数；b_t 为永态转差系数；T_y 为接力器响应时间常数；T_g 为最短接力器开启时间。

4.3.3 轴流转桨式水轮机调节保证电算方法

1. 转轮结构及调速系统

1）结构特点

轴流转桨式水轮机与混流式水轮机主要的区别体现在水轮机转轮以及调速系统的结构。轴流式水轮机在调节过程中需要两个互相协调的执行机构，即双调节调速器。轴流转桨式水轮机电液调速系统一般由机械液压柜、电气装置、过速限制系统、电压装置和事故油压装置组成。

轴流转桨式水轮机转轮通常采用活塞带操作架的结构，由转轮体、桨叶、枢轴、操作机构、活塞和泄水锥等组成，水轮机活动导叶和转轮桨叶分别由各自的接力器驱动调节。

2）调速系统调节过程

在正常工况运行时，要求水轮机活动导叶和转轮桨叶具有良好的匹配关系，即水轮机在最优的协联工况运行。调速器通过电气协联方式来实现水轮机导叶与桨叶的协联关系。根据水轮机协联曲线整定的协联函数发生器，按实际水头自动选择相应协联曲线；停机后自动将转轮桨叶开到启动角度并在启动过程中根据导叶的开度自动切换到正常协联（根据经验，轴流式机组的桨叶启动角度位于额定开度的 40%左右位置）。调速系统根据水头信号即按实际水头自动选择相应的协联曲线。协联曲线及双调节调速器控制框图，如图 4.3.2、图 4.3.3 所示，数据处理过程如下。

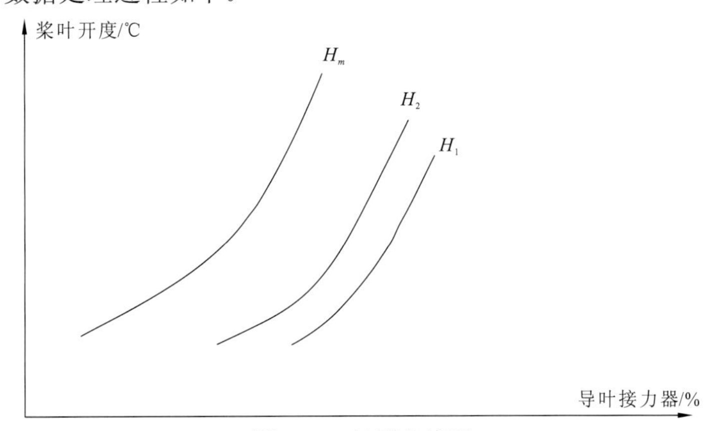

图 4.3.2　协联曲线图

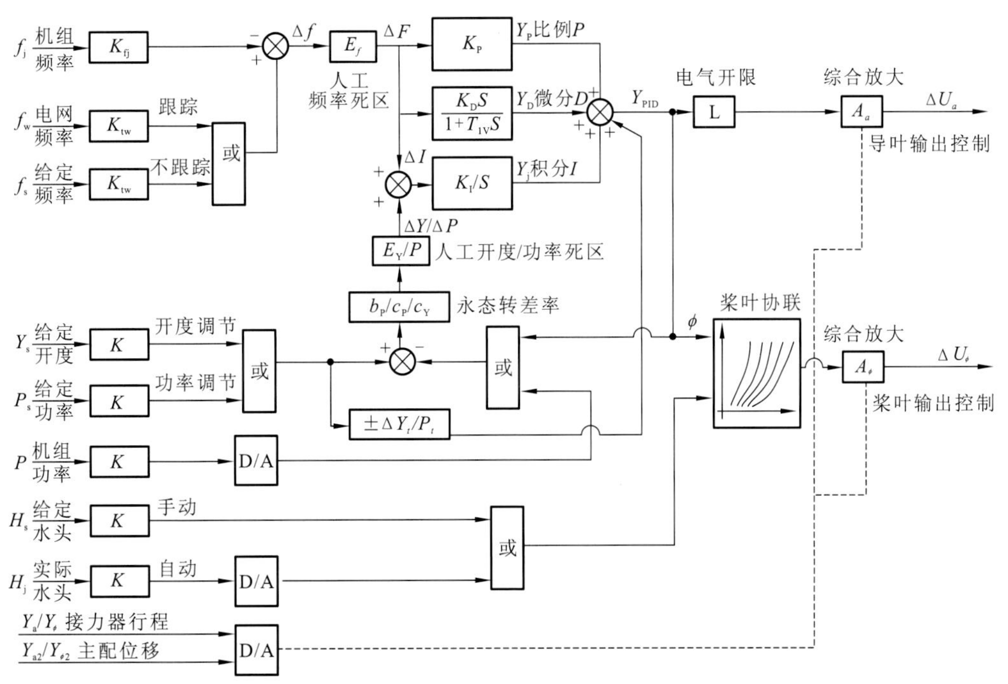

图 4.3.3　轴流式机组调速系统原理图（水电站机电设计手册编写组，1988）

首先在调速器中预置了若干条协联曲线，每条曲线离散若干个点，按水头大小，从小到大逐条排到数码存储区内，这样就可以根据当前水头值和当前桨叶开度值插值并计算出当前桨叶的开度。协联插值计算方法如下：①若当前水头值和数码存储区内水头某一值相等，则可以根据当前导叶开度值直接在协联表中查出相应桨叶开度值；②当前水头值与表中水头值不同，设在 H_i 和 H_{i+1} 水头之间的水头值为 H，此时导叶开度值若为α，则可根据线性插值法计算出对应桨叶开度值ϕ_h。假设 H 位于数码存储区内水头值 H_i 和 H_{i+1} 之间，先根据当前导叶开度值，在 H_{i+1} 上查出对应的桨叶开度值ϕ_{i+1} 和在 H_i 上查出所对应的桨叶开度值ϕ_i。通过如下公式计算：

$$\phi_h = \phi_i + (H_{i+1} - H)(\phi_{i+1} - \phi_i) / (H_{i+1} - H_i) \tag{4.10}$$

计算的ϕ_h 即为所求的在 H 水头下的桨叶开度值，因此可以根据上述插值计算公式计算出任意水头下的导叶开度所对应的桨叶开度值。

2. 轴流式水轮机组的特性曲线

图 4.3.4 给出了不同比转速的轴流、混流以及冲击式转轮流量与转速的关系。由图 4.3.4 可以看出，高比转速的轴流式水轮机与低比转速的混流式水轮机，以及冲击式水轮机在流量-转速特性上有明显的不同。

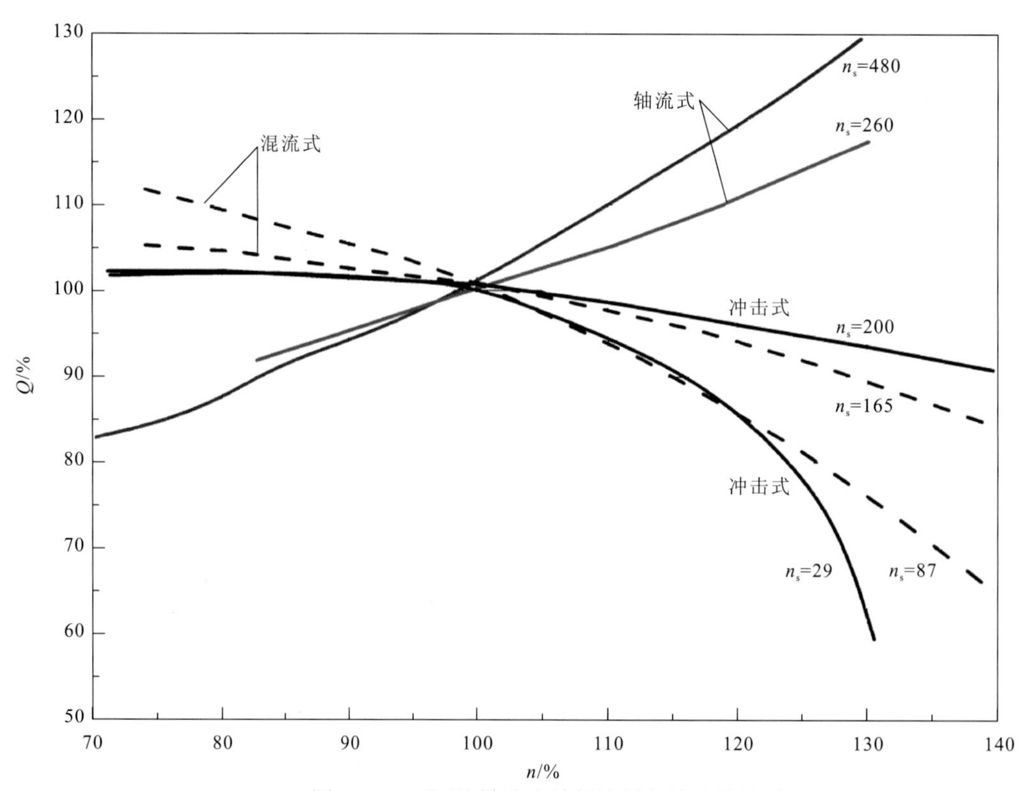

图 4.3.4　不同比转速水轮机流量与转速的关系

与混流式水轮机相比，轴流转桨式水轮机具有双调节结构，而且具有协联和非协联两种工况。机组在过渡过程工况，若导叶快速关闭，桨叶以导叶约 1/3 的速度关闭，水轮机的协联方式已不适用于过渡过程的计算要求，因此在计算轴流转桨式水轮机过渡过程时，只能利用如图 4.3.5 所示的-5°、-10°、0°、+5°等不同的固定桨叶角度下的定桨轴流式水轮机综合特性曲线，并采用插值法计算出各个瞬时桨叶角度下的水轮机特性曲线来完成。通常水轮机厂家只提供协联工况下的综合特性曲线，如图 4.3.6 所示。当机组在稳态慢速控制运行时，采用该小节中的桨叶随动控制（水电站机电设计手册编写组，1988）。

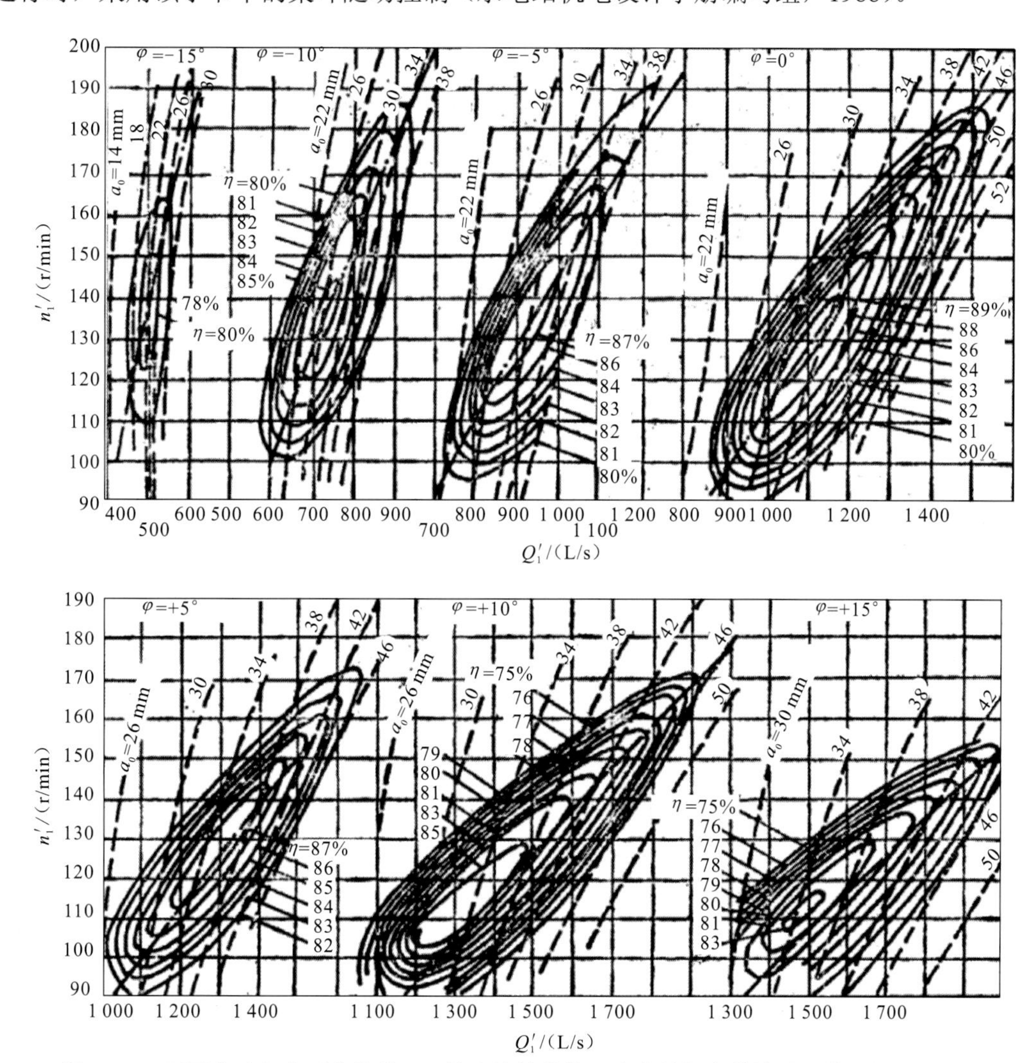

图 4.3.5　不同桨叶角度下非协联工况综合特性曲线（水电站机电设计手册编写组，1988）

3. 水体 GD^2 的影响

对于混流式水轮机过渡过程计算，由于水体所占比重较小，一般可以不考虑水体 GD^2 的影响。而对于轴流式水轮机，尤其对于贯流式水轮发电机组，由于水体 GD^2 占机组总 GD^2 的比重相对较大，因此必须计入水体 GD^2 的影响。水体 GD^2 的计算方法如图 4.3.7 所示，桨叶角度为 φ 时，转轮桨叶之间环形水体的重量为

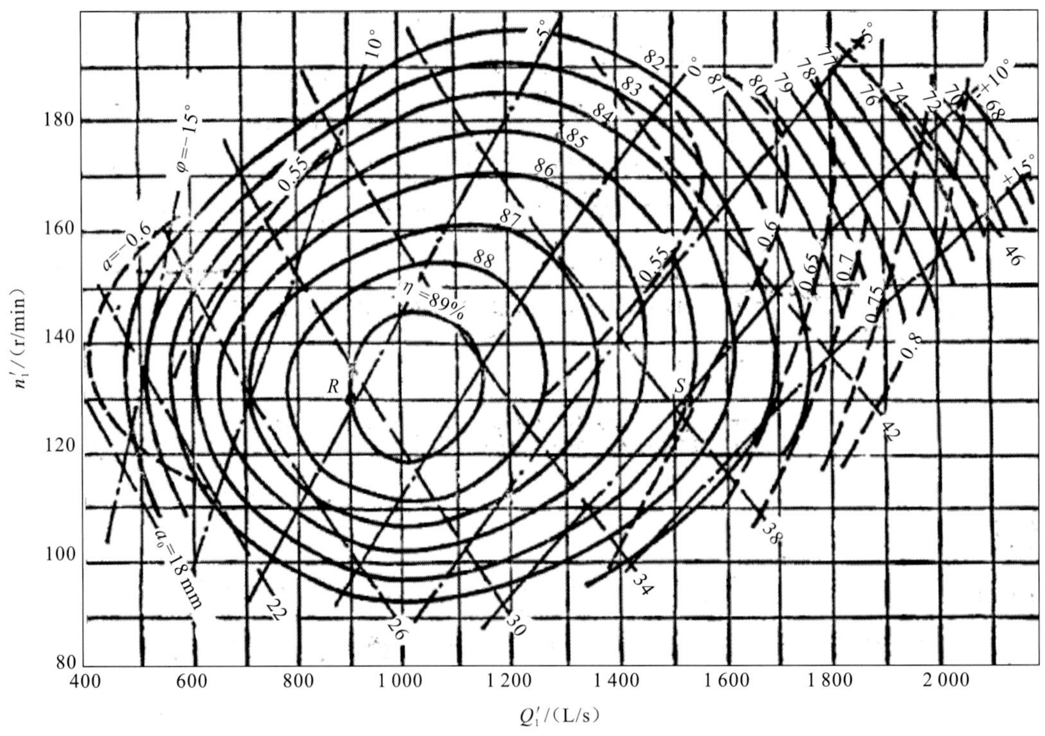

图 4.3.6　保持协联关系综合特性曲线（水电站机电设计手册编写组，1988）

$$G = \gamma \cdot V = \frac{\gamma}{4} L_0 \sin(\delta_0 + \varphi)(D_1^4 - d_b^4) \tag{4.11}$$

式中：γ 代表水体比重；L_0 代表叶片弦长；d_b 代表轮毂直径；δ_0 代表桨叶角度为 0° 时的叶片安放角；φ 代表桨叶角度；D_1 代表转轮直径；V 代表水体体积。

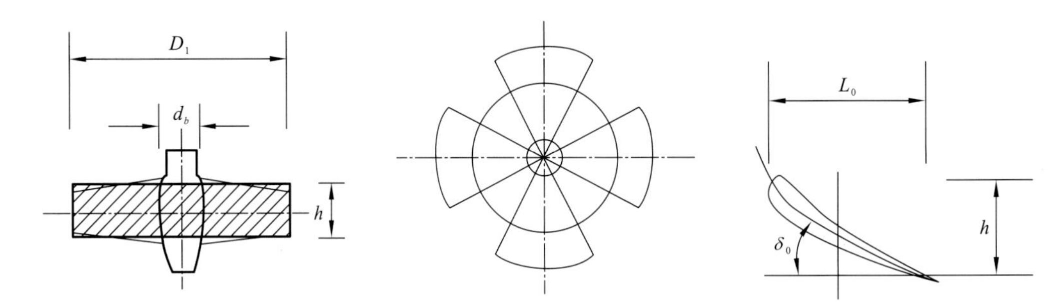

图 4.3.7　GD² 水体计算图（水电站机电设计手册编写组，1988）

环形水体液柱中间直径为

$$D_p = \sqrt{\frac{D_1^2 + d_b^2}{2}} \tag{4.12}$$

因此，环形水体液柱的 GD² 可以计算如下：

$$\mathrm{GD}^2 = \frac{\pi g}{8} L_0 \sin(\delta_0 + \varphi)(D_1^4 - d_b^4) \tag{4.13}$$

4. 轴流转桨式机组过渡过程计算基本原则

根据目前国内外水击计算的发展趋势，在 20 世纪 70 年代以前，国内外多采用以刚性水锤理论为基础的阿列维公式计算水电站的水力过渡过程，对于冲击式和混流式等低转速比的水轮机，水轮机过机流量随着转速的升高而降低，对于这类型水轮机的水力过渡过程，阿列维公式计算结果与实测值有较好的近似性；但是对于轴流式水轮机，其过机流量随着机组转速升高而增加，此时阿列维公式计算结果与实测值差距较大。因此，相比阿列维等简单计算公式来说，电算法因考虑了在过渡过程中水轮机特性的变化而可以更为精准地分析计算轴流转桨式水轮机水力过渡过程特性。

从基本理论上讲，轴流转桨式水轮机过渡过程计算基本原则及方法与混流式水轮机类似，所需要的基本式为水锤基本控制方程和机组转动方程。但是与混流式水轮机相比，基于转轮结构以及水力性能方面的差异，轴流转桨式水轮机过渡过程的计算有其特殊性，即轴流转桨式机组不仅导叶位置随时间而变，转轮叶片的角度也随时间而变，因此过渡过程计算较混流式水轮机要更为复杂。

轴流转桨式水轮机过渡过程的典型曲线如图 4.3.8 所示。一般而言，我们可以将轴流转桨式水轮机过渡过程分为三种情况。

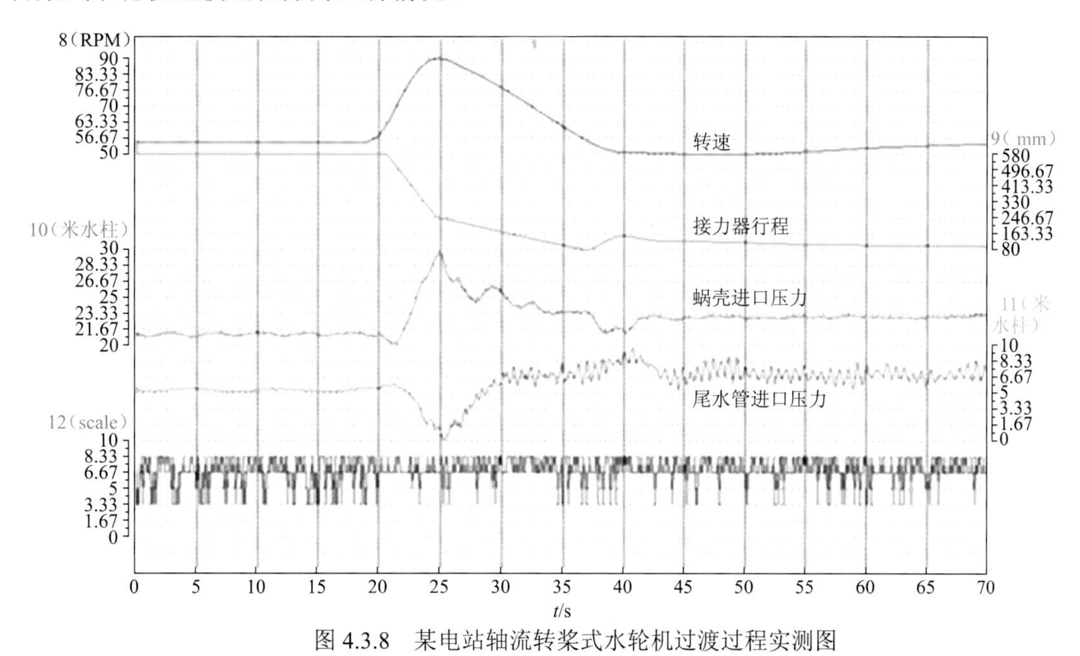

图 4.3.8 某电站轴流转桨式水轮机过渡过程实测图

（1）当调速系统发生故障且故障来源于转轮桨叶系统时，转轮的桨叶保持不动，即在整个过程中处于定桨工况，转轮叶片角度为常数。

（2）转轮叶片的转动角度较大，如达到 2°/s～4°/s，在此条件下，可以认为水轮机在过渡过程期间，不会发生导叶和桨叶协联不同步，即可以认为水轮机处于协联工况运行。

（3）当轴流转桨式水轮机桨叶角度在 0.5°/s～1.0°/s 变化时，水轮机在过渡过程期间将发生协联失调现象，即机组运行于非协联工况。

对于第一种情况，我们可以采用定桨特性曲线处理，对于第二种情况，我们可以采用协联关系的综合特性曲线处理，因此前两种情况与混流式水轮机的过渡过程计算方法是一致的。

而对于第三种情况，则相对较为复杂。对于这种工况，本书采取的主要思路是以模型试验得到的如-5°、0°、+5°等已知的不同桨叶角度的定桨特性曲线为基础，根据水轮机桨叶在关闭过程中的运动规律，插值计算得到中间任意角度的定桨特性曲线，以此为基础计算过渡过程中某一时刻机组性能参数。具体说明如下。

假设模型试验测量得到的已知桨叶角分别为φ_{i-2}，φ_{i-1}，φ_i，φ_{i+1}，且有：$\varphi_{i-2}<\varphi_{i-1}<\varphi_i<\varphi_{i+1}$，$\varphi$为待求过渡过程某一中间时刻桨叶角度，假设：$\varphi_i<\varphi<\varphi_{i+1}$，因此可以采用线性插值的方法，根据已经试验得到的不同桨叶角度下定桨非协联关系的综合特性曲线，插值求出桨叶角度为φ的水轮机定桨特性曲线，具体方法如下：

$$N_{11}=N_{11i}+\frac{\varphi-\varphi_i}{\varphi_{i+1}-\varphi_i}(N_{11i+1}-N_{11i}),\ Q_{11}=Q_{11i}+\frac{\varphi-\varphi_i}{\varphi_{i+1}-\varphi_i}(Q_{11i+1}-Q_{11i}) \tag{4.14}$$

在计算得到某一瞬时水轮机定桨综合特性曲线后，以此为基础计算该时刻水轮机过渡过程参数。

5. 计算工况

通常对于轴流转桨式水轮机，主要考虑的大波动计算工况有：

（1）在额定水头下机组全甩额定负荷。

（2）在最大水头下机组全甩额定负荷。

（3）在最小水头下机组全甩满负荷。

根据混流式水轮机组过渡过程的计算经验，通常机组在额定水头下全甩额定负荷发生最大转速升，在最大水头下甩负荷产生最大蜗壳压力升。当调速系统发生故障（如主配拒动）时，机组可能进入飞逸工况，脱离飞逸工况可以采用事故配压阀关闭导叶的方法实现。因此，也需要计算机组发生甩负荷工况的同时，调速系统出现故障的情况，为防止机组转速继续升高而发生事故，由测速装置向事故回路发出配压阀关闭导叶指令。如果桨叶和导叶调速系统均出现故障，则水轮机将进入飞逸工况，因此也可以通过电算法预测机组进入飞逸状态的时间以及飞逸转速。

6. 转轮数据库的建立方法

如前所述，采用电算法完成轴流转桨式水轮机过渡过程计算，计算除去水轮机工况外，还有飞逸工况和机组制动工况，因此机组需要较为宽广的水轮机特性曲线范围。目前在一般情况下水轮机组招标文件中如果没有特殊要求，水轮机厂家不会提供这种类型的曲线，因此只能通过现有的保持协联关系的综合特性曲线、飞逸特性曲线以及叶片安放角全部变化范围内的一系列定桨特性曲线，并采用外延和内插的方法求得过渡过程区域的水轮机特性参数。关于过渡过程计算所需要的定桨特性曲线桨叶角度间隔，根据计算经验表明：桨叶角度间隔采用5°是足够的，对计算精度不会造成大的影响。轴流转桨式水轮机转轮数据库的建立方法与混流式水轮机基本相同，主要包括：保持协联关系的综合特性曲线数据库、等间距的不同桨叶角度的水轮机定桨特性曲线、飞逸特性曲线等。机组单位参数（单位流量 Q_{11}，单位转速 n_{11}，单位出力 N_{11}）是机组性能特征的主要表现，也是求解机组过渡过程的重要边界条件。因此我们将机组的性能曲线离散成数据库，各参数之间的关系可以表示为

$$Q_{11}=f\left(n_{11},\alpha,\varphi\right),\ N_{11}=f(n_{11},\alpha,\varphi) \tag{4.15}$$

式中：Q_{11} 代表单位流量，m^3/s；n_{11} 代表单位转速，r/min；N_{11} 代表单位出力，kW；φ 代表桨叶角度，°；α 代表导叶角度，°。

对于不同桨叶角度 φ、不同导叶角度 α 所对应的单位流量与单位转速的关系曲线，高单位转速与飞逸点之间按二次回归曲线内插得到，制动区域则需要通过外插而得到，小开度区域的数据可以通过 0 开度与已知模型数据内插而得到。最终所得的每一个固定桨叶角度的 Q_{11}～n_{11} 数据库如图 4.3.9、图 4.3.10 所示。

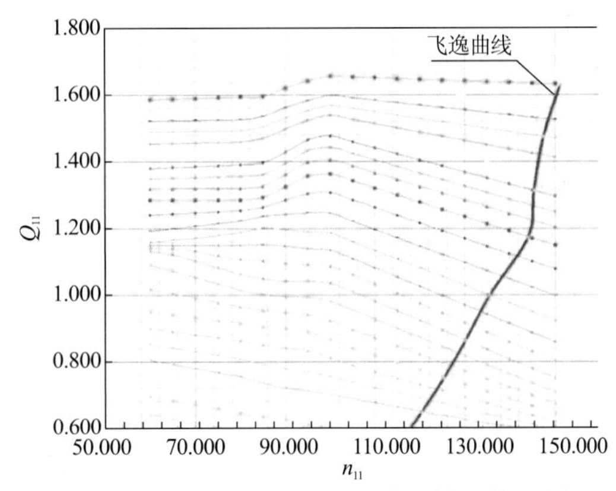

图 4.3.9　转轮单位流量和单位转速外延图

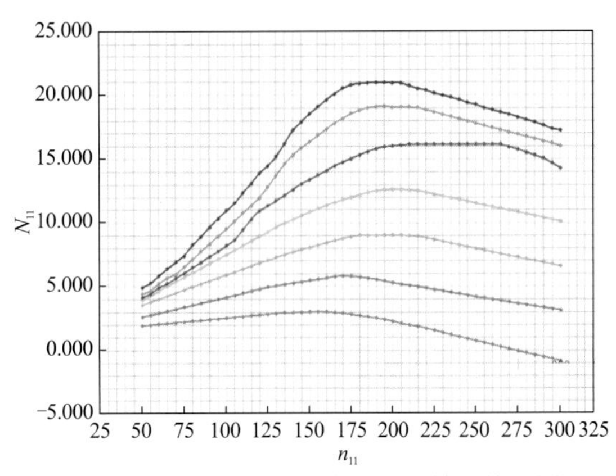

图 4.3.10　转轮单位出力和单位转速外延图

对于不同桨叶角度 φ、不同导叶角度 α 所对应的单位流量与单位出力的关系曲线，依据单位流量和单位出力之间的如下关系可得

$$N_{11}=9.79Q_{11}\cdot\eta \tag{4.16}$$

式中：Q_{11} 表示单位流量，m^3/s；N_{11} 表示单位出力，kW；η 表示水轮机效率。

N_{11} 大于 0 的区域表示水轮机工况，N_{11} 等于 0 的区域表示飞逸工况，N_{11} 小于 0 区域表

示制动工况。

整个转轮的数据库就是由上述若干个定桨叶角度的 $Q_{11}\sim n_{11}$ 和 $N_{11}\sim n_{11}$ 子数据库所组成。

如上所述，飞逸曲线和等效率曲线是转轮数据库建立的重要依据。在此，介绍两个特征参数线的延伸方法如下：

（1）对于飞逸曲线，根据模型试验资料，已知介于最大水头和最小水头对应的单位转速之间的飞逸特性，向高单位转速区域以最大飞逸单位转速为控制点做适当延伸，向低单位转速区域以原点为目标做光滑延伸，这样就可以得到完整的飞逸工况曲线。

（2）对于任意的导叶开度和桨叶开度，将等开度线向高单位转速区域延伸并与飞逸曲线相交，交点的效率为 0，以该点作为高单位转速区域的控制点；对于低单位转速区域，以原点作为控制点做光滑延伸，这样就可以得到不同开度条件下单位转速从 0 至飞逸转速之间的所有点的效率。

4.3.4 引水发电系统布置参数、计算模型简化及结果

1. 引水发电系统计算简图及分段

大多数轴流式水轮发电机组都是坝后式厂房，主要引水发电系统由引水隧洞主管、引水隧洞支管、水轮发电机组（包括蜗壳和尾水管）、尾水隧洞等几个部分组成。因此，在数学模型的建立上将引水发电系统分为 4 段，各段当量管的编号如图 4.3.11 所示。

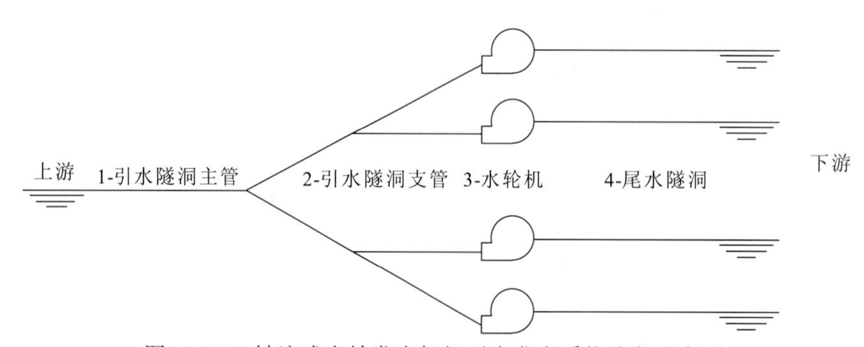

图 4.3.11 轴流式水轮发电机组引水发电系统分段示意图

2. 引水发电系统当量管参数及流量阻力损失系数

1）流道的当量化

对于轴流式机组，虽然其流道一般较短，但是按照前述原则对引水发电系统进行划分时，每一段流道管径变化较大，因此需要对其进行当量化处理。一般的基本原则是各段长度和加权动量保持不变，即当量化前后 $L\cdot V$ 值保持不变：

$$\sum(\rho V_i^2 \cdot L_i \cdot S_i) = \rho \cdot V^2 \cdot S \cdot L = \rho Q^2 \frac{L}{S} \tag{4.17}$$

式中：S 表示当量管断面面积；L 表示当量管总长，$\sum L_i = L$；v 表示当量管流速；ρ 表示流量密度；V 表示流体体积。

因此，当量管道等效断面面积 S 计算如下：

$$S = \frac{L}{\sum\left(\frac{L_i}{S_i}\right)} \tag{4.18}$$

2）流量阻力损失系数

用若干当量管（等径圆管）代替实际流道，各条当量管的长度、阻力损失、水击波速和动量与它对应的实际管道相同，即当量管的处理不应使弹性和惯性与真实系统有较大失真。

总的水头损失等于沿程损失与局部损失之和。瞬变状态下的摩擦损失用恒定流态的摩擦损失公式（曼宁方程）计算：

$$h_{\text{q总}} = \sum h_{\text{q沿}} + \sum h_{\text{q局}} \tag{4.19}$$

其中：

$$h_{\text{q沿}} = \frac{n^2 L \cdot V^2}{R^{4/3}} = \frac{n^2 L}{16\pi^2 R^{16/3}} \cdot Q^2 = K_{\text{q沿}} \cdot Q^2$$

$$h_{\text{q局}} = \sum \frac{\xi_i V_i^2}{2g} = \sum \frac{\xi_i}{32 g \pi^2 R_i^4} \cdot Q^2 = K_{\text{q局}} \cdot Q^2$$

式中：n 表示粗糙系数；L 表示流道长度，m；R 表示水力半径，m；ξ_i 表示局部阻力损失系数；Q 表示流量，m^3/s；$K_{\text{q沿}}$表示沿程损失系数；$K_{\text{q局}}$表示局部损失系数。

当量管的过流断面面积 A 及水力半径 R 计算方法如下：

$$A = \frac{L}{\sum\left(\frac{L_i}{A_i}\right)} \tag{4.20}$$

$$R = \frac{A}{P} \tag{4.21}$$

其中：P 表示过流断面湿周周长，m；A 表示过流断面面积，m^2。

3. 水击波速和计算步长

主要按照茹科夫斯基公式变体公式计算当量管中的水击波速，计算公式如下：

$$a = \sqrt{\frac{K}{\rho\left(1 + \frac{K}{E}\frac{D}{\delta}\right)}} \tag{4.22}$$

式中：a 表示水击波速，m/s；K 表示水的体积弹性模数，2.19 GPa；E 表示管壁材料的弹性模数；ρ 表示水的密度，kg/m^3；D 表示管道直径，cm；δ 表示管壁计算壁厚，cm。

由于特征线法采用的是显示求解的时间推进法，因此在确定时间间隔上需要满足稳定性条件，否则计算就会发散。引水发电系统包含多段当量管，计算时将每一段当量管离散成 N_i 等份，各段当量管需取相同的时间步长 Δt ，且时间步长 Δt 与空间步长 Δx 之间需要满足如下稳定性条件：

$$\frac{L_i / N_i}{\Delta t} = \frac{\Delta x}{\Delta t} \leqslant a \tag{4.23}$$

4.4 轴向水推力预测模型研究

轴流转桨式水轮机在甩负荷时（包括部分负荷）、空载关机，以及某些工况转换过程中会出现抬机现象，当抬机量超过允许值时就会对设备造成不同程度的损坏，这种损坏在过渡过程中尤为明显，国内外都曾出现过因抬机而影响机组安全运行的实例，如国内的回龙寨、富春江和西津等水电站。因此，轴向水推力的计算对预防抬机事故的发生具有重要意义。

《水电站机电设计手册-水力机械》中对轴向水推力 P_z 计算给出了经验公式如下：

$$P_z = K_z \cdot \frac{1}{4} D_1^2 \cdot H_{max} \tag{4.24}$$

式（4.24）表明轴向水推力主要与最大水头和转轮直径相关。但实际上水流作用在转轮叶片上的作用力会随工况变化而变化，且机组导叶和桨叶的关闭规律不同，轴向水推力也不尽相同。

如图 4.4.1 所示，引起轴向水推力的主要原因在于水流扰流叶片时，对叶片的作用力可以分解为轴向力 R_z 和周向力 R_u，周向力 R_u 是通过产生周向力矩而使得叶轮旋转，而轴向水推力一般是通过模型试验测定。

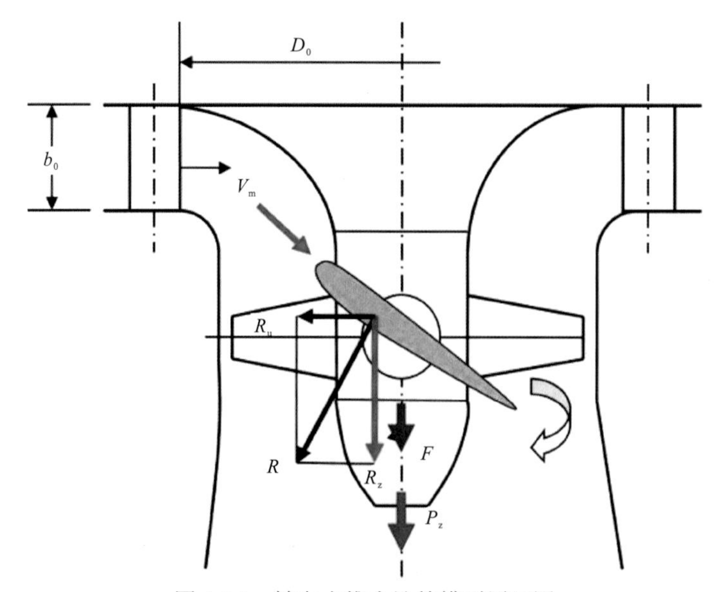

图 4.4.1 轴向水推力计算模型原理图

4.4.1　轴向水推力预测模型 1

根据上述分析，引起轴向水推力的原因主要有以下两个：一是水轮机制动工况桨叶划水时引起的反向轴向力；二是导叶关闭过程中出现水柱分离后产生的反水锤作用在桨叶上导致抬机。因此，轴流转桨式水轮机的轴向水推力一般由三部分组成：即水流作用于叶片上的螺旋桨等效推力 F_1、尾水管进口的负压对叶片产生的作用力 F_2 和桨叶前后压差作用力 F_3，三者产生的合力即为水流作用的轴向水推力。各个分力的计算方法如下。

1）F_1 的计算

$$F_1 = K_t \cdot \rho \cdot n^2 D^4 \tag{4.25}$$

式中：K_t代表水推力系数；ρ 代表水的密度，kg/m³；n 代表机组转速，r/s；D 代表转轮直径，m。

水轮机在甩负荷过程中，活动导叶和转轮桨叶的关闭使机组过流流量减小，转轮由于惯性继续在水中旋转，叶片划水产生的轴向水推力可以用螺旋桨水推力来模拟，且此时产生的轴向水推力是最大的。螺旋桨的等效推力 F_1 方向向上，其中水推力系数 K_t 受转轮叶片数、轮毂比、进速系数、等效螺距比和盘面比等多个参数的影响，一般可以根据导管螺旋桨的敞水试验而得到。根据导管螺旋桨的推力系数型谱，可以得出推力系数 K_t 的近似计算公式为

$$K_t = 0.25 L_0 \sin(\varphi + \delta_0) Z / D \tag{4.26}$$

式中：K_t代表水推力系数；φ 代表桨叶开度；δ_0 代表桨叶角度为 0 时的叶片安放角；L_0 代表叶片中间断面切面弦长；Z 代表转轮叶片数。

2）F_2 的计算

$$F_2 = K_d \cdot \frac{\pi D^2}{4} \rho \cdot g \cdot H_d \tag{4.27}$$

式中：K_d 代表水推力系数；ρ 代表水的密度，kg/m³；H_d 代表尾水管进口压力，m；D 代表转轮直径，m。

F_2 为尾水管进口压力对叶片产生的作用力，方向向上。其中，轴向水推力系数 K_d 取值与转轮叶片数、转轮轮毂比及止漏密封装置等有关。其可以参考经验或根据实验数据选取。详细选取原则见表 4.4.1。

表 4.4.1　K_d 的推荐取值

叶片数	4	5	6	7	8
K_d	0.85	0.87	0.9	0.93	0.95

3）对 F_3 计算修正

考虑转轮桨叶前的水压力对 F_3 的影响，对轴向水推力进行修正，即增加向下的对叶片的作用力。根据轴流式水轮机的特点，在甩负荷时，在不同的关闭规律条件下，桨叶前面的水压力的影响效果是不一样的，F_3 的具体计算方法为

$$F_3 = K_m \cdot K_u \cdot \frac{\pi D^2}{4} \rho \cdot g \cdot H_p \tag{4.28}$$

式中：K_u 代表水推力系数，通常取值 0.3；K_m 代表修正系数，与导叶关闭规律相关，$K_m=1-t/t_g$；ρ 代表水的密度，kg/m^3；H_p 代表导叶前的水压力，m；D 代表转轮直径，m；t_g 代表导叶关闭时间，s；t 代表过渡过程时间，s，当 $t>t_g$ 时，$K_m=0$。

综上所述，若以方向向下为正，则总的轴向水推力为

$$F = F_3 - (F_1 + F_2) \tag{4.29}$$

4.4.2 轴向水推力预测模型 2

苏联的克里夫琴科对轴流式水轮机组轴向水推力的试验结果表明：轴流转桨式水轮机轴向水推力的大小主要取决于转轮的几何尺寸、水头和过机流量的大小；而对于不同型号的轴流式水轮机，在同一个单位流量 Q_{11} 和导叶开度 α 条件下，水推力的区别很小，因此对于同一台水轮机，其过机流量和导叶开度将是影响轴向水推力的决定性因素。根据此研究成果，克里夫琴科提出了如下经验公式来预测轴向水推力：

$$F'_{\text{thrust}} = 0.7 - \frac{(Q_{11})^{3.1-1.5\alpha}}{26\alpha^{2.5}} \tag{4.30}$$

$$F_{\text{thrust}} = F'_{\text{thrust}} \cdot D^2 \cdot H \tag{4.31}$$

式中：F'_{thrust} 代表单位轴向水推力；α 代表相对导叶开度；Q_{11} 代表单位流量，m^3/s；F_{thrust} 代表轴向水推力。

实测结果表明，采用上述轴向水推力模型 2 在相对导叶开度为 0.1～1.2 时预测结果与试验结果十分接近，但是在小开度尤其在导叶即将全关或全关时预测结果明显偏大。

4.4.3 轴向水推力预测模型 3

对比分析上述两个轴向水推力预测模型不难发现，模型 2 在预测机组正常运行或过渡过程中导叶开度相对较大时预测结果较好，但是无法准确预测导叶在小开度或导叶全关时机组轴向水推力和抬机力。为此，可以借鉴模型 1 的处理方法对小开度或全关时轴向水推力进行处理，即综合轴向水推力模型 1 和轴向水推力模型 2，当相对导叶开度 α 大于 0.1 时，采用模型 2 计算；当相对导叶开度 α 小于 0.1 时，采用模型 1 计算。

4.4.4 减小轴向水推力的措施

根据轴向水推力产生的主要原因，减小轴流转桨式水轮机轴向水推力的主要措施有如下三种。

（1）优化导叶的关闭规律。

（2）在条件允许的情况下，适当延长桨叶的关闭时间。

（3）加大真空破坏阀的面积。

因此，通过本书的电算程序的研发，可为轴流转桨式机组轴向水推力的预估及防止抬机事故的发生提供技术支持。

4.5　轴流式水轮机过渡过程计算方法

为了克服上述计算方法的不足，本书提出一种适用于轴流式、贯流式水轮发电机组调节保证水力过渡过程数值仿真的计算方法和系统，可准确预测各种复杂工况过渡过程参数变化规律，同时可以计算分析轴流式、贯流式水电站尾水泄洪等强迫扰动对机组稳定运行的影响，优化机组启动、关机规律以及引水发电系统布置。

为实现上述目的，本书设计了一种轴流式和贯流式水轮机组调节保证数值计算方法，方法包括以下步骤：

①计算初始工况点的水轮机水头、水轮机出力、导叶和桨叶开度、水轮机单位流量；

②设定水轮机水头和转速迭代初始值，根据桨叶和导叶关闭规律计算导叶和桨叶开度；

③计算水轮机瞬时转速 n_{p}：

$$n_{\mathrm{p}}=\left\{n_0^2+182.38\frac{\Delta t}{WR^2}[0.5(N_{\mathrm{t}}+N_0)]\right\}^{0.5} \tag{4.32}$$

式中：n_0 表示上一时刻 $(t-\Delta t)$ 水轮机瞬时转速；N_0 表示上一时刻 $(t-\Delta t)$ 水轮机瞬时出力；N_{t} 表示水轮机轴出力；WR^2 表示水轮发电机组的惯性矩；t 表示时间，Δt 表示时间间隔；

④判断水轮机瞬时转速 $|n_{\mathrm{w}}-n_{\mathrm{p}}|/\Delta t\geqslant 0.01$，是则返回步骤②，否则前往步骤⑤；

⑤计算水轮机的流量和轴向水推力；

⑥重复步骤②～⑤直至时间 t 达到预设值。

步骤②中根据桨叶和导叶关闭规律计算导叶和桨叶开度分为三种情况：

a. 当调速系统发生故障且故障来源于转轮桨叶系统时，转轮的桨叶保持不动，即在整个过程中处于定桨工况，转轮叶片角度为常数，采用定桨曲线处理；

b. 当转轮叶片的转动角度达到 1°/s 以上时，水轮机处于协联工况运行，采用协联关系的综合特性曲线处理；

c. 当轴流转桨式水轮机桨叶角度在 0～1°/s 变化时，水轮机在过渡过程期间将发生协联失调现象，即水轮机运行于协联解列工况，采用非协联关系的综合特性曲线处理。

水轮机模型试验测量得到的已知相邻时间间隔的桨叶角分别为 φ_{i-1}，φ_i，φ_{i+1}，且有 $\varphi_{i-1}<\varphi_i<\varphi_{i+1}$，为求过渡过程某一中间 t 时刻的桨叶角度，假设：$\varphi_i<\varphi<\varphi_{i+1}$，采用插值方法，根据已经通过试验得到的不同桨叶角度定桨非协联关系的综合特性曲线，插值求出当前桨叶角度为 φ 的水轮机定桨特性曲线，水轮机模型单位参数计算式为

$$N_{11}=N_{11,i}+\frac{\varphi-\varphi_i}{\varphi_{i+1}-\varphi_i}(N_{11,i+1}-N_{11,i}),\ Q_{11}=Q_{11,i}+\frac{\varphi-\varphi_i}{\varphi_{i+1}-\varphi_i}(Q_{11,i+1}-Q_{11,i})$$

式中：N_{11} 表示水轮机单位出力；Q_{11} 表示水轮机单位流量。

步骤③中水轮机轴出力 N_{t} 的计算式为

$$N_{\mathrm{t}}=N_{11}\cdot D_1^2/H_{\mathrm{t}}^{1.5} \tag{4.33}$$

式中：N_{11}表示水轮机单位出力；D_1表示水轮机进口转轮直径；H_t表示水轮机工作水头。

步骤⑤中，当导叶开度α大于 0.1 时，计算式为

$$F'_{\text{thrust}} = 0.7 - \frac{(Q_{11})^{3.1-1.5\alpha}}{26a^{2.5}}, \quad F_{\text{thrust}} = F'_{\text{thrust}} \cdot D_1^2 \cdot H_t$$

式中：F'_{thrust}表示水轮机单位轴向水推力；H_t表示水轮机工作水头；F_{thrust}表示水轮机轴向水推力。

步骤⑤中，当导叶开度α小于 0.1 时，利用基于水轮机力矩和出力计算，具体计算方法如下：

$$F_{\text{thrust}} = \frac{N_t}{\omega \cdot r} \cdot \tan(\varphi + \delta_0) = \frac{N_t \cdot 30}{\pi \cdot n \cdot r} \cdot \tan(\varphi + \delta_0) \tag{4.34}$$

式中：F_{thrust}表示水轮机轴向水推力；N_t表示水轮机出力；n表示水轮机转速；r表示等效半径；δ_0表示叶片安放角；φ表示桨叶角度。

所述步骤⑤中还包括计算调速器控制式，计算预想出力对应的机组导叶和桨叶角度及性能参数。

所述水轮机工作水头H_t的计算方法为

$$H_t = H_{p4} + Q_t^2 / (2gS_4^2 - H_{p5} - Q_t^2 / 2gS_5^2) \tag{4.35}$$

式中：H_t表示水轮机有效工作水头；Q_t表示水轮机流量；H_{p4}、S_4和H_{p5}、S_5分别表示水轮机上、下游当量管断面的压力和过流面积。

水电站水轮发电机组在过渡过程中其性能参数的准确预测直接影响了电站的安全稳定运行。本书所提供的算法，其计算结果可为轴流式和贯流式水电站引水发电系统布置设计以及安全稳定运行提供可靠依据，同时也对轴流式和贯流式水电站的运行方式的可靠性和合理性，电站引水发电系统的布置优化及安全稳定运行提供综合评价结论及参考依据，从而为节省电站总投资提供技术保障。

4.6 轴流转桨式水轮发电机组过渡过程计算程序创新及实践

4.6.1 主要创新点

（1）建立了轴流式和贯流式水轮机暂态过程中流动的微分方程数学模型、调速器式、各类复杂的边界条件式及其求解方法，给出了电站引水发电系统当量化、流道损失、轴流式和贯流式水轮机复杂综合特性曲线等输入资料的处理方法。对比葛洲坝和铜街子水电站的现场实测数据表明程序的计算结果准确、可靠。

（2）本书成果成功应用于白马水电站、黄金峡水电站、金沙水电站和银江水电站等工程的前期规划设计，为上述工程的枢纽布置设计和机组安全运行奠定了坚实基础，并与四川省能投攀枝花水电开发有限公司签订了“金沙水电站发电泄洪条件下大型轴流式水轮机

水力过渡过程安全调控技术研究”的科研合同，具有一定的社会和经济效益。

（3）编制了具有自主知识产权的《轴流式和贯流式水轮机水力过渡过程》计算软件，并可后续更新和维护。

（4）建立了符合实际物理规律的轴流式和贯流式水轮机水力过渡过程计算数学模型，编制了电算程序和计算软件。

4.6.2　工程实践

为了验证计算程序的可靠性及准确性，需要将计算成果与电站现场甩负荷试验数据进行对比。鉴于长江设计集团有限公司负责完成了葛洲坝水电站增容改造相关设计工作，且掌握了葛洲坝水电站在改造期间长江电力对葛洲坝水电站机组甩负荷的相关试验数据；同时也掌握了铜街子水电站的相关实测数据，因此本书主要以葛洲坝水电站和铜街子水电站为例，对轴流转桨式水轮机过渡过程计算程序进行验证。

1. 葛洲坝水电站

1）葛洲坝水电站概述

葛洲坝水电站是华中电网的骨干电站之一，分为二江水电站和大江水电站，总装机 21 台机组，容量 2 715 MW，其中，大江水电站装机 14 台机组，总容量 1 750（14×125）MW，二江水电站装机 7 台机组，总容量 965（2×170+5×125）MW。1981 年 7 月葛洲坝水电站第一台机组并网发电，1988 年 12 月全部机组投产发电，水电站至今已运行 30 余年。二江水电站 220 kV 开关站采用双母线带旁路母线接线方式，进线 7 回，出线 10 回（至白家冲 2 回，至远安、恩施、荆门、荆州、三峡各 1 回，备用 1 回，至大江水电站 500 kV 开关站联变 2 回）。大江水电站 500 kV 变电所采用 3/2 断路器接线方式，共 6 串，其中 1～4 串进线与大江水电站 4 个联合扩大单元相连，出线送至武汉（葛凤线）、双河（葛双 1、2）、湖南（葛常线），5、6 串进线由 2 台 500/200 kV 360 MVA 自耦联络变压器与二江水电站 220 kV 系统相连，出线送至换流站（葛换 1、2）。二江水电站发电机变压器采用单元接线方式，大江水电站采用二机一变扩大单元接线方式。

2）葛洲坝水电站动能参数

（1）水库运行方式及特征参数。葛洲坝水利枢纽和三峡水利枢纽是作为一个整体进行规划和设计的，具有防洪、发电、航运等功能，采用联合调度的方式运行。三峡水库调度方式为：正常蓄水位 175 m。汛期 6 月中旬至 9 月底水库水位一般维持在防洪限制水位 145 m，预留防洪库容调节可能来的洪水。当三峡坝址洪水加上三峡坝址至坝址下游的枝城区间的洪水小于 56 700 m^3/s，并且城陵矶河段未提出防洪要求时，三峡水库按来量下泄，库水位基本维持在 145 m 左右；超过上述流量时，根据下游的防洪要求，水库将蓄洪，水位短时抬高。10 月份水库开始蓄水，一般来水年份，10 月末水库充蓄至正常蓄水位 175 m。枯水期 11 月至次年 4 月底，为保持库尾有较大的航深及维持电站较高水头用于发电，在电站平均出力不小于电站保证出力的前提下，水库尽可能维持高水位。上游来水流量小于电站保证出力所需要的流量时，动用水库存蓄的水量，库水位逐步消落。一般年份 4 月底，水库水位都高于枯水期消落低水位 155 m，遇设计枯水年时，水库水位才消落至 145 m。

初期运行时的调度方式与后期相似，仅各控制水位有差异。

三峡水电站在汛期（6～9 月），水库水位一般维持在低水位，电站下游尾水位较高，此时，三峡水电站水头较低，一般小于 80 m。枯水期（11 月至次年 4 月），水库水位尽可能维持高水位，水电站下游尾水位较低，此时三峡水电站水头较高，一般大于 90 m。汛期（6～9 月）水头较低，水电站在电力系统中承担基荷和腰荷，但机组仍承担部分调峰任务，水中含有一定的泥沙。枯水期（11 月至次年 4 月），水头较高，水中几乎不含泥沙。

当三峡坝址处的来水量大于三峡水电站 26 台水轮机的过流量之和时，为三峡水电站弃水期；小于三峡水电站 26 台水轮机过流量之和时，为三峡水电站无弃水期。弃水期一般出现在 6～9 月，其余时段均为无弃水期。

葛洲坝水利枢纽为三峡水利枢纽的反调节水库，其上游水库运行水位为 63～66 m。

（2）下游水位。下游水位按相应于设计枯水流量的水位计算，但由于航深的要求，葛洲坝下游庙嘴站水位不能低于 39 m，同时考虑到远期下游河道冲刷、大江和二江水电厂尾水位差异和三峡水电站调峰等因素的影响，下游最低水位按 39 m 考虑。额定水头对应的下游尾水位为 43.95 m。

（3）电站水头。

最大水头　27.0 m
加权平均水头　19.5 m
额定水头　18.6 m
最小水头　9.1 m

3）葛洲坝水轮发电机组参数

葛洲坝水电站装有 125 MW 机组 19 台，170 MW 机组 2 台，共计 21 台。其中，编号为 1 F、2 F 共 2 台 170 MW 机组，以及编号为 12 F～15 F、20 F、21 F 共 6 台 125 MW 机组由东方电机厂制造；编号为 3 F～11 F、16 F～19 F 共 13 台 125 MW 机组由哈尔滨电机厂制造。在增容改造之前原设计两种单机容量水轮发电机组主要参数见表 4.6.1 和表 4.6.2。

表 4.6.1　125 MW 水轮发电机组性能参数

名称	125 MW 机组
水轮机型号	ZZ500-LH-1020
最大水头/m	27
平均水头/m	20.5
额定水头/m	18.6
最小水头/m	8.3

续表

名称	125 MW 机组
额定出力/MW	129
额定流量/（m^3/s）	825
额定转速/（r/min）	62.5
最高效率/%	93.6
发电机总重/t	1 320

表 4.6.2　170 MW 水轮发电机组性能参数

名称	170 MW 机组
水轮机型号	ZZ560-LH-1130
最大水头/m	27 m
平均水头/m	20.5
额定水头/m	18.6
最小水头/m	8.3
额定出力/MW	176
额定流量/（m^3/s）	1 130.0
额定转速/（r/min）	54.60
额定点吸出高度/m	−8.0
水轮机桨叶中心高程/m	∇36.60
水轮机导叶中心高程/m	∇41.23
水轮机总重/t	2 100
发电机型号	SF176-110/20 000
效率/%	97.5
推力负荷/t	3 800
发电机总重/t	1 635

4）现场甩负荷试验

根据中国长江电力股份有限公司提供的葛洲坝现场机组检修（水电站检修分为四个等级，分为 A 级、B 级、C 级、D 级）及甩负荷试验报告，具体的试验工况及测量数据如下：

（1）15 F 机组 B 级检修后试验。该机组于 2003 年 4 月 10 日经 A 级检修后开机，运行至 2008 年 3 月 4 日停机进行 B 级检修，于 2008 年 4 月 15 日开机进行甩负荷试验。本次试验水头为 24.3 m，共甩三次负荷，即甩 25%Ne 负荷、75%Ne 负荷、100%Ne 负荷。共设 13 个测点：上导+*x*、+*y* 方向摆度，水导+*x*、+*y* 方向摆度，上机架水平振动，上机架垂直振动，支持盖水平振动，支持盖垂直振动，接力器行程，蜗壳进口压力脉动，尾水进口压力脉动，转速，跳闸信号。试验结果表明：在甩 100%Ne 负荷时，调速器分段关闭投入点为 26%，接力器摆动次数为 1 次，转速上升率为 29.8%，蜗壳水压上升率为 9.9%，尾水真空度为 3.87 m H_2O。甩 75%Ne 负荷时，调速器分段关闭投入点为 26%，接力器摆动次数为 1 次，转速上升率为 23.8%，蜗壳水压上升率为 6.6%，尾水真空度为 3.31 mH_2O。在甩 25%Ne 负荷时，接力器摆动次数为 0 次，转速上升率为 13.0%，蜗壳水压上升率为 1.6%，尾水真空度为 0.9 mH_2O，见表 4.6.3。

表 4.6.3　15 F 机组 B 级检修后甩负荷试验数据一览表

信号	测试参数	机组试验工况		
		25%Ne	75%Ne	100%Ne
接力器行程	甩前稳定行程/mm	237	496	572
	甩后稳定行程/mm	93	100	103
	不动时间/s	0.27	0.26	0.39
	分段关闭投入点/%	—	26	26
	一段关闭时间/s	—	3.83	4.7
	缓冲关闭时间（二段）/s	16	16	12
	调节时间/s	30	30	26
	摆动次数/次	0	1	1
转速	稳定基准值/（r/min）	62.44	62.46	62.47
	最大值/（r/min）	70.59	77.32	81.09
	上升率/%	13.0	23.8	29.8
蜗壳	稳定基准值/（mH_2O）	23.6	23.5	23.4
	最大值/（mH_2O）	24.0	25.1	25.7
	上升率/%	1.6	6.6	9.9
尾水	最大真空度/（mH_2O）	0.9	3.31	3.87

（2）1F 机组 B 级检修后试验。该机组于 2008 年 12 月 31 日开机进行甩负荷试验。本次试验水头为 24.1 m，共甩三次负荷，即甩 25%Ne 负荷、75%Ne 负荷、100%Ne 负荷。共设 16 个测点：上导+*x*、+*y* 方向摆度，水导+*x*、+*y* 方向摆度，上机架（+*X*、+*Y*）水平振动，上机架（+*X*、+*Y*）垂直振动，支持盖（+*X*、+*Y*）水平振动，支持盖（+*X*、+*Y*）垂直振动，接力器行程，蜗壳进口压力脉动，转速，跳闸信号，见表 4.6.4。现将试验情况报告如下。

表 4.6.4 1F 机组 B 级检修后甩负荷试验数据一览表

信号	测试参数	机组试验工况		
		25%Ne	75%Ne	100%Ne
接力器行程	甩前稳定行程/mm	422	744	893
	甩后稳定行程/mm	148	153	158
	不动时间/s	0.62	1.56	1.6
	分段关闭投入点/%	—	20.4	20
	一段关闭时间/s	—	3.9	5
	缓冲关闭时间（二段）/s	9.3	15.0	14.0
	调节时间/s	30	35	34
	摆动次数/次	1	2	2
转速	稳定基准值/（r/min）	54.5	54.5	54.5
	最大值/（r/min）	59.5	66.9	71.8
	上升率/%	9.2	22.5	31.6
蜗壳	稳定基准值/mH_2O	18.6	18.4	18.3
	最大值/mH_2O	18.9	19.8	20.2
	上升率/%	1.9	7.7	10.2

1F 机组设计的调保计算标准为甩 100%Ne 负荷时，蜗壳压力升高≤30 mH_2O（$H+\Delta H$），转速上升率 $\beta\leqslant50\%$。甩 25%Ne 额定负荷时，导叶接力器不动时间应不超过 0.2 s；机组甩 100%Ne 额定负荷后，从接力器第一次向开启方向移动起，到机组转速摆度值不超过±0.5%为止所经历的时间，应不大于 40 s，超过稳态转速 3%额定转速值的波峰不超过 2 次，调节时间 $T_p\leqslant60$ s。

试验结果表明：在甩 100%Ne 负荷时，调速器分段关闭投入点为 20%，接力器摆动次数为 2 次，转速上升率为 31.6%，蜗壳水压上升率为 10.2%。甩 75%Ne 负荷时，调速器分段关闭投入点为 20.4%，接力器摆动次数为 2 次，转速上升率为 22.5%，蜗壳水压上升率为 7.7%。在甩 25%Ne 负荷时，接力器摆动次数为 1 次，接力器不动时间为 0.62 s，转速上升率为 9.2%，蜗壳水压上升率为 1.9%。由于尾水进口管道不通，故没测量。

5）过渡过程电算参数及计算工况

（1）流道划分及损失计算。根据本书中 4.3 章节所述对引水发电系统当量管分段方法，将葛洲坝水电站引水发电系统划分为 4 组当量管，即压力引水隧洞前段、压力引水隧洞后段、蜗壳及尾水管段以及尾水隧洞段等。

引水发电系统各个当量管段沿程损失与局部损失等各个分项损失计算结果见表 4.6.5。（注：表中沿程损失按平均粗糙系数计算）

表 4.6.5　引水系统沿程损失与局部损失计算结果

当量管名称		引水隧洞前段	引水隧洞后段	蜗壳及尾水管	尾水隧洞
管道形状		方形	方形	T 形+肘形	方形
断面面积 S/m^2		245.10	157.62	158.28	314.63
当量直径 D/m		17.67	14.17	14.20	20.02
水力半径 R/m		4.417	3.543	3.550	5.004
长度 L/m		41.90	11.70	72.50	8.20
设计粗糙系数 n		0.014	0.014	0.012	0.014
沿程损失系数 $K_{\mathrm{qf}}=\dfrac{n^2\cdot L}{16\pi^2R^{16/3}}$		1.888×10^{-8}	1.715×10^{-8}	0.00	1.888×10^{-9}
局部阻力系数	拦污栅	1.2			
	喇叭段	0.1			0.15
局部阻力系数	检修门槽	0.1			0.10
	工作门槽	0.1			
	渐变段	0.05			
	上弯管				
	下弯管				
	过渡段				
	出口中墩				
	淹没出流				0.35
局部损失系数 $K_{\mathrm{qm}}=\sum\xi_i/(2gS_i^2)$		4.825×10^{-7}	0.00	0.00	3.095×10^{-7}
总水头损失系数 $K_{\mathrm{q}}=K_{\mathrm{qf}}+K_{\mathrm{qm}}$		5.013×10^{-7}	1.715×10^{-8}	0.00	3.114×10^{-7}
额定流量下水头损失Δh/m		0.341	0.012	0.000	0.212
损失之和/m		0.57			
T_{w}/s		3.3			
T_{a}/s		7.7			

（2）计算工况。针对长江电力公司对葛洲坝电站机组现场甩负荷的工况，为了验证计算程序的准确性，现计算了 D1～D2 两个工况，该工况与现场试验工况条件完全一致。

工况 D1：上游设计水位 66.0 m，额定水头 18.6 m，1 台机全甩 100%Ne 额定负荷。

工况 D2：上游设计水位 66.0 m，试验水头额定水头 18.6 m，1 台机全甩 75%Ne 额定负荷。

工况 D3：上游设计水位 66.0 m，试验水头额定水头 18.6 m，1 台机全甩 25%Ne 额定负荷。

6）电算结果与试验对比

（1）过渡过程控制参数对比。所列计算工况电算与试验实测结果的对比，见表 4.6.6

和表 4.6.7。

表 4.6.6　125 MW 水轮发电机组过渡过程计算成果

工况	初始值		调保计算结果					
	上游水位/m	下游水位/m	蜗壳进口最大压力/m		最大转速升β_{max}/%		尾水管进口压力/m	
			计算值	试验值	计算值	试验值	计算值	试验值
D1	66.00	46.90	28.480	—	34.218	—	2.666	—
D2	66.00	40.45	28.244	25.70	29.733	29.80	−1.454	−3.87
D3	66.00	40.45	27.928	25.10	22.310	23.80	−0.332	−3.31

表 4.6.7　170 MW 水轮发电机组过渡过程计算成果

工况	初始值		调保计算结果					
	上游水位/m	下游水位/m	蜗壳进口最大压力/m		最大转速升β_{max}/%		尾水管进口压力/m	
			计算值	试验值	计算值	试验值	计算值	试验值
D1	66.00	46.90	28.096	20.2	30.958	31.60	3.967	—
D2	66.00	40.45	27.886	19.8	27.316	22.50	7.090	—
D3	66.00	40.45	26.796	18.9	7.272	9.20	9.787	—

由表 4.6.6 和表 4.6.7、图 4.6.1～图 4.6.4 所示的关于 1 F 单机 170 MW 和 15 F 单机 125 MW 的电算与现场试验实测结果对比可以看出，两者具有较好的近似性，从而在一定程度上验证了本书计算方法的准确性。

（2）轴向水推力的对比。水轮机轴向水推力的计算是设计推力轴承负荷、预防机组抬机的重要指标参数。根据葛洲坝水电站提供的相关实验数据，在最大水头工况，125 MW 机组实测最大的推力负荷为 2 773 t，其中机组转动部分的重量约为 1 276 t，水推力为 1 497 t。

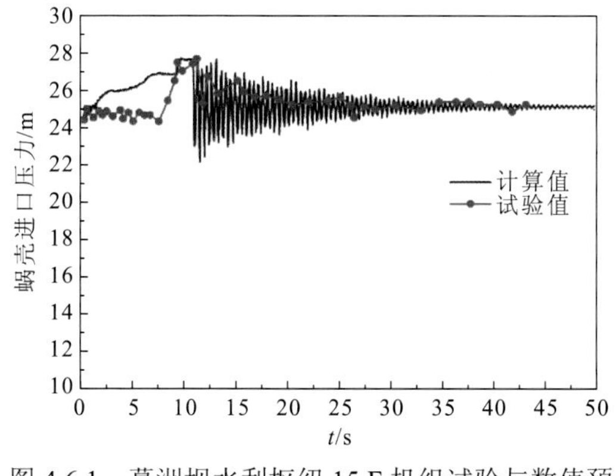

图 4.6.1　葛洲坝水利枢纽 15 F 机组试验与数值预测蜗壳进口压力对比

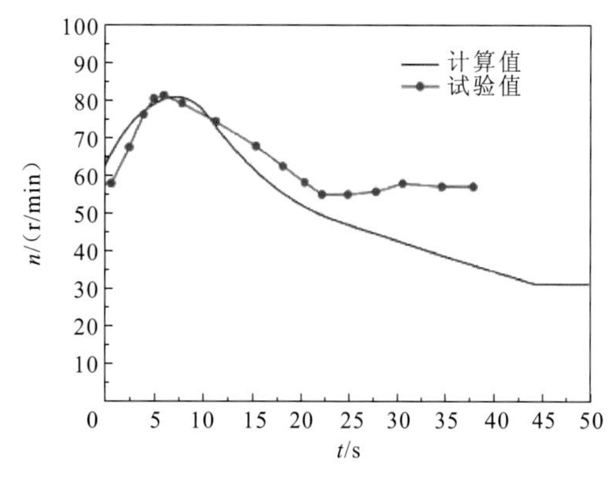

图 4.6.2　葛洲坝水利枢纽 15 F 机组试验与数值预测机组转速对比

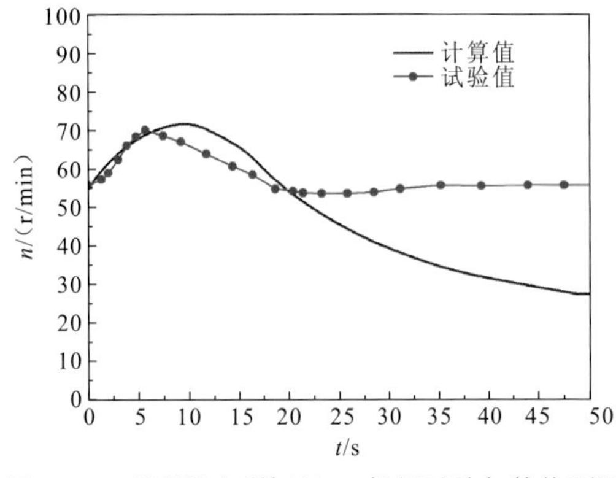

图 4.6.3 葛洲坝水利枢纽 1F 机组试验与数值预测机组转速对比

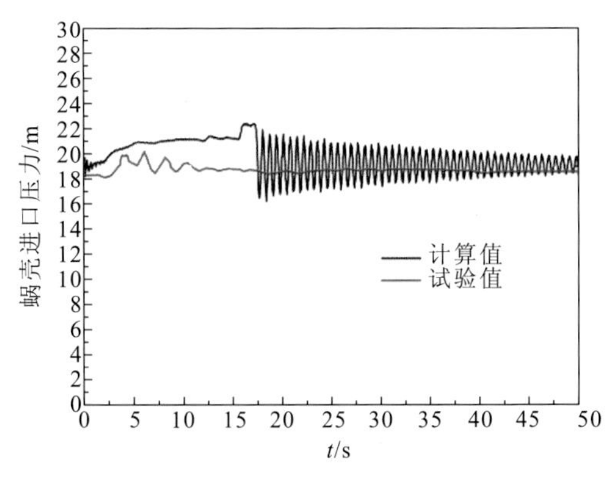

图 4.6.4 葛洲坝水利枢纽 1F 机组试验与数值预测蜗壳进口压力对比

图 4.6.5 给出了采用水推力模型 3 预测得到的葛洲坝水电站 15 F 机组在甩负荷停机过程中轴线水推力的变化过程，水推力方向向下为正，向上为负。由图 4.6.5 可以看出，在甩负荷之前，机组稳态运行时轴向水推力为 1 540 t，与现场试验测定的 1 497 t 接近；15F 机组在甩负荷过渡过程中，最大的向下的最大水推力约为 1 750 t，与设计手册经验公式预测结果 1 705 t 基本接近；同时，在机组甩负荷过程中最大向上的水推力（抬机力）约为 425 t，远小于机组厂家提供的机组转动部分的推力负荷 1 276 t，因此在机组甩负荷过程中不会出现抬机事故。同时，最大向上水推力出现的时间约为机组甩负荷后 10.2 s，即在

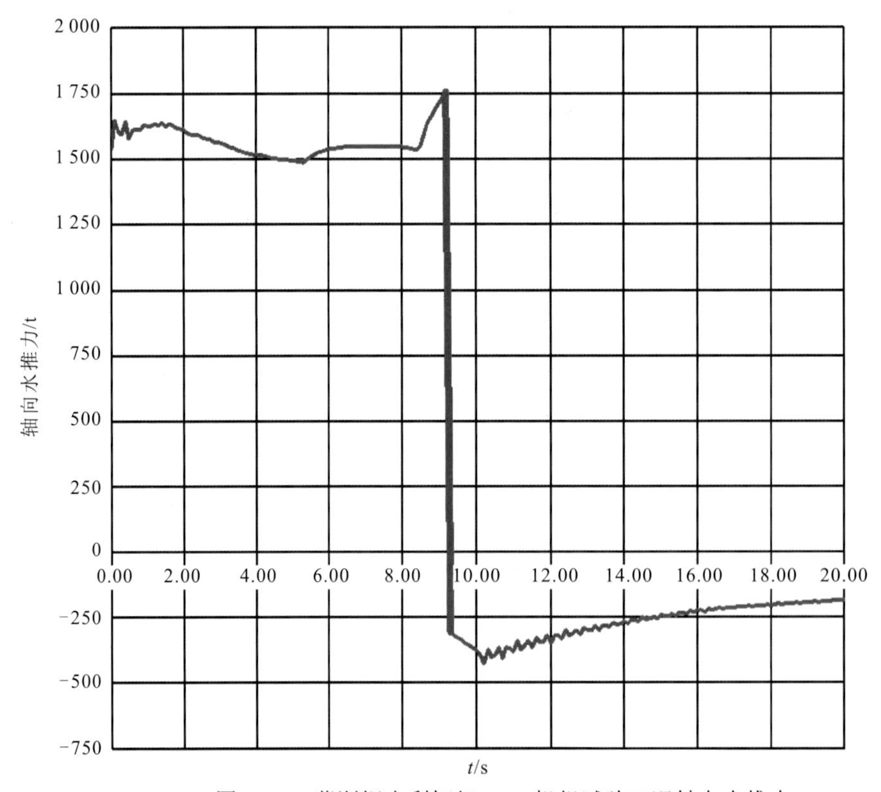

图 4.6.5 葛洲坝水利枢纽 15 F 机组试验工况轴向水推力

机组出现最大转速上升率、在导叶关闭末了附近，这一规律与实际测量结果是非常相符的。因此，采用水推力模型 3 可以较好预测轴流转桨式水轮机在过渡过程中的水推力的变化历程及极值。

2. 铜街子水电站

1）铜街子水电站基本数据

铜街子水电站位于中国四川省大渡河下游河段上，距乐山市 80 km。大坝为河床实体重力式溢流坝，最大坝高 82 m。水库总库容 2.0 亿 m^3，电站为河床式，装机 4 台轴流转桨式水轮发电机组，水电站装机容量 600 MW，电站保证出力 130 MW，单台水轮机出力为 154 MW，多年平均发电量 32.1 亿 kW·h。工程以发电为主，兼有漂木和改善下游通航效益，设计参数见表 4.6.8～表 4.6.11。

表 4.6.8　铜街子水电站水位

序号	参数名称	数值
1	校核洪水位	477.7 m
2	正常蓄水位	474.0 m
3	汛期限制水位	469.0 m
4	死水位	469.0 m

表 4.6.9　铜街子水电站水头

序号	参数名称	数值
1	最大水头（毛）	40.00 m
2	最小水头	28.00 m
3	加权平均水头	36.10 m
4	额定水头	31.00 m

表 4.6.10　ZZ-440-850 铜街子水电站水轮机参数

参数名称	数值
比转速	473.2
轮毂比	0.5（球体）
叶片数	6 片
导叶数	24 个（对称型）
额定出力	154 MW
额定转速	88.2 r/min

续表

参数名称	数值
转轮直径	8.5 m
设计流量	574 m^3/s
安装高程	427.0 m
吸出高度	9.2 m
蜗壳型号	平面梯形断面钢筋混凝土蜗壳，最大包角 180°
活动导叶分布圆	1.159*D*1
活动导叶高度	0.376*D*
尾水管高度	1.0 m

注：*D* 为转轮直径。

表 4.6.11　SF150-68-12800 铜街子水电站发电机参数

参数名称	数值
额定容量	150 MW
额定转速	88.2 r/min
飞逸转速	182 r/min
GD2（包括水轮机）	60 000 tm^2

2）流道划分及损失计算

根据铜街子水电站引水发电系统布置，各个部位的损失及引水发电系统长度计算结果见表 4.6.12。

表 4.6.12　铜街子水电站损失计算表

部位	进口	拦污栅	备用拦污栅	检修门槽	快速门槽	弯道
断面面积/m^2	181.0	403.60	491.40	275.40	229.50	189.87
流速/（m/s）	3.18	1.424	1.170	2.088	2.505	3.028
阻力系数	0.10	0.082 6	0.15	0.15	0.15	0.21
局部水头损失/m	0.051 5	0.008 5	0.010 5	0.033 3	0.040 8	0.098 1×2
沿程水头损失/m	0.029 6					
总损失/m	0.377 6					

3）计算工况

铜街子水电站主要分析的过渡过程工况主要考虑如下几种情况。

（1）额定水头 31.0 m 和 100%额定出力，1 台机全甩 100%Ne 额定负荷。

（2）最大水头 40.0 m 和 100%额定出力，1 台机全甩 100%Ne 额定负荷。

（3）最大水头 40.0 m 和额定水头 31.0 m，100%Ne 额定出力，1 台机全甩 100%Ne 额定负荷，因调速器故障，上升到额定转速 140%时由事故配压阀动作关机。

（4）最大水头 40.0 m 和额定水头 31.0 m，100%Ne 额定出力，导叶拒动，机组达到飞逸工况。

同时为了分析导叶和桨叶不同的关闭规律对过渡过程的影响，计算选取了不同的导叶和桨叶运动速度。详细计算工况说明见表 4.6.13。

表 4.6.13　铜街子水电站计算工况表

工况	导叶关闭速度				桨叶关闭速度/（m/s）	水轮机净水头/m	上游水位/m	下游水位/m	工况说明
	一段关闭时间/s	第一段斜率	第二段斜率	拐点开度					
1	9.0	0.111 1	—	—	0.5	31.0	470.028	438.150	一段关闭
2	10.0	0.1	—	—	0.5	31.0	470.028	438.150	一段关闭
3	11.0	0.090 91	—	—	0.5	31.0	470.028	438.150	一段关闭
4	11.0	0.090 91	—	—	0.7	31.0	470.028	438.150	一段关闭
5	11.0	0.090 91	0.05	50%	0.5	40.0	473.569	433.078	额定转速 140%动事故配压阀
6	11.0	0.090 91	0.05	50%	0.5	31.0	470.028	438.150	额定转速 140%动事故配压阀
7	11.0	0.090 91	0.05	50%	0.5	31.0	470.028	438.150	飞逸工况
8	11.0	0.090 91	0.05	50%	0.5	40.0	473.569	433.078	飞逸工况

4）计算结果及分析

将本书计算成果与《装设轴流式水轮机水电站的调节保证计算电算方法》中的计算成果进行对比，其对比结果见表 4.6.14。

表 4.6.14　铜街子水电站计算成果对比表

工况	水头/m	上游水位/m	下游水位/m	导叶中心压力/mH_2O		转速上升率/%		工况说明
				本书	文献	本书	文献	
1	31.0	470.028	438.15	53.303	49.105	32.513	32.124	9 s 一段关闭
2	31.0	470.028	438.15	52.161	48.323	33.534	33.652	10 s 一段关闭
3	31.0	470.028	438.15	51.005	47.726	34.644	34.837	11 s 一段关闭
4	31.0	470.028	438.15	51.321	47.565	35.585	35.174	11 s 一段关闭
5	40.0	473.569	433.078	52.519	50.028	58.162	54.215	额定转速 140%动事故配压阀
6	31.0	470.028	438.15	51.051	—	54.197	—	额定转速 140%动事故配压阀
7	31.0	470.028	438.15	42.408	—	82.882	—	飞逸工况
8	40.0	473.569	433.078	45.192	—	91.911	—	飞逸工况

由表 4.6.14 可以看出，本书研究计算成果与参考文献中给出的计算成果较为接近。主要计算结论如下：

（1）参见工况 1 至工况 4，在额定水头 31.0 m 和额定出力条件下机组甩满负荷时，对于导叶关闭规律为 11 s 工况，导叶中心最大压力不超过 48 mH_2O，最大转速上升率不超过 36.0%。

（2）参见工况 5 和工况 6，在额定水头 31.0 m 和最高水头 40.0 m 额定出力条件下机组甩满负荷时，主配压阀出现故障，额定转速达到 140%时，事故配压阀动作关闭导叶，导叶关闭规律为 11 s，则导叶中心最大压力不超过 53.0 mH_2O，最大转速上升率不超过 55.0%。

（3）对于机组因导叶拒动而进入飞逸，在最大水头工况，机组的最大飞逸转速计算值为 91.911%，计算得到的最大飞逸转速为 169.3 r/min；铜街子水电站水轮机根据模型 ZZ440 性能曲线换算得到的最大飞逸转速为 182 r/min，与机组额定转速的比值为 2.063。因此计算值略低于模型试验值，这可能与转轮数据库的建立误差有关。

图 4.6.6～图 4.6.8 给出了几种典型工况计算得到的机组过渡过程曲线的变化规律。

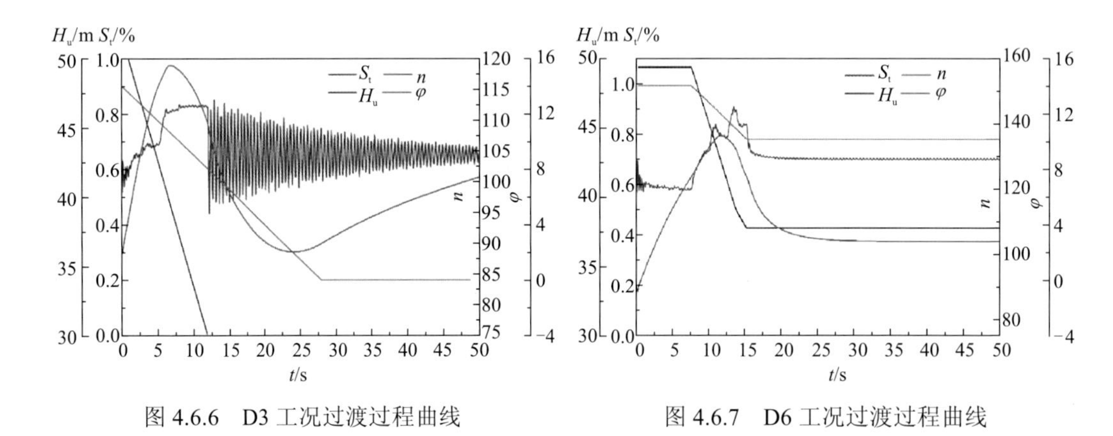

图 4.6.6　D3 工况过渡过程曲线　　图 4.6.7　D6 工况过渡过程曲线

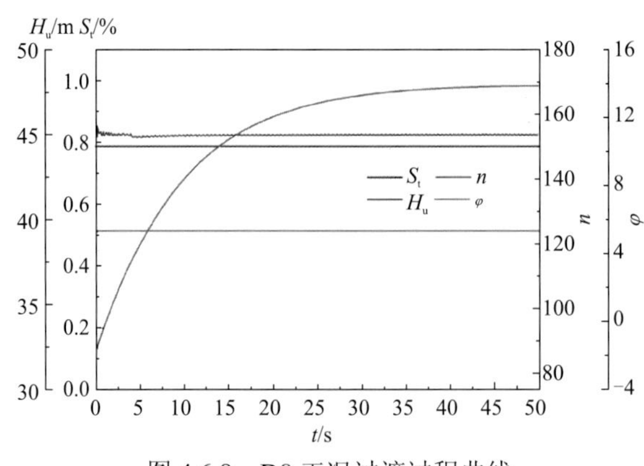

图 4.6.8　D8 工况过渡过程曲线

第 5 章 泄洪发电条件下轴流转浆式水轮发电机组安全运行综合调控技术

5.1 金沙水电站引水发电系统布置及机组参数

5.1.1 金沙水电站概况

金沙水电站位于金沙江干流中游末端的攀枝花河段上，是金沙江中游河段九个水电梯级的第八个梯级电站，上距观音岩水电站 28.9 km，下距银江水电站 21.3 km。坝址位于四川省攀枝花市西区新庄大桥上游约 1 km 处，与攀枝花中心城区和成都的直线距离分别为 11 km 和 750 km。坝址多年平均流量 1 870 m^3/s、径流量 590 亿 m^3。

电站为河床式厂房布置，正常蓄水位为 1 022 m，电站装机容量 560 MW，多年平均发电量为 25.07 亿 kW·h。电站主要开发任务为发电，兼有供水、改善城市水域景观和城市取水条件，以及对观音岩水电站的反调节作用等。

5.1.2 金沙水电站动能参数

金沙水电站上游正常蓄水位 1 022 m，死水位 1 020 m，电站最大水头 26.8 m，最小水头 8.0 m，额定水头 1.68 m，电站参数见表 5.1.1。

表 5.1.1 金沙水电站动能参数

项目	参数名称	单位	数值
上游水位	校核洪水位（0.1%）	m	1 025.3
	设计洪水位（1%）	m	1 022
	正常蓄水位	m	1 022
	死水位	m	1 020
下游水位	校核洪水位（0.1%）	m	1 019.49
	设计洪水位（1%）	m	1 016.1

续表

项目	参数名称	单位	数值
水头	最大水头	m	26.8
	加权平均水头	m	19.9
	额定水头	m	16.8
	最小水头	m	8.0

1）尾水位与流量关系曲线

金沙水电站坝址水位与流量关系曲线如图 5.1.1 所示。

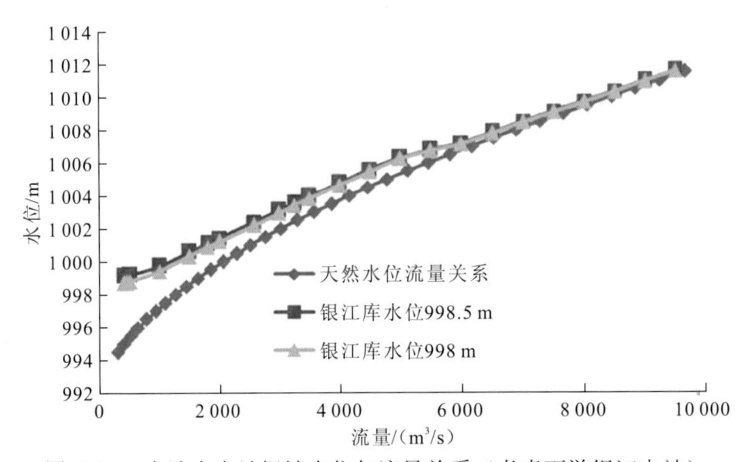

图 5.1.1 金沙水电站坝址水位与流量关系（考虑下游银江电站）

2）容量及电量

金沙水电站容量及电量见表 5.1.2。

表 5.1.2 金沙水电站容量及电量

序号	参数名称	数值
1	装机容量	560 MW
2	装机台数	4 台
3	单机容量	140 MW
4	多年平均发电量	25.07 亿 kW·h
5	年利用小时数	2 628.1 h
6	保证出力（95%）	109/207 MW

5.1.3 金沙水电站水轮发电机组性能参数

金沙水电站水轮发电机组性能参数详见表 5.1.3。

表 5.1.3　金沙水电站水轮发电机组性能参数表

序号	参数名称	数值
1 水轮机	额定功率	142.9 MW
	额定转速	57.7 r/min
	额定比转速	641.2 m·m^3/s
	额定比速系数	2 628.1
	额定效率	91.0 %
	额定流量	954.5 m^3/s
	转轮直径	11.2 m
	安装高程（导叶中心）	996 m
	桨叶中心	990.85 m
	吸出高度（额定工况）	−11.85 m
	水轮机总重量	2 030.0 t
2 发电机	额定容量	140/155.6 MW/MVA
	额定电压	13.8 kV
	额定功率因数	0.875
	额定频率	50 Hz
	额定效率	98.0 %
	额定转速	57.7 r/min
	冷却方式	空冷
	极数	104.0
	飞轮力矩	120 000 t·m^2
	总重量	1 550.0 t

5.1.4　金沙水电站引水发电系统布置

1. 引水发电系统及机组基本特性

电站为坝后式地面厂房，机组采用一机一洞引水形式，输水系统总长约 174.968 m，引水隧洞进口段当量直径为 23.765 m，引水隧洞末端当量直径约 19.177 m，引水隧洞长度约 59.759 m。

依据金沙水电站输水系统布置，输水系统过渡过程计算相关数据见表 5.1.4。

表 5.1.4　1#机组过渡过程计算相关数据

参数名称	数值
引水隧洞长度	59.759 m
引水隧洞当量直径	23.765 m
蜗壳进口当量直径	19.177 m

续表

参数名称	数值
水轮机额定流量	937.85 m^3/s
水流惯性时间常数 T_w	4.465 s
机组 GD2（不含水轮机，水体）	120 000.0 $t\cdot m^2$
机组惯性时间常数 T_a	7.818 s
$\sum LV$	734.311 m^3/s

从表 5.1.4 中可以看出，水力单元系统的基本参数均在规范要求的范围内。

2. 引水发电系统流道损失

根据本书 4.3.4 节所述对引水发电系统当量管分段方法，将黄金峡水电站输水系统划分为 4 组当量管，即压力引水隧洞前段、压力引水隧洞后段、蜗壳及尾水管段以及尾水隧洞段等。

输水系统各个当量管段沿程损失与局部损失等各个分项损失计算结果见表 5.1.5。（注：表中沿程损失按平均粗糙系数计算）

表 5.1.5　引水系统沿程损失与局部损失计算结果

当量管名称		引水隧洞前段	引水隧洞后段	蜗壳及尾水管	尾水隧洞
管道形状		方形	方形	T 形+肘形	方形
断面面积 S/m^2		443.348	288.689	178.325	371.252
当量直径 D/m		23.765	19.177	15.072	21.747
水力半径 R/m		5.942	4.795	3.768	4.800
长度 L/m		46.10	13.659	110.409	4.800
设计粗糙系数 n		0.014	0.014	0.012	0.014
沿程损失系数 $K_{qf}=\dfrac{n^2\cdot L}{16\pi^2 R^{16/3}}$		4.275×10^{-9}	2.921×10^{-9}	0.00	5.249×10^{-10}
局部阻力系数	拦污栅	1.2			
	喇叭段	0.1			0.15
	检修门槽	0.1			0.10
	工作门槽	0.1			
	渐变段	0.03			
	上弯管				
	下弯管				
	过渡段				
	出口中墩				
	淹没出流				0.35

续表

当量管名称	引水隧洞前段	引水隧洞后段	蜗壳及尾水管	尾水隧洞
局部损失系数 $K_{qm}=\sum\xi_i/2gS_i^2$	2.687×10^{-7}	0.00	0.00	2.221×10^{-7}
总水头损失系数 $K_q=K_{qf}+K_{qm}$	2.730×10^{-7}	2.921×10^{-9}	0.00	2.226×10^{-7}
额定流量下水头损失Δh/m	0.24	0.003	0.000	0.196
损失之和/m	0.439			
T_w/s	4.465			
T_a/s	7.818			

5.2 调速系统设计方案及优化

5.2.1 调速系统简介

在水力发电过程中，水能通过水轮机转换为旋转的机械能，再经由同步发电机转换为三相交流电能，然后电能通过变电、输电、配电及供电系统送至电力用户使用。当有功负荷（电能消耗）发生变化时，整个系统能量必然不平衡，从而导致系统频率发生波动。为了保证电能的频率稳定，必须对水轮发电机组的转速进行控制。水轮机调速器承担着控制机组转速的任务，调速器通过检测机组的转速与给定值比较形成转速偏差，转速偏差信号再经过控制运算形成调节信号，后通过功率放大器操纵导水机构控制水能输入，使水能输入与电力有功负荷相适应。同样，当电力系统电力无功功率不平衡时，系统电压将会发生波动，励磁装置发挥着稳定电压的作用，并且励磁系统能够改善并网运行发电机的功角稳定性。

调速系统是由水力系统、水轮发电机组及电力系统所组成的调节对象和调速器组成的。其中，调速器包括测量元件、比较元件、放大元件、执行元件和反馈元件等。

5.2.2 调速器分类

（1）按元件结构分：机械液压型调速器（元件均是机械的）、电气液压型调速器（数字电气液压型又名微机调速器）。

（2）按系统结构分：辅助接力器型调速器（跨越反馈）、中间接力器型调速器（逐级反馈）、调节器型调速器（随动系统）。

（3）按控制策略分：比例积分（proportional integral，PI）、比例-积分-微分控制（proportional-integral-derivative，PID）。

（4）按执行机构数目分：单调节调速器、双调节调速器。

5.2.3 调速器在电力系统中的作用

调速器在电力系统调频中主要针对数秒钟到数分钟的变动负荷。当负荷变化引起电网频率波动时，电网中各机组调速器根据频率变化自动调整机组的有功功率输出并维持电网有功功率的平衡，使电力系统频率保持基本稳定，称为电力系统一次调频。由于机组采用有差调节，负荷变化必然引起频率偏差，较小负荷变化量引起的频率偏差也较小，若不超过频率波动的允许范围，频率调节过程结束，若负荷变化量较大且持续时间较长，系统一次调频后必然存在较大的频率偏差，所以必须进行电力系统二次调频。二次调频是在一次频率调节的基础上，从整个电力系统的角度出发，人为地协调相关因素，重新分配各机组承担的负荷，使电网频率始终保持在规定的工作范围之内。电力系统的一次调频是靠调速器自身完成的，而二次调频和经济负荷调度是调度中心通过调速器来完成的。

5.2.4 PID 型调速器优化设计

对于串联 PID 调节型调速器，在机组带负荷工况下调速器最优调节参数按照如下公式计算：

$$T_n = 0.5T_w,\quad T_d = 3T_w,\quad b_t = 1.5T_w / T_a \tag{5.1}$$

根据式（5.1），相应调速器调节参数取值为：T_n=2.23 s，T_d=13.395 s，b_t=0.856（T_w=4.465 s，T_a=7.818 s）。

而对于机组在空载工况，PID 调节规律电液调速器按如下公式进行计算：

$$K_p = 0.8T_a / T_w,\quad K_i = 0.24T_a / T_w,\quad K_d = 0.27T_a \tag{5.2}$$

根据式（5.2），可得相应的调速器在空载工况的调节参数取值为

$$T_n = 1.135\,\text{s},\quad T_d = 8.81\,\text{s},\quad b_t = 0.442 \tag{5.3}$$

实际电站在运行调试过程中，将会取不同加速时间常数 T_n、缓冲时间常数 T_d、暂态转差系数 b_t 值进行空载工况和负荷工况的试验，根据试验录波数据，最终确定调速器空载及负载工况的 PID 参数。

5.3 导叶不同关闭规律计算及分析

5.3.1 导叶关闭规律设定

通常对于电站接力器关闭规律可以按照一段直线关闭，也可以按照分段关闭。设计方法是水电站调节保证按照一段直线关闭规律设计，最终按照分段关闭来实施。本书分别按照一段直线和分两段折线关闭这两种关闭规律开展研究，其中：①接力器按一段直线关闭规律拟定，且导叶从额定点开度全关至 0 开度的时间整定为 10.0 s，转轮桨叶关闭规律为 0.9°/s；②接力器按两段折线关闭规律拟定，第一段导叶从额定点开度关至 20%开度的时间为 17.6 s，从 20%至全关时间为 12 s，转轮桨叶关闭规律为 0.9°/s。

5.3.2　计算工况

针对金沙水电站的流道布置、输水系统特点、电站运行方式、机组负荷变化规律、导叶接力器、调速器、电网特性及可能的负荷扰动特点，工况可以分为大波动过渡过程和小波动过渡过程两大类，具体如下：

（1）大波动过渡过程计算主要考虑简单工况 D1～D5。

工况 D1：上游正常蓄水位，额定水头，1 台机组全甩额定负荷；

工况 D2：1 台机组满发对应下游水位，额定水头，1 台机组全甩额定负荷；

工况 D3：上游正常蓄水位，最大水头，一台机组突甩额定负荷；

工况 D4：额定水头，100%额定出力，1 台机组全甩 100%Ne 额定负荷，因调速器故障，转速上升到额定转速 140%时由事故配压阀动作关机；

工况 D5：最大水头，100%额定出力，1 台机组全甩 100%Ne 额定负荷，因调速器故障，转速上升到额定转速 140%时由事故配压阀动作关机。

（2）小波动过渡过程计算主要考虑简单工况 X1～X4。

工况 X1：上游正常蓄水位，额定水头，1 台机组在 90%Ne 额定负荷突减 5%Ne 额定负荷；

工况 X2：上游正常蓄水位，最大水头，1 台机组在 90%Ne 额定负荷突减 5%Ne 额定负荷；

工况 X3：上游正常蓄水位，最大水头，1 台机组在额定负荷突减至空载；

工况 X4：上游正常蓄水位，最大水头，1 台机组在额定负荷突减至空载。

5.3.3　直线关闭规律计算结果及分析

1. 导叶关闭规律

接力器按照一段直线关闭规律拟定，当导叶从额定开度至 0 开度时，关闭时间为 10 s，转轮桨叶按 0.9°/s。导叶关闭规律曲线如图 5.3.1 所示。

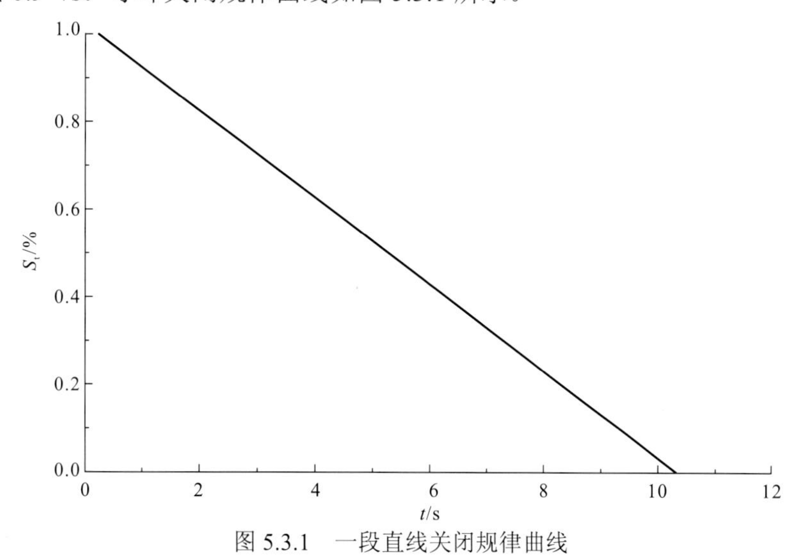

图 5.3.1　一段直线关闭规律曲线

2. 计算结果统计

接力器按照一段直线关闭规律拟定，1#机组水力调节保证计算结果见表 5.3.1。

表 5.3.1　1#机组大波动控制工况下调节保证计算结果

工况	调节保证计算结果					
	蜗壳进口中心最大压力/mH$_2$O		最大转速上升率 β_{max}/%		尾水管进口压力值/mH$_2$O	
	含水体	不含水体	含水体	不含水体	含水体	不含水体
D1	37.896	38.542	26.442	41.628	4.366	4.370
D2	30.239	30.882	26.442	41.628	-3.294	-3.290
D3	40.825	40.915	19.753	35.096	-1.698	-1.695
D4	36.045	35.739	52.54	60.643	2.255	2.367
D5	41.066	41.133	49.677	57.363	-1.695	-1.692

经初步计算，当导叶从额定开度全关至 0 开度时，关闭时间为 10 s，转轮桨叶按 0.9°/s，计算结果表明：水轮机蜗壳进口中心最大压力值 41.066 mH$_2$O（上游水位 1 022.0 m 时），机组最大转速上升率为 26.442%，尾水管进口最低压力为 3.294 mH$_2$O，因此，金沙水电站机组过渡过程性能参数值满足规范要求。当主配压阀拒动达到 140%时，事故配压阀才投入运作，则机组转速上升率较大，最大值达到 52.54%。图 5.3.2～图 5.3.4 分别表示工况 D1、工况 D3 和工况 D4 的过渡过程参数变化曲线。

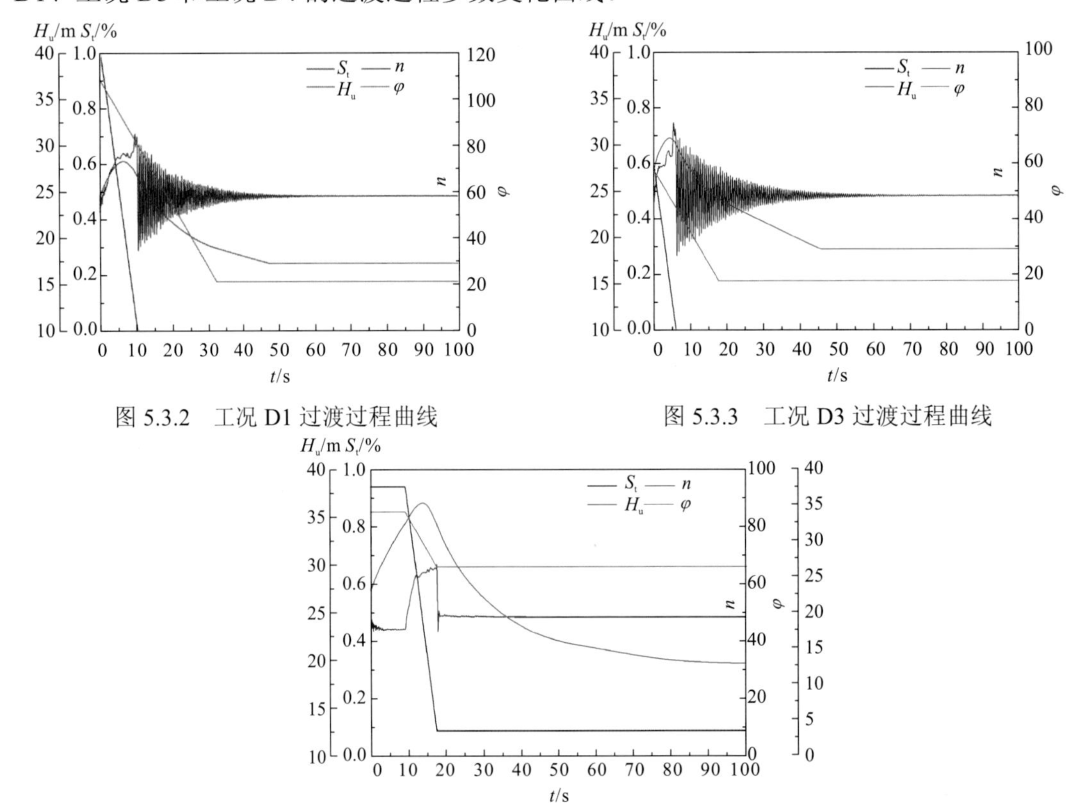

图 5.3.2　工况 D1 过渡过程曲线

图 5.3.3　工况 D3 过渡过程曲线

图 5.3.4　工况 D4 过渡过程曲线

3. 模拟结果与水轮机供货厂家 GE 计算结果对比

根据机组合同文件要求，水轮机供货厂家 GE 公司需要提供金沙水电站过渡过程计算结果。参见 GE 公司提供的过渡过程计算报告，GE 公司分别提供了一段直线关闭和分段关闭两种关闭规律。其中一段直线关闭规律为从额定点至全关为 22 s，GE 公司与本书研究成果计算对比如表 5.3.2 所示（根据 GE 公司的计算成果，GE 公司的计算结果没有包括水体和水轮机 GD^2 的影响）。

表 5.3.2 1#机组大波动控制工况下调节保证计算结果（一段直线关闭）

工况	调节保证计算结果								
	蜗壳进口中心最大压力/mH_2O			最大转速上升率 β_{max}/%			尾水管进口压力值/mH_2O		
	含水体	不含水体	GE	含水体	不含水体	GE	含水体	不含水体	GE
D1	30.395	30.285	27.23	41.200	58.337	48.81	4.366	4.289	9.13
D2	22.735	22.626	25.09	41.200	58.337	48.81	−3.294	−3.371	6.99
D3	30.151	30.345	27.70	33.477	50.510	40.50	−1.698	−1.695	−0.96

由表 5.3.2 可以看出以下两方面内容：

（1）在考虑水体附加惯性矩的情况下，机组转速上升率低于 GE 公司计算成果（GE 公司没有考虑水体的影响），蜗壳最大压力值高于 GE 公司计算结果。

（2）在不考虑水体附加惯性矩的情况下，机组转速上升率高于 GE 公司计算结果，且二者差别较大。蜗壳最大压力值高于 GE 公司计算结果，与考虑了水体影响的计算结果相比，两者基本相当。

4. 电算法与传统解析算法计算结果对比

表 5.3.3 给出了按照电算法与传统解析算法对金沙水电站过渡过程参数的计算结果对比，两种计算方法均按照额定点至关死点一段直线关闭时间为 10 s 计算，且没有考虑水体 GD^2 的影响。

表 5.3.3 电算法与传统解析算法的对比（没有考虑水体 GD^2 的影响）

计算方法	公式	计算结果	
		蜗壳末端导叶中心最大压力值/m	转速上升率/%
阿列维	$\varepsilon_m=\frac{\sigma}{2}(\sigma\pm\sqrt{\sigma^2+4})$	31.25	—
手册公式 1	$\beta=\sqrt{1+\frac{(2T_c+T_s'\cdot f_1)\cdot c}{T_a}}-1$	—	49.2
手册公式 2	$\beta=\sqrt{1+\frac{2T_c+\tau_n\cdot T_s'\cdot f_2}{T_a}}-1$	—	40.65
电算法	—	40.825	41.628

同时对比电算法和传统解析算法可以看出，在不考虑水体 GD^2 影响的情况下，电算法的计算结果所得到的机组最大转速上升率位于手册公式 1 和手册公式 2 的计算结果之间，且更接近于手册公式 2 的计算成果。对于蜗壳进口最大压力，电算法计算结果要高于传统解析法阿列维公式的计算结果。

5. 轴向水推力的计算分析

金沙水电站水轮机供货厂家 GE 公司在初步模型试验中，对水轮机模型的轴向水推力进行了测量，图 5.3.5 给出了 GE 公司通过模型试验测量并换算得到的水轮机在不同水头和流量工况下的轴向水推力曲线。由试验结果可以看出，在最大水头工况下，机组稳态运行时最大轴向水推力为 1 520 kN，在最大水头的飞逸工况机组最大轴向水推力约为 1 920 t。

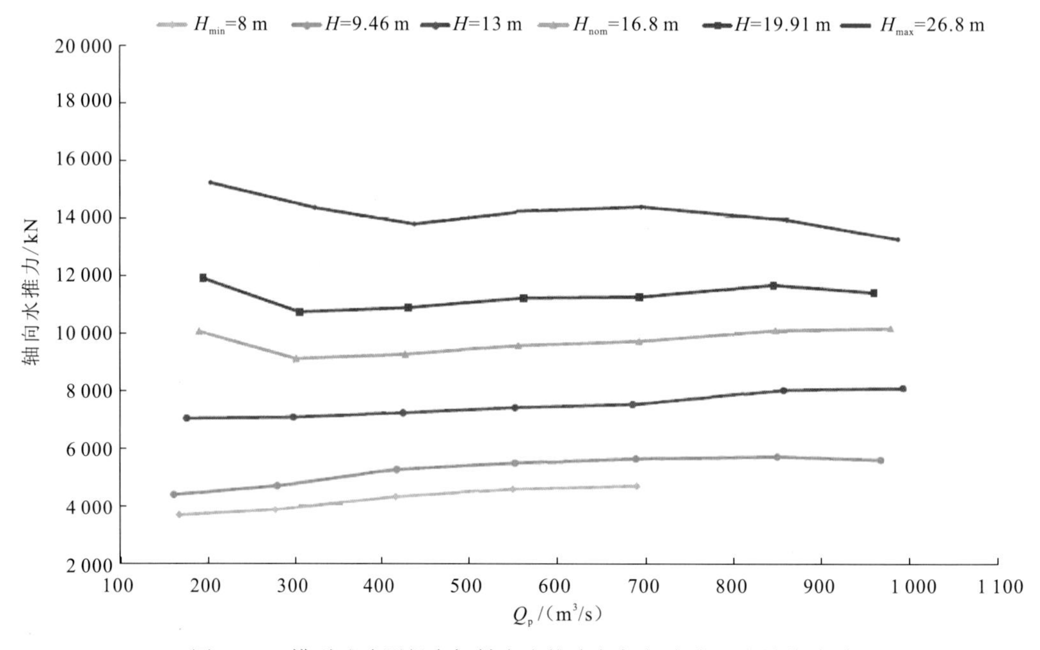

图 5.3.5　模型试验测得真机轴向水推力与机组水头、流量的关系

图 5.3.6 给出了分别基于模型试验测量数据、采用模型 2 和模型 3 所得到的机组在工况 D3 最大水头工况甩负荷所得到的轴向水推力的历程曲线。由图 5.3.6 可以看出，采用模型 2 在机组正常运行阶段以及甩负荷后导叶开度较大时，有较好预测精度，轴向水推力的变化规律与实测基本一致，但是当导叶开度较小时，预测的轴向水推力明显偏大。根据模型 3 预测得到的工况 D3 机组在稳态运行时轴向水推力为 1 530 t，机组甩负荷后 5.4 s 最大轴向水推力为 2 040 t，在甩负荷后 6.1 s 附近导叶全关，且出现最大抬机力为−600 t。

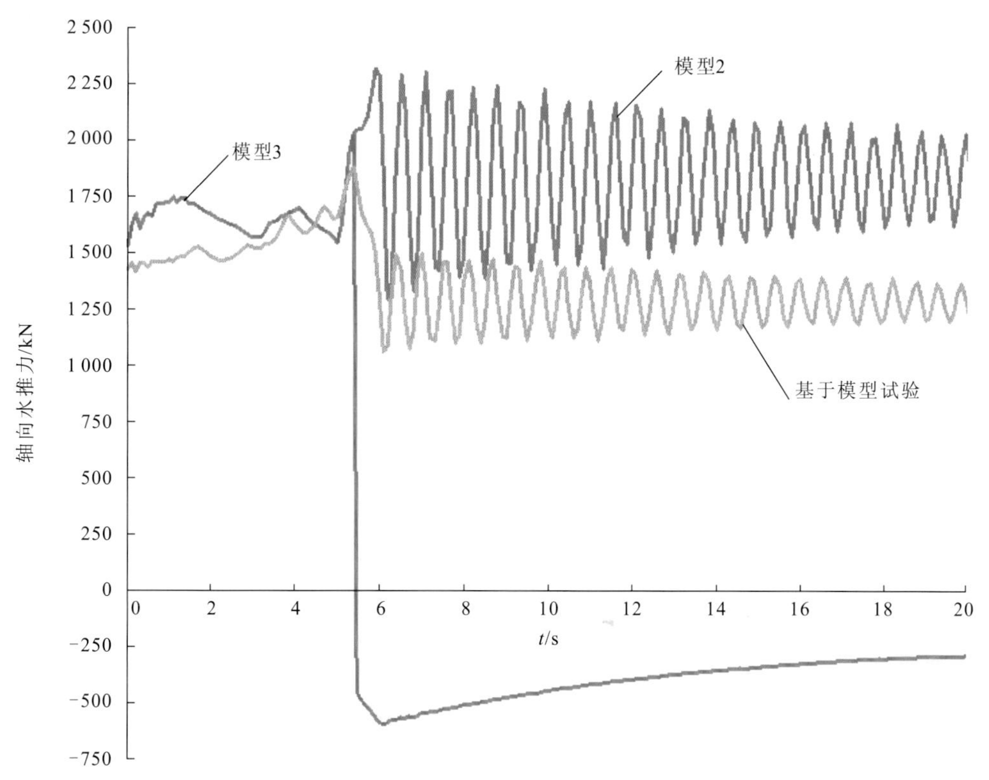

图 5.3.6　模型试验测得真机轴向水推力与机组水头、流量的关系

5.3.4　分段关闭规律计算结果及分析

1. 两段折线导叶关闭规律

接力器按两段折线关闭规律拟定，第一段导叶从额定点开度关至 20%开度的时间为 17.6 s，从 20%至全关时间为 12 s，转轮桨叶关闭规律为 0.9° /s。这一关闭规律与 GE 公司提供的报告中的分段关闭规律一致，如图 5.3.7 所示。

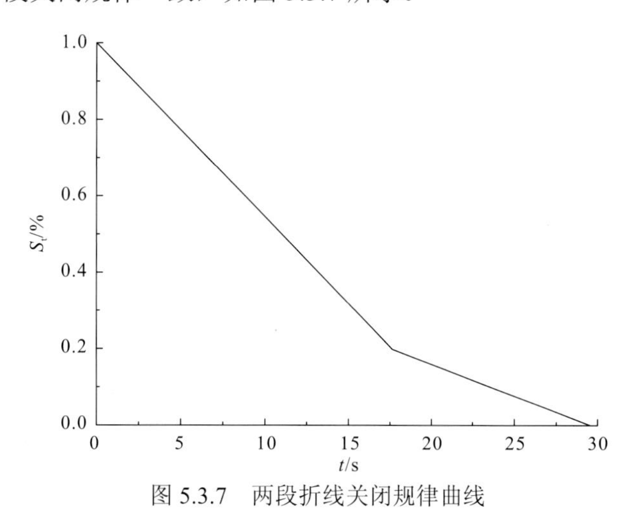

图 5.3.7　两段折线关闭规律曲线

2. 计算结果统计

接力器按照图 5.3.7 所示的两段折线关闭规律拟定，1#机组水力过渡过程计算结果与 GE 公司的计算结果对比见表 5.3.4。[折线关闭规律与 GE 公司相同，长江勘测设计院（简称设计院）为含水体计算结果]

表 5.3.4 1#机组大波动控制工况下调节保证计算结果

工况	调节保证计算结果					
	蜗壳进口中心最大压力/mH_2O		最大转速上升率 β_{max}/%		尾水管进口压力值/mH_2O	
	设计院	GE	设计院	GE	设计院	GE
D1	28.605	27.23	41.200	48.81	4.366	9.13
D2	20.945	25.09	41.200	48.81	−3.294	6.99
D3	28.914	27.70	33.436	40.50	−1.698	−0.96

经初步计算，导叶按照两段折线关闭规律，转轮桨叶按 0.9°/s，计算结果表明：水轮机蜗壳进口中心最大压力值为 28.914 mH_2O（上游水位 1 022.0 m 时），机组最大转速上升率为 41.20%，尾水管进口最低压力为−3.294 mH_2O，因此，采用分段关闭规律，金沙水电站机组过渡过程性能参数值满足规范要求。图 5.3.8～图 5.3.10 分别表示工况 D1、工况 D2 和工况 D3 的过渡过程参数变化曲线。

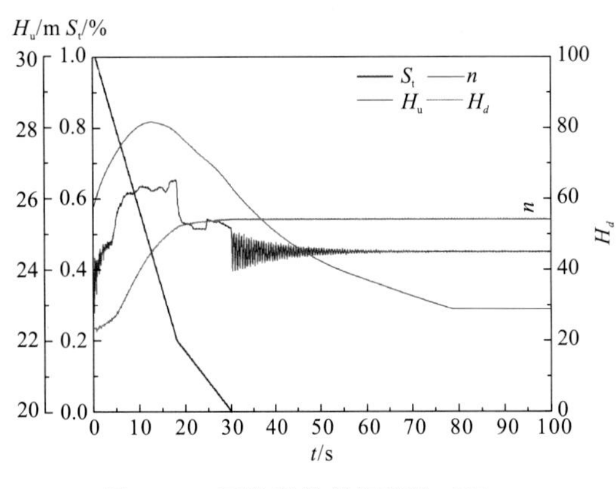

图 5.3.8 两段折线关闭规律工况 D1 过渡过程曲线

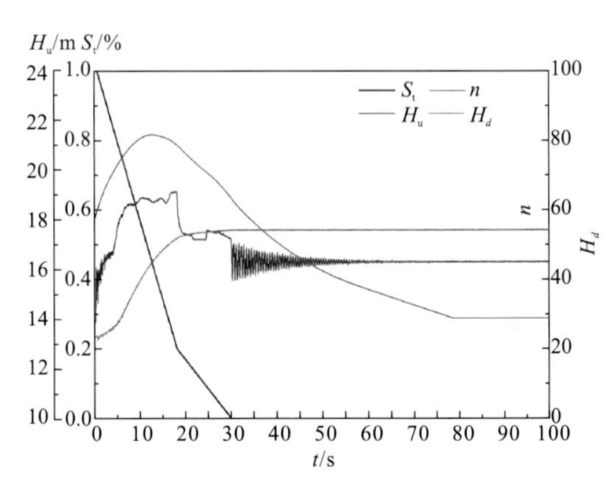

图 5.3.9 两段折线关闭规律工况 D2 过渡过程曲线

对照表 5.3.1 和表 5.3.4 可以看出。

（1）分段关闭规律相较于一段直线关闭规律，可以明显降低蜗壳进口最大水击压力值。

（2）设计院计算结果与 GE 公司的计算结果相比，蜗壳进口压力值基本相当，但是转速上升率和尾水管进口真空度有一定差距，GE 公司所得到的最大转速上升率要高于设计院计算结果，这与 GE 公司没有考虑水体的 GD^2 有一定关系。

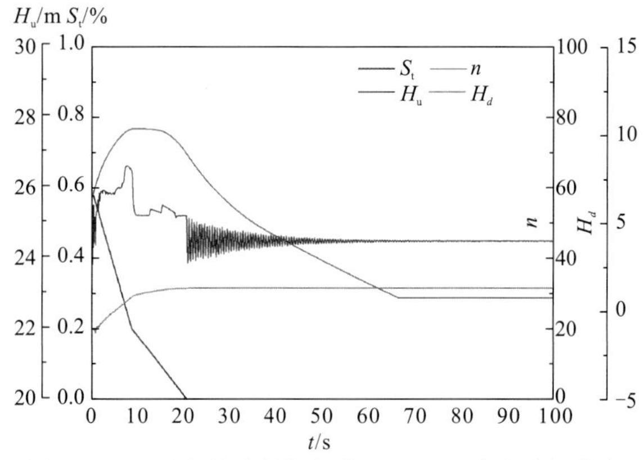

图 5.3.10 两段折线关闭规律工况 D3 过渡过程曲线

5.4 下游尾水波动对机组影响分析

一般轴流式和贯流式水轮机组水头较低，下游渠道水位的涌高占机组水头的比重相对较大，因此水电站下游渠道水位涌高对机组的运行会造成一定的影响。为了更加准确地预测机组在下游水位波动条件下的过渡过程特性，同时也为了分析研究机组在稳定运行时下游水位波动对机组运行的影响，本书结合实际机组特性对此进行了分析研究。

5.4.1 泄洪对水电站下游尾水波动的影响

对于不同泄洪工况对水电站下游尾水水位的影响，长江设计公司与四川能投集团攀枝花公司联合开展了“金沙江金沙水电站降低厂房尾水波动措施研究专题”科研课题研究，并获得了不同泄洪工况泄洪流量条件下大量的实测数据，图 5.4.1 为该科研课题室搭建的尾水波动测量试验台。考虑金沙水电站水轮发电机组实际的发电水头范围为 8 ～26.8 m，本书选取 Q=11 400 m^3/s（明渠孔控泄）工况，对应的电站上游水位为 1 022.0 m，下游水位为 1 013.3 m，同步观测了四台机组尾水管出口顶部的脉动压力与水面波动，水工模型试验测量得到的尾水波动受消波措施影响见表 5.4.1。

图 5.4.1 水工模型试验装置

表 5.4.1　水工模型试验测量结果

机组编号	无消浪排	有消浪排
	波高/m	波高/m
1#	0.31	0.25
2#	0.33	0.18
3#	0.33	0.21
4#	0.40	0.11

5.4.2　尾水波动计算建模

由图 5.4.2 可以看出，对于下泄流量为 11 400 m^3/s（明渠孔控泄）工况，尾水波动的最大幅值约为 0.25 m，振动周期约为 100 s。在此，本书采用余弦函数模型和直接叠加模型研究尾水波动对机组特性的影响。

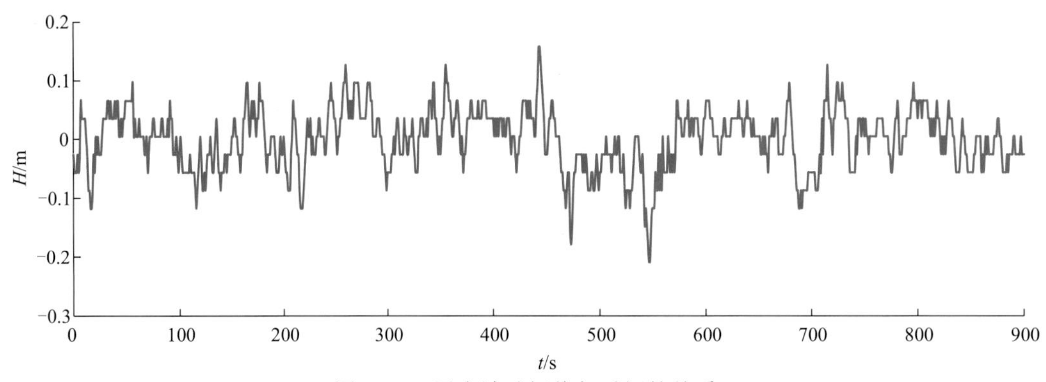

图 5.4.2　尾水波动幅值与时间的关系

（1）余弦函数模型。根据尾水波动幅值和周期，建立尾水波动与时间的函数，假定两者之间为余弦函数关系，建立的数学模型如下。

$$H_{02\text{time}} = H_{02\text{new}} + 0.25 \cdot \cos(0.0628 \cdot t)$$

（2）直接叠加模型。将图 5.4.2 所示的尾水波动直接叠加在初始恒定的下游尾水位之上，即按照图 5.4.2 所示尾水波动情况计算分析机组的特性参数的变化规律。

5.4.3　尾水波动对机组特性的影响分析

1）余弦函数模型计算结果

图 5.4.3 和图 5.4.4 分别给出了孤网条件下及考虑电网作用条件下按余弦变化规律尾水波动对机组性能参数的影响。对照两图可以看出：

（1）受制于尾水余弦强迫扰动，无论是否有电网的影响，机组的性能参数均表现出与尾水波动同周期的余弦振荡。

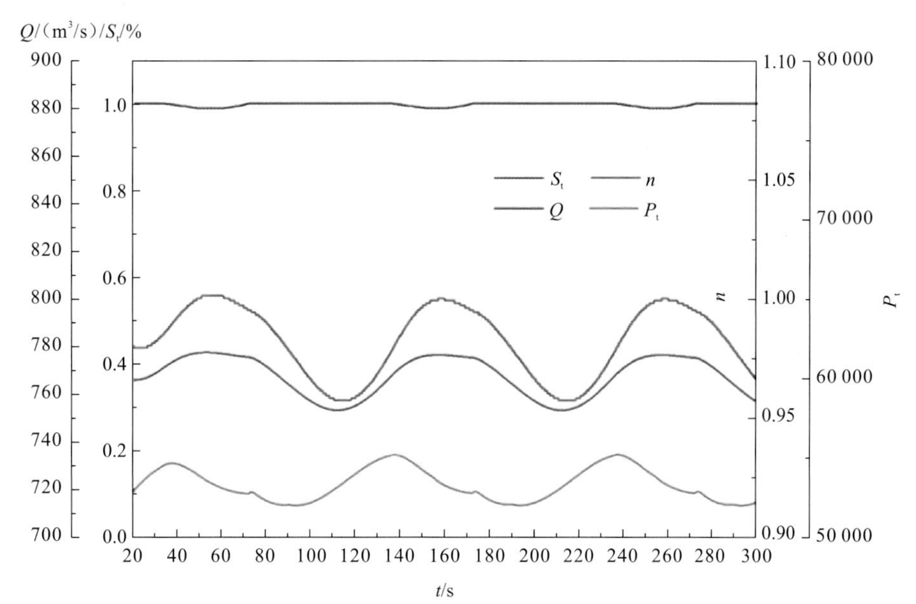

图 5.4.3　孤网条件下余弦振荡尾水波动对机组性能参数的影响

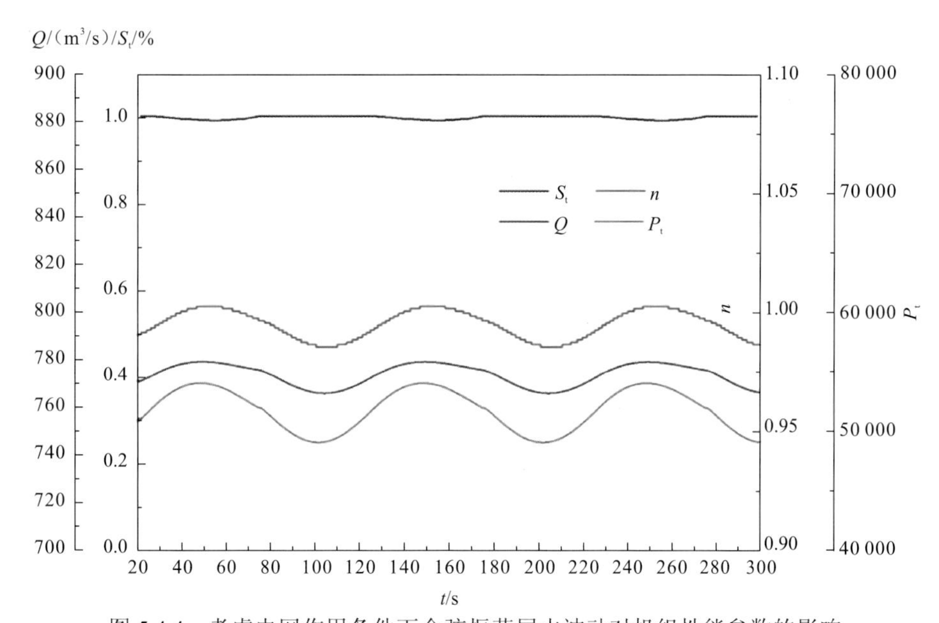

图 5.4.4　考虑电网作用条件下余弦振荡尾水波动对机组性能参数的影响

（2）在电网作用下，机组参数的波动幅度明显小于孤网条件下机组参数的波动幅度，说明当机组发电运行并入电网时，电网对机组参数尾水波动诱发的振荡可以起到一定的抑制作用。

（3）在孤网条件下，受制于尾水余弦强迫扰动，机组的转速在-4%～0.0%范围内波动；机组出力在 51 930～55 120 kW 波动，波动范围为-2.6%～3.4%（初始工况机组出力为 53 300 kW）。

（4）考虑电网作用条件下，受制于尾水余弦强迫扰动，机组的转速在-1.5%～+0.2%波动；机组出力在 49 500～53 950 kW 波动，波动范围为-7.0%～+1.2%（初始工况机组出力为 53 300 kW）。

2）直接叠加模型计算结果

图 5.4.5 和图 5.4.6 分别给出了孤网条件下以及电网作用下模型试验测量得到的泄洪条件下尾水波动对机组性能参数的影响。对照两图可以看出。

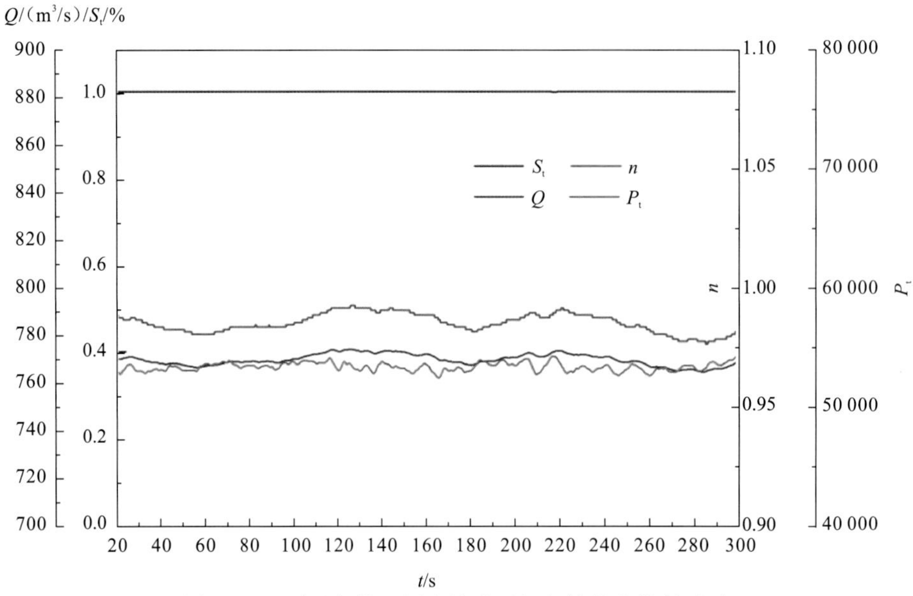

图 5.4.5　孤网条件下尾水波动对机组性能参数的影响

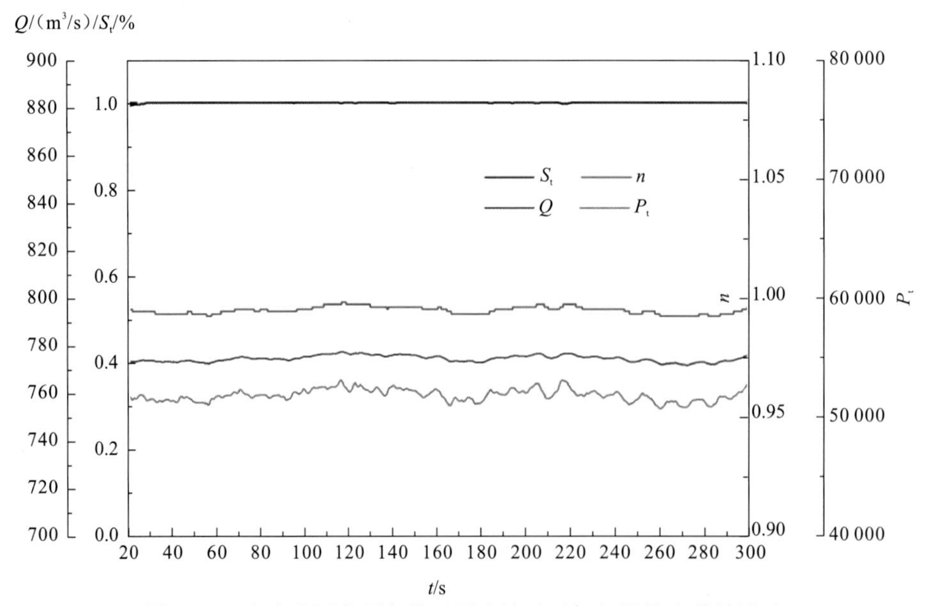

图 5.4.6　考虑电网作用条件下尾水波动对机组性能参数的影响

（1）受制于尾水泄洪诱发的强迫扰动，无论是否有电网的影响，机组的性能参数均表现出一定程度的振荡，当时振荡幅度较小。

（2）在电网作用下，机组性能参数的波动幅度明显小于孤网条件下机组性能参数的波动幅度，说明当机组发电运行并入电网时，电网对机组性能参数尾水波动诱发的振荡可以起到一定的抑制作用。

（3）在孤网条件下，受制于尾水泄洪诱发的强迫扰动，机组的转速在-2.4%～0.0%波动；机组出力在 52 350～54 160 kW 波动，波动范围为-1.8%～+1.6%（初始工况机组出力为 53 300 kW）。

（4）考虑电网影响条件下，受制于尾水泄洪诱发的强迫扰动，机组的转速在-0.8%～+0.0%波动；机组出力在 53 000～53 300.0 kW 波动，波动范围为-0.5%～0.0%（初始工况机组出力为 53 300 kW）。

5.5　轴流转桨式水轮发电机组安全运行综合调控关键技术创新

轴流转桨式水轮发电机组主要特点是水头低、流量大，且具有导叶和桨叶双重调节，本书主要计算研究了轴流式水轮发电机组的水力过渡过程特性和电算法，同时计算研究了金沙水电站的过渡过程特性，主要研究内容如下。

（1）基于国内外长期研究且相对成熟的特征线方法，分析建立了管内流体在暂态过程中流动的微分方程数学模型及各类复杂的边界条件方程（包括轴流式水轮机、阀门、管路等元件），研究控制方程的数值求解算法以及水电站输水系统和水轮发电机组性能参数及不同桨叶角度定桨特性曲线和保持协联关系的综合特性曲线等基本资料的处理方法。

（2）根据葛洲坝水电站、金沙水电站、铜街子水电站试验得到的转轮模型的协联综合特性曲线和非协联的定桨特性曲线，建立了不同水头段的轴流转桨式水轮机转轮数据库，为后续类似水头段水电站过渡过程的数值计算提供了参考。

（3）研究在双调节模式下，轴流式机组过渡过程的数值算法，并讨论了调速器式的求解思路及其对机组在暂态过程中特征参数的影响，并编制了过渡过程通用计算程序。

（4）以葛洲坝水电站现场实测甩负荷资料为基础，对比验证了本书推荐的电算法和实测结果，验证了本书研究成果计算方法的可靠性，同时分析了电算法和传统解析法计算成果的差别。

（5）应用电算模型，计算分析了金沙水电站的水力过渡过程特性，研究了水轮发电机组在事故停机情况下的水头包络线、压力包络线、机组转速上升率、机组轴向抬机作用力等变化规律；给出水轮机活动导叶以及转轮桨叶的最佳关闭规律。

（6）分析了电站下游渠道水位涌高对机组运行的影响。轴流式水轮发电机组水头较低，下游渠道水位的涌高占机组水头的比重相对较大，为了更加准确地预测机组的过渡过程特性，同时也为了分析研究机组在稳定运行时下游水位波动对机组运行的影响，本书联合机组特性对此进行了分析研究。研究结果表明：在20年一遇洪水工况下，下泄流量为11 400 m^3/s。受制于尾水泄洪诱发的强迫扰动，无论是否有电网的影响，机组的性能参数均表现出一定程度的振荡，但是振荡幅度较小；在电网作用下，机组参数的波动幅度明显小于孤网条件下机组参数的波动幅度，电网对机组参数尾水波动诱发的振荡可以起到一定的抑制作用；且考虑电网影响条件下，受制于尾水泄洪诱发的强迫扰动，机组的转速在-0.8%～+0.0%波动；机组出力在53 000～53 300.0 kW波动，波动范围为-0.5%～0.0%。因此，在该洪水位工况，尾水诱发的强迫扰动对机组的影响可以忽略。

第 6 章

轴流式水轮发电机组调试与试运行

6.1 机组运行试验及启动验收

6.1.1 运行试验内容

机组现场调试和试运行主要由中国水利水电第七工程局有限公司金沙水电站厂坝工程项目经理部承担。4 台水轮发电机组及其附属设备经过业主、设计单位、监理单位、设备厂家、安装单位、运行单位、试验单位等的共同努力，按照相关规范和启动验收委员会批准的启动试运行大纲的要求，完成了全部试验项目，试验合格后机组进行了 72 h 带负荷连续试运行。

4 台机组先后于 2020 年 12 月 6 日、2021 年 4 月 28 日、2021 年 7 月 31 日、2021 年 10 月 14 日完成连续试运行 72 h 并正式投入商业运行，对出现的问题均进行了处理。以中国水利水电第七工程局有限公司金沙水电站厂坝工程项目经理部为主的调试试验项目有：机组启动前充水试验，机组首次手动启动试验，机组过速试验、机组瓦温稳定试验，调速器空载扰动试验，自动开停机试验，发电机升流及短路特性试验，发电机单相接地试验及升压试验，发电机空载特性试验，发电机带主变、GIS 升流试验，发电机带主变、厂高变和 GIS 升压试验，发电机空载下励磁调节器的调整和试验，发电机出口断路器同步并网试验，机组带负荷下调速器和励磁调整试验，机组甩负荷试验，220 kV 设备及主变冲击受电试验，机组并网带负荷试验，调速器事故低油压关机试验，事故配压阀关机试验等。

以四川省电力工业调整试验所为主的调试试验项目有：机组启动运行稳定性试验（含动平衡试验）、机组 PSS 试验、一次调频试验、发电机进相运行试验、发电机参数试验、发电机温升试验、发电机效率试验、励磁系统参数实测及建模试验、调速器参数实测及建模试验、机组运行参数率定试验、导叶漏水量试验、水轮机效率试验、自动发电控制试验、电压控制试验等。

通过机组有水调试和 72 h 试运行，机组各项试验符合相关规程、规范及设计技术要求，水轮发电机组运行情况良好。

6.1.2 机组启动验收过程

根据《国家能源局关于印发〈水电工程验收管理办法〉（2015 年修订版）的通知》（国能新能〔2015〕426 号）、《水电工程验收规程》（NB/T 35048—2015）、《水轮发电机组启动试验规程》（DL/T 507—2014）有关规定和要求，四川省能投攀枝花水电开发有限公司报请四川省能源局同意，会同国家电网四川省电力公司共同组织成立金沙江金沙水电站机组启动验收委员会（以下简称“启委会”）。启委会主要负责金沙水电站 1#～4#机组及相关机电设备的启动试运行及验收工作。启委会主任委员单位为四川省能投攀枝花水电开发有限公司；副主任委员单位为国家电网四川省电力公司、四川省发展和改革委员会、四川省能源局、四川省经济和信息化厅、国家能源局四川监管办公室；委员单位为攀枝花市人民政府、攀枝花市西区人民政府、攀枝花市仁和区人民政府、水电水利规划设计总院、国家电网四川省电力公司攀枝花供电公司、可再生能源发电工程质量监督站、长江勘测规划设计研究有限责任公司、攀枝花市国有投资（集团）有限责任公司。启委会内设验收专家组、试运行指挥部、验收交接组，主要承担技术预验收、机组试运行、设备交接和启委会授权等工作（附图）。

2020 年 11 月 27 日，启委会在成都组织召开了首台机组启动验收会议，通过 1#机组启动验收，同意 1#机组启动试运行。根据《金沙江金沙水电站首台（1#）机组启动验收会会议纪要》，2#、3#机组不再召开启委会会议，启委会授权工程建设单位组织开展相关机组启动验收工作。建设单位成立了金沙水电站 2#机组启动试运行现场指挥部，并于 2021 年 4 月 17 日组织各单位现场召开了 2#机组启动验收会议，通过 2#机组启动验收，同意 2#机组启动试运行。2021 年 7 月 21 日，建设单位组织各参建单位成立了金沙水电站 3#机组启动试运行现场指挥部，并在现场召开了 3#机组启动验收会议，通过 3#机组启动验收，同意 3#机组启动试运行。2021 年 9 月 27 日，启委会在成都组织召开了 4#机组启动验收会议，通过 4#机组启动验收，同意 4#机组启动试运行。

1#机组于 2020 年 12 月 6 日完成 72 h 试运行。2#机组于 2021 年 4 月 28 日完成 72 h 试运行。3#机组于 2021 年 7 月 31 日完成 72 h 试运行。4#机组于 2021 年 10 月 14 日完成 72 h 试运行。

机组启委会对金沙水电站各台机组启动阶段相关工程及机组启动试运行工作进行了验收，各台机组通过 72 h 试运行后，分别签署各台机组启动验收鉴定书。机组启动验收鉴定书结论为：根据《水电工程验收规程》（NB/T 35048—2015）和《水轮发电机组启动试验规程》（DL/T 507—2014）的规定，金沙江金沙水电站 1#（2#～4#）机组，按照试运行程序完成各项试验，机组 72 h 带负荷试运行一次成功，试运行过程中未发生异常，各部位振动、摆度、温度、电压、电流等参数符合要求，工程档案资料齐全，1#（2#～4#）机组各项指标满足相关规程规范和设计要求。金沙江金沙水电站 1#（2#～4#）机组通过 72 h 试运行，1#（2#～4#）机组已具备投入商业运行的条件。

6.2　机组运行试验结果

1）1#机组稳定性试验及运行分区

为了全面检测机组在不同运行工况下各部位振动、主轴摆度、水压脉动等各项运行技术指标是否满足合同和相关规程要求，全面掌握机组运行稳定性情况及存在的缺陷，有效避免机组运行在振动及不稳定区域，避免给机组带来危害，影响机组正常运行寿命，同时结合电站实际情况，金沙电站 4 台机组在启动运行时委托四川省电力工业调整试验所分别对各台机组在运行水头下进行机组稳定性试验。受运行条件限制，目前每台机组仅完成了一个水头段的稳定性试验和运行分区，尚未完成全水头段机组稳定性试验和运行分区。已经完成的稳定性试验和运行分区基本能指导机组避开振动区运行。以下是各台机组已完成的稳定性试验及运行分区的主要结果。

1#机组完成了上游水位 1 021.88 m、下游水位 1 000.48 m、毛水头为 21.4 m 条件下机组稳定性及运行振动区测试试验。试验数据见表 6.2.1。

表 6.2.1　1#机组毛水头为 21.4 m 稳定性试验结果汇总表

项目	有功功率/MW													
	0	10	15	20	25	30	35	40	45	50	55	60	65	70
上导摆度 X	108	120	127	128	129	130	123	118	109	107	106	104	105	105
上导摆度 Y	92	121	127	127	142	131	128	123	111	111	109	108	110	109
下导摆度 X	95	171	176	185	184	192	179	183	153	154	151	152	152	152
下导摆度 Y	112	163	172	165	178	180	172	160	150	151	148	148	149	147
水导摆度 X	245	211	282	367	379	479	375	264	75	69	79	63	62	69
水导摆度 Y	298	386	532	574	688	745	637	384	168	149	149	140	150	136
上机水平振动 X	28	53	57	60	63	64	58	57	44	43	43	42	42	42
上机水平振动 Y	29	56	56	60	65	74	62	59	46	44	43	42	44	45
定子水平振动 X	6	43	44	44	45	44	44	42	42	43	42	40	40	40
下机水平振动 X	20	48	55	55	71	93	78	68	31	32	31	28	31	29
下机水平振动 Y	42	62	68	78	87	106	91	66	55	55	55	53	52	52
下机垂直振动 X	72	96	110	153	167	185	168	135	49	44	33	36	43	37
下机垂直振动 Y	73	90	114	150	170	186	191	140	48	45	35	37	45	36
顶盖水平振动 X	24	43	49	51	62	73	70	57	13	14	14	14	18	15
顶盖水平振动 Y	22	42	60	57	61	72	66	35	15	12	12	13	13	12
顶盖垂直振动 X	57	69	82	110	118	136	130	100	38	37	28	30	37	31
顶盖垂直振动 Y	65	66	84	105	124	143	144	97	40	39	28	32	38	33
蜗壳进口压力	178	166	217	195	212	197	217	196	228	177	205	228	182	170
尾水进口压力	3.2	3.5	3.1	3.9	3.8	4.1	3.0	3.2	4.3	3.7	4.1	3.3	4.3	3.8

续表

项目	有功功率/MW													
	75	80	85	90	95	100	105	110	115	120	125	130	135	140
上导摆度 X	105	107	106	105	105	105	106	105	107	106	106	106	105	106
上导摆度 Y	109	110	108	111	110	109	109	109	109	111	110	123	112	113
下导摆度 X	154	152	152	150	152	151	148	146	146	147	147	146	148	146
下导摆度 Y	147	146	142	144	145	142	143	141	142	140	141	140	141	143
水导摆度 X	76	72	73	61	71	68	67	55	57	45	51	53	59	66
水导摆度 Y	129	132	138	132	127	130	122	93	102	97	97	98	125	118
上机水平振动 X	42	42	42	42	42	42	41	40	42	42	41	40	40	42
上机水平振动 Y	45	45	43	44	44	44	43	42	44	43	43	44	43	42
定子机座水平 X	40	40	37	39	39	37	37	36	36	36	35	35	34	34
下机水平振动 X	28	28	27	29	25	27	26	25	25	24	26	26	24	26
下机水平振动 Y	52	51	52	52	51	51	51	50	49	49	49	49	51	52
下机垂直振动 X	36	35	34	36	29	30	33	30	26	25	26	23	27	26
下机垂直振动 Y	42	38	38	36	31	32	32	31	26	25	23	24	26	25
顶盖水平振动 X	13	14	18	14	16	13	14	14	15	15	16	21	17	21
顶盖水平振动 Y	13	13	14	12	12	13	13	12	11	12	12	13	14	15
顶盖垂直振动 X	30	30	28	29	23	24	27	24	20	19	19	19	22	21
顶盖垂直振动 Y	35	33	30	31	24	27	27	25	21	20	20	20	22	20
蜗壳进口压力	186	196	196	201	177	185	176	188	176	170	201	201	197	195
尾水进口压力	3.5	2.8	2.8	3.4	4.3	3.4	2.8	3.0	2.9	3.0	3.0	3.7	3.0	3.0

注：表中振动摆度均为通频峰峰值，单位为μm；压力脉动单位为 kPa。

通过测试试验，其测试结论和建议为：

（1）从 1#机组摆度数据来看，上导摆度、下导摆度、水导摆度幅值在 45 MW 负荷以上段处在《水力发电厂和蓄能泵站机组机械振动的评定》（GB/T 32584—2016）A 区范围内，可长时间运行。在 45 MW 及以下工况，由于低负荷下水流稳定性和水力激振的影响，水导摆度明显偏大。

（2）从 1#机组机架振动数据来看，上机架、下机架及顶盖振动位移峰峰值全负荷段较小，小于《水力发电厂和蓄能泵站机组机械振动的评定》（GB/T 32584—2016）中该转速机组振动位移峰峰值评定限值。在并网 0～45 MW 负荷段受低负荷下水流稳定性和水力激振的影响，机组下机架水平及垂直振动、顶盖水平及垂直振动偏大。在 35 MW 负荷时，桨叶逐渐打开，在 45 MW 以上负荷协联工况运行时，机组各部位振摆幅值均有不同程度的下降，机组逐渐进入高效稳定运行区域。

（3）从 1#机组压力脉动数据来看，尾水锥管进口压力脉动和蜗壳进口压力脉动在全负荷段变化平缓，无较大波动。

（4）通过以上分析，从轴流转桨式机组的水力特性来看，低负荷下水流稳定性和水力激振对机组运行稳定性的影响较大，综合比较大轴摆度、机架振动、压力脉动等检测数据，依照《水力发电厂和蓄能泵站机组机械振动的评定》（GB/T 32584—2016）给出机组在当前水头下机组振动区为 0～45 MW。

2）2#机组稳定性试验及运行分区

2#机组完成了上游水位 1 022.1 m、下游水位 996.8 m、毛水头为 25.3 m 条件下机组稳定性及运行振动区测试试验。试验数据见表 6.2.2。

表 6.2.2　2#机组毛水头为 25.3 m 稳定性试验结果汇总表

项目	有功功率/MW													
	10	15	20	25	30	35	40	45	50	55	60	65	70	75
上导摆度 X	34	34	33	35	38	38	36	34	31	28	26	25	26	25
上导摆度 Y	38	36	37	38	45	43	42	39	36	32	31	30	30	29
下导摆度 X	76	78	77	77	79	78	76	73	71	69	69	69	68	68
下导摆度 Y	83	82	82	83	86	84	80	78	75	73	71	71	71	71
水导摆度 X	206	207	217	235	320	287	252	214	179	119	58	56	59	53
水导摆度 Y	204	206	188	242	336	294	255	231	193	119	59	61	59	54
上机水平振动 X	16	14	16	16	19	18	17	15	14	11	10	10	10	9
上机水平振动 Y	13	12	13	15	20	19	16	15	13	9	7	7	7	7
定子水平振动 X	48	48	48	48	47	48	47	48	47	46	46	46	46	45
定子水平振动 Y	52	51	50	49	50	53	53	53	51	48	49	48	47	46
下机水平振动 X	53	50	56	58	69	67	63	54	49	40	34	33	33	32
下机水平振动 Y	34	34	37	41	51	51	45	45	37	28	25	24	23	23
下机垂直振动 X	82	88	102	120	150	159	144	126	99	67	42	43	45	43
下机垂直振动 Y	84	87	105	118	149	158	140	127	100	68	41	40	43	40
顶盖水平振动 X	45	69	57	50	59	70	65	58	47	35	11	11	13	13
顶盖水平振动 Y	38	41	46	47	50	58	49	48	37	26	9	9	10	11
顶盖垂直振动 X	59	81	83	93	116	123	112	97	78	50	33	35	37	34
顶盖垂直振动 Y	56	64	73	82	107	113	100	89	70	45	25	27	31	29
蜗壳进口压力	236	233	235	234	228	229	230	227	224	221	226	222	223	225
尾水进口压力	116	112	115	109	107	112	108	107	103	98	101	95	102	100

项目	有功功率/MW												
	80	85	90	95	100	105	110	115	120	125	130	135	140
上导摆度 X	25	25	25	24	24	25	25	24	24	24	24	25	25
上导摆度 Y	30	29	29	29	29	29	29	29	29	29	29	29	29
下导摆度 X	68	68	68	68	68	68	68	68	68	67	68	67	67
下导摆度 Y	71	71	70	70	70	70	70	70	70	70	70	70	70

续表

项目	有功功率/MW												
	80	85	90	95	100	105	110	115	120	125	130	135	140
水导摆度 X	55	52	50	49	54	53	49	49	44	44	44	43	43
水导摆度 Y	58	58	53	53	59	57	54	51	47	46	50	52	49
上机水平振动 X	9	9	9	9	9	9	9	9	9	9	9	9	8
上机水平振动 Y	7	7	6	6	6	6	6	6	6	6	6	6	6
定子机座水平 X	45	45	45	44	43	43	43	42	42	41	40	40	40
定子机座水平 Y	46	46	45	44	44	44	44	42	42	43	40	40	40
下机水平振动 X	32	31	30	30	30	30	30	30	29	29	28	29	28
下机水平振动 Y	23	22	22	22	22	21	22	21	21	21	21	21	21
下机垂直振动 X	42	43	44	41	43	42	43	40	37	35	36	35	36
下机垂直振动 Y	42	42	40	39	40	38	38	37	33	32	32	31	32
顶盖水平振动 X	13	13	12	11	11	11	11	12	11	11	11	12	13
顶盖水平振动 Y	11	11	10	10	10	10	10	10	9	9	10	11	12
顶盖垂直振动 X	33	33	32	29	30	28	28	27	25	23	24	28	29
顶盖垂直振动 Y	29	30	30	28	28	25	24	23	21	18	19	18	19
蜗壳进口压力	227	223	220	218	216	217	217	214	215	212	213	211	209
尾水进口压力	102	98	96	93	95	97	91	93	92	88	90	89	94

注：表中振动摆度均为通频峰峰值，单位为μm；压力脉动单位为 kPa。

通过测试试验，其测试结论和建议为：

（1）从 2#机组摆度数据来看，上导摆度、下导摆度、水导摆度摆度幅值在 60 MW 负荷以上段处在《水力发电厂和蓄能泵站机组机械振动的评定》（GB/T 32584—2016）A 区范围内，可长时间运行。在 60 MW 及以下工况，由于低负荷下水流稳定性和水力激振的影响，水导摆度明显偏大。

（2）从 2#机组机架振动数据来看，上机架、下机架及顶盖振动位移峰峰值全负荷段较小，小于《水力发电厂和蓄能泵站机组机械振动的评定》（GB/T 32584—2016）中该转速机组振动位移峰峰值评定限值。在并网 0～60 MW 负荷段受低负荷下水流稳定性和水力激振的影响，机组下机架水平及垂直振动、顶盖水平及垂直振动偏大。在 60 MW 负荷时，桨叶逐渐打开，在 60 MW 以上负荷协联工况运行时，机组各部位振摆幅值均有不同程度的下降，机组逐渐进入高效稳定运行区域。

（3）从 2#机组压力脉动数据来看，尾水锥管进口压力脉动和蜗壳进口压力脉动在全负荷段变化平缓，无较大波动。

（4）通过以上分析，从轴流转桨式机组的水力特性来看，低负荷下水流稳定性和水力激振对机组运行稳定性的影响较大，综合比较大轴摆度、机架振动、压力脉动等检测数据，依照《水力发电厂和蓄能泵站机组机械振动的评定》（GB/T 32584—2016）给出机组在当前水头下机组振动区为 0～60 MW。

3）3#机组稳定性试验及运行分区

3#机组完成了上游水位 1 021.5 m、下游水位 1 002.8 m、毛水头为 18.7 m 条件下机组稳定性及运行振动区测试试验。试验数据见表 6.2.3。

表 6.2.3 3#机组毛水头为 18.7 m 稳定性试验结果汇总表

项目	有功功率/MW									
	5	10	15	20	25	30	35	40	45	50
上导摆度 X	96	106	112	108	125	114	80	71	72	70
上导摆度 Y	121	121	149	134	146	133	99	78	78	80
下导摆度 X	109	113	119	120	130	116	99	85	86	86
下导摆度 Y	99	105	120	108	110	107	88	79	85	78
水导摆度 X	344	425	418	472	593	477	310	203	191	205
水导摆度 Y	378	392	508	476	590	526	345	222	216	212
上机水平振动 X	46	49	53	53	63	64	51	47	44	43
定子水平振动 X	98	99	98	98	98	98	95	94	94	96
下机水平振动 X	115	123	120	141	176	158	103	86	83	82
下机垂直振动 X	159	185	168	232	206	233	134	75	85	82
顶盖水平振动 X	82	91	130	121	127	148	73	28	33	33
顶盖垂直振动 X	103	123	143	172	164	159	84	39	39	40
蜗壳进口压力	235	235	234	234	235	234	234	234	234	234
尾水进口压力	113	110	112	112	113	113	113	111	117	113
项目	有功功率/MW									
	55	60	70	80	90	100	110	120	130	140
上导摆度 X	70	69	69	69	67	66	66	66	64	65
上导摆度 Y	77	76	77	77	76	73	73	69	68	67
下导摆度 X	84	84	83	83	81	81	79	81	80	81
下导摆度 Y	78	78	78	78	75	77	75	75	73	74
水导摆度 X	181	170	168	155	145	155	141	137	140	132
水导摆度 Y	198	180	180	144	120	132	150	150	152	159
上机水平振动 X	40	43	41	40	40	43	46	40	40	47
定子机座水平 X	93	93	93	92	90	88	83	82	82	82
下机水平振动 X	80	79	78	75	75	73	75	76	75	81
下机垂直振动 X	80	78	97	84	79	85	86	86	90	87
顶盖水平振动 X	33	35	39	47	23	29	28	29	31	33
顶盖垂直振动 X	41	37	50	46	43	45	41	46	56	53
蜗壳进口压力	234	234	234	234	234	234	233	233	232	232
尾水进口压力	113	116	113	118	116	117	119	116	118	117

注：表中振动摆度均为通频峰峰值，单位为μm；压力脉动单位为 kPa。

通过测试试验，其测试结论和建议为：

（1）从3#机组摆度数据来看，上导摆度、下导摆度、水导摆度摆度幅值在60 MW负荷以上段处在《水力发电厂和蓄能泵站机组机械振动的评定》（GB/T 32584—2016）A区范围内，可长时间运行。在60 MW及以下工况，由于低负荷下水流稳定性和水力激振的影响，水导摆度明显偏大。

（2）从3#机组机架振动数据来看，上机架、下机架及顶盖振动位移峰峰值全负荷段较小，小于《水力发电厂和蓄能泵站机组机械振动的评定》（GB/T 32584—2016）中该转速机组振动位移峰峰值评定限值。在并网0～60 MW负荷段受低负荷下水流稳定性和水力激振的影响，机组下机架水平及垂直振动、顶盖水平及垂直振动偏大。在60 MW负荷时，桨叶逐渐打开，在60 MW以上负荷协联工况运行时，机组各部位振摆幅值均有不同程度的下降，机组逐渐进入高效稳定运行区域。

（3）从3#机组压力脉动数据来看，尾水锥管进口压力脉动和蜗壳进口压力脉动在全负荷段变化平缓，无较大波动。

（4）通过以上分析，从轴流转桨式机组的水力特性来看，低负荷下水流稳定性和水力激振对机组运行稳定性的影响较大，综合比较大轴摆度、机架振动、压力脉动等检测数据，依照《水力发电厂和蓄能泵站机组机械振动的评定》（GB/T 32584—2016）给出机组在当前水头下机组振动区为0～60 MW。

4）4#机组稳定性试验及运行分区

4#机组完成了上游水位1 022.2 m、下游水位1 000.8 m、毛水头为21.4 m条件下机组稳定性及运行振动区测试试验。试验数据见表6.2.4。

表6.2.4 4#机组毛水头为21.4 m稳定性试验结果汇总表

项目	有功功率/MW													
	10	20	30	40	50	60	70	80	90	100	110	120	130	140
上导摆度X	126	128	125	124	111	109	110	107	107	103	103	102	96	96
上导摆度Y	125	128	132	125	113	110	110	105	108	103	104	102	97	98
下导摆度X	83	86	90	84	81	81	81	81	81	82	82	81	80	81
下导摆度Y	82	87	92	84	79	79	79	76	77	78	77	76	76	76
水导摆度X	223	267	281	228	122	106	114	85	82	86	77	71	63	61
水导摆度Y	242	316	293	269	151	131	144	111	104	109	93	88	69	66
上机水平振动X	37	38	40	38	32	31	32	31	30	30	30	29	28	27
定子水平振动X	42	44	43	39	41	37	40	37	36	34	34	32	30	30
下机水平振动X	43	51	67	54	33	28	30	27	27	28	27	25	24	23
下机垂直振动X	84	105	117	93	52	37	41	36	37	36	35	30	29	29
顶盖水平振动X	40	46	63	55	25	19	22	34	15	14	13	12	15	18
顶盖垂直振动X	58	76	105	78	28	24	29	22	25	23	21	17	17	18
蜗壳进口压力	213	207	207	199	207	208	213	207	208	215	213	221	225	229
尾水进口压力	104	102	103	105	107	104	101	103	105	105	106	108	109	107

注：表中振动摆度均为通频峰峰值，单位为μm；压力脉动单位为kPa。

通过测试试验，其测试结论和建议为：

（1）从 4#机组摆度数据来看，上导摆度、下导摆度、水导摆度摆度幅值在 50 MW 负荷以上段处在《水力发电厂和蓄能泵站机组机械振动的评定》（GB/T 32584—2016）A 区范围内，可长时间运行。在 50 MW 及以下工况，由于低负荷下水流稳定性和水力激振的影响，水导摆度明显偏大。

（2）从 4#机组机架振动数据来看，上机架、下机架及顶盖振动位移峰峰值全负荷段较小，小于《水力发电厂和蓄能泵站机组机械振动的评定》（GB/T 32584—2016）中该转速机组振动位移峰峰值评定限值。在并网 0～50 MW 负荷段受低负荷下水流稳定性和水力激振的影响，机组下机架水平及垂直振动、顶盖水平及垂直振动偏大。在 50 MW 负荷时，桨叶逐渐打开，在 50 MW 以上负荷协联工况运行时，机组各部位振摆幅值均有不同程度的下降，机组逐渐进入高效稳定运行区域。

（3）从 4#机组压力脉动数据来看，尾水锥管进口压力脉动和蜗壳进口压力脉动在全负荷段变化平缓，无较大波动。

（4）通过以上分析，从轴流转桨式机组的水力特性来看，低负荷下水流稳定性和水力激振对机组运行稳定性的影响较大，综合比较大轴摆度、机架振动、压力脉动等检测数据，依照《水力发电厂和蓄能泵站机组机械振动的评定》（GB/T 32584—2016）给出机组在当前水头下机组振动区为 0～50 MW。

5）各台机组稳定性试验结果

根据建设单位提供的各台机组已完成的机组稳定性区域检测试验报告及相关资料，4 台机组稳定性试验结果见表 6.2.5。

表 6.2.5　各台机组分水头稳定性试验结果表

机组	毛水头/m	试验结果
1#	21.4	振动区 0～45 MW；稳定运行区 45 MW 负荷以上
2#	25.3	振动区 0～60 MW；稳定运行区 60 MW 负荷以上
3#	18.7	振动区 0～60 MW；稳定运行区 60 MW 负荷以上
4#	21.4	振动区 0～50 MW；稳定运行区 50 MW 负荷以上

根据 4 台机组已完成的水头段机组稳定性区域检测试验报告提供的机组实测的机组稳定性各项振动摆度值分析，以及试验报告的结论和建议，1#机组在 0～45 MW 负荷区间为振动区，45 MW 负荷以上为稳定运行工况区；2#、3#机组在 0～60 MW 负荷区间为振动区，60 MW 负荷以上为稳定运行工况区；4#机组在 0～50 MW 负荷区间为振动区，50 MW 负荷以上为稳定运行工况区。稳定运行工况区运行稳定性优良，可长期安全稳定运行。

根据机组稳定性试验结果，运行单位应协调电网，避免机组在振动区带负荷运行；机组并网时，快速增加机组有功，使机组在振动区停留的时间最短。

6.3 运行现状

6.3.1 机组运行现状分析

根据运行单位自检报告，4 台机组自投入商业运行以来，根据电网调度要求进行运行，运行期间，合理避开稳定性试验确定的振动区运行，机组运行情况良好。在各台机组检修过程中对导水机构、水导轴承、主轴密封、过流部件、蜗壳及尾水管进入孔门把合螺栓等部位进行了检查，未发现影响正常运行的缺陷，机组运行正常。

运行单位提供的 4 台机组各部位运行振动、摆度参数实测值见表 6.3.1，额定出力下机组各部件运行温度见表 6.3.2。

表 6.3.1 机组各部位带不同负荷振动、摆度实测值 （单位：μm）

测量部位	允许值（合同值）	运行工况	实测最大值			
			1 号机	2 号机	3 号机	4 号机
定子机座水平振动	40	空载	34	33	25	30
		35%负荷	32	33	26	30
		额定功率	35	34	30	33
定子机座铁芯水平振动	30	空载	27	25	24	26
		35%负荷	25	24	23	26
		额定功率	28	24	24	26
气隙	≥19.7≤16.3	空载	12.4	12.7	11.3	12.4
		35%负荷	12.1	12.9	12.8	13.4
		额定功率	13.2	13.3	13.5	13.3
水轮机顶盖水平振动	110	空载	70	77	80	83
		35%负荷	68	70	75	77
		额定功率	65	60	75	71
水轮机顶盖垂直振动	90	空载	84	74	63	58
		35%负荷	80	78	74	75
		额定功率	70	65	80	65
发电机上机架水平振动	110	空载	80	88	90	95
		35%负荷	81	83	84	87
		额定功率	85	89	88	85
发电机下机架水平振动	110	空载	82	84	92	89
		35%负荷	80	85	86	91
		额定功率	85	87	87	90

续表

测量部位	允许值（合同值）	运行工况	实测最大值			
			1 号机	2 号机	3 号机	4 号机
发电机下机架垂直振动	80	空载	75	65	60	65
		35%负荷	74	67	65	66
		额定功率	75	67	64	65
上导摆度	360	空载	175	180	195	195
		35%负荷	166	177	185	180
		额定功率	166	175	188	190
下导摆度	530	空载	195	186	184	190
		35%负荷	183	190	189	187
		额定功率	190	180	181	185
水导摆度	540	空载	177	165	185	173
		35%负荷	175	162	188	177
		额定功率	170	170	165	180
轴向位移	100	空载	65	58	65	73
		35%负荷	64	58	65	75
		额定功率	60	55	60	70

表 6.3.2 额定出力下机组各部件运行温度

检查项目	允许值（温度/温升）/合同值/℃	实测值/℃			
		1#机	2#机	3#机	4#机
推力瓦	55	45	44	42	43
上导瓦	65	43	42	43	44
下导瓦	65	42	43	42	43
水导瓦	65	37	34	32	33
定子绕组	120	86	88	74	78
转子绕组	—	66.8	70	78	61
定子铁心	120	75	81	72	71
集电环罩内	—	41	42	39	42

根据运行单位提供的运行实测数据资料分析。

机组在运行期间，避开机组振动区运行，根据机组运行期间振动、摆度及温度等参数的实测值分析，机组各部位温度满足合同和规程规范要求；4 台机组下导、上导和水导摆度值满足合同保证值和规范要求；4 台机组各部位振动值满足合同保证值和规范要求。

机组从投产至今，机组运行满足电站正常工况运行的需要，目前 4 台机组运行正常。

建议运行单位加强与电网调度部门的沟通协调，及时优化、调整运行方式，合理安排机组负荷，避免机组运行在振动区。机组并网后，快速增加机组有功，使机组尽快通过振动区，确保机组安全稳定运行。运行中加强对振动及摆度的监测，发现问题及时处理。

6.3.2 机组运行过程中出现的主要问题与处理情况

1）机组制造过程中出现的主要问题与处理情况

受四川省能投攀枝花水电开发有限公司的委托，郑州国水机械设计研究所有限公司承担了金沙电站 4 台 140 MW 水轮发电机组及其附属设备制造过程质量监造任务。

根据监造单位提供的机电设备制造监理自检报告，4 台机组已完工部件制作进行了全过程质量监控，对制造单位的质量保证措施、焊接工艺评定报告、主要材质证明资料、工艺文件、检测程序、方法、检测量器具资料、外协、外购件订货（必要时）、交货资料、过程检验记录（报告）等进行了文件审查和确认，对制作过程进行巡检见证，对重要质量控制点均进行了现场见证，对发现的质量问题及时要求制作方进行处理，并组织验收代表组对设备进行了联合出厂验收，所有出厂设备合格。所有经监理工程师监造的产品质量均处于良好的受控状态，保证制作完成的设备均合格出厂。

2）机组安装和调试过程中出现的主要问题与处理情况

（1）发电机转子吊具安装过程中发现，吊具外镗口与转子本体止口不匹配，无法连接安装就位。

处理情况：经各方现场确认后，厂家出具设计修改通知单，明确吊具改造方案，由安装单位现场实施，实施完成后吊具顺利安装就位，吊装工作顺利完成。

（2）现场进行转轮整体油压及动作试验时，转轮叶片动作时与转轮体支撑工具碰撞。

处理情况：经各方现场确认后，厂家明确转轮体支撑工具处理方案，由安装单位现场实施，实施后顺利完成转轮叶片动作试验。

（3）主厂房 2×450 t 大桥机钢丝绳长度偏大，导致主厂房桥机主钩最大起升高度较转轮、主轴、内顶盖三联一体设计吊装高度偏小约 700 mm。

处理情况：经各方现场确认后，厂家出具设计修改通知单，明确处理方案，将桥机主钩钢丝绳截短 14 m，由安装单位现场实施，实施后转轮联轴吊装工作顺利完成。

（4）首台机定子线棒厂内存储时间超长，首台机组下线前单根线棒抽检耐压试验爬电现象明显，抽检合格率无法满足设计规范要求。

处理情况：经各方现场确认后，协调厂家提前发货 2#机定子线棒用于 1#机组定子下线，原 1#机组线棒进行全检，对存在绝缘缺陷的线棒做返厂处理，经处理合格后用于后续机组下线，下线质量满足设计规范要求。

4 台机组安装和调试过程没有出现大的缺陷处理。

3）机组及其附属设备在运行过程中出现的主要问题与处理情况

水轮发电机组运行过程中发现的各设备主要缺陷产生的原因、处理过程和处理结果见表 6.3.3。

表 6.3.3　水轮发电机组主要缺陷原因、处理过程和处理结果统计

序号	问题名称	处理方法	处理效果
1	2#、3#机组主轴密封增压泵漏水处理	更换主轴密封	2#、3#机组主轴密封增压泵漏水现象消失
2	3#机组调速器 1#油泵高压软管渗油	更换新的油泵高压软管	更换新油泵高压软管后没有渗油，运行正常
3	3#机组水导摆度异常检查处理	对水轮机导轴承间隙、发电机导轴承间隙、发电机上导轴承间隙、机组轴线、发电机和水轮机各部连接螺栓有无松动、发电机定转子气隙测量、转轮桨叶与转轮室间隙、导叶间隙、蜗壳流道、尾水管流道等部位进行了全面排查和处理，检查和处理完成后，对数据进行比较和分析，未发现之前数据和现数据有太大变化，通过对空载机组各部实时数据测量，未发现异常	3#机组导叶有小型非金属异物流入导致，目前异物已经自行流出，摆度恢复正常，3#机组运行正常
4	1#机组技术供水系统自流供水上位机无法单点操作	上位机增加 1#机组技术供水系统自流供水点位	目前上位已实现上位机单点开出 1#机组技术供水自流供水点位
5	4#机组导叶主配拒动传感器故障	传感器安装高度有偏移，将高度调整到正常位置	现已能正常开出导叶主配拒动信#，运行正常
6	3#、4#机组机罩内滑环处异响	对环氧树脂板进行了调整，对碳刷进行了更换	经过调整，更换后运行无异响
7	3#机组 3#、4#真空破坏阀导向杆松动	对其进行紧固并涂抹锁固剂	处理后真空破坏阀导向杆无松动，运行正常
8	1#机组主轴密封无法点动单步操作	切换开关的开入和开出接线错误，已将开入和开出接线对调	1#机组主轴密封点动单步操作开出正常
9	2#机组碳刷粉尘收集装置 2#泵接线端子松动，导致端子烧损	更换新的端子排，并对装置内的所有端子进行紧固	故障消失，恢复正常运行

4）机组及其附属设备主要改造项目

电站投运以来，机组及其附属设备没有进行主要项目改造。

6.4　机组运行状态分析

（1）水轮发电机组及其附属设备选型合理，性能和技术参数选择正确；水轮发电机组的制造、安装质量符合设计和合同文件及有关规范的要求，调试和试运行符合规范要求。机组经过运行考核，4 台机组各部位温度（温升）值、下导、上导和水导摆度值、各部位

振动值满足合同文件和规范要求。除纵（直）轴同步电抗（X_d）未达到合同文件要求外，水轮发电机及其附属设备目前运行正常，均能带满额定输出功率。

（2）检查水轮机过流部件实际空蚀、磨损情况，水轮机过流部件无明显的空蚀、磨损现象，水轮机空蚀、磨损性能满足合同文件要求。

（3）调试、试运行及运行状况表明，调速系统制造和安装质量合格，各项参数均达到设计及规范要求，能满足机组正常运行的功能调节要求。

（4）4 台机组均进行了单机甩额定负荷试验，机组最大转速上升率值满足合同文件调节保证值的要求，蜗壳进口最大压力值满足规范要求。

（5）水轮发电机中性点设备形式和参数选择正确，制造、安装质量满足设计和规程规范要求，目前运行正常。

参考文献

鲍海艳, 杨建东, 付亮, 2007. 尾水调压室位置对尾水管最小压力值的影响[J]. 水力发电学报, 26(6): 77-82.

陈宏川, 施彬, 陈云良, 等, 2011. 轴流转桨机组水力过渡过程中的轴向水推力研究[J]. 水电站设计, 27(1): 6-9.

程礼彬, 2011. 基于响应面法的混流式水轮机转轮叶片优化设计[D]. 西安: 西安理工大学.

董婧婧, 2023. 中低水头闸坝式水电站消能防冲设施研究[J]. 现代工程科技, 2(4): 110-112, 116.

李进平, 杨建东, 2004. 水电站尾水位波动对机组稳定运行的影响[J]. 武汉大学学报(工学版), 37(5): 28-32.

李明俊, 邓爱玉, 郭卫新, 等, 2001. 小浪底工程消力塘边坡稳定分析及加固措施[J]. 人民黄河, 23(3): 34-35.

李贤锋, 2002. 尾水管非定常周期性紊流及 CFD 的应用[D]. 南宁: 广西大学.

李相煌, 2015. 水轮发电机组过渡过程仿真[D]. 武汉: 华中科技大学.

刘平, 陈柳, 杨晖, 等, 2024. 黑麋峰抽水蓄能电站水泵水轮机改造前后性能对比[J]. 水电与抽水蓄能, 10(1): 58-63, 71.

刘延泽, 常近时, 2008. 轴流转桨式水轮机断流反水锤的研究[J]. 水利学报, 39(9): 1136-1140.

刘泽钧, 1995. 天生桥二级电站 1 号调压井胸墙垮塌事故简介[J]. 贵州水力发电(2): 24-27.

陆师敏, 宋木仿, 游超, 2001. 水布垭工程泄洪波浪对电站机组运行影响研究[J]. 湖北水力发电(3): 44-47.

彭海波, 2018. 金沙水电站泄洪消能分析与采取的工程措施[J]. 四川水力发电, 37(z2): 144-146.

彭小东, 鞠小明, 高晓光, 2009. 轴流转桨式水轮机水力过渡过程计算研究[J]. 四川水利, 30(2): 15-18.

曲磊, 2020. 橡胶坝坝下浪涌消除对策及工程改造措施[J]. 水利技术监督(3): 245-248.

沈雨生, 刘堃, 周益人, 2017. 海岸直接取水结构内波浪传播及消浪措施研究[J]. 水道港口, 38(5): 464-469.

水电站机电设计手册编写组, 1988. 水电站机电设计手册[M]. 北京: 水利电力出版社.

宋晓峰, 毛秀丽, 陆家豪, 等, 2021. 基于 CFD 的长短叶片型水泵水轮机转轮优化设计[J]. 水利水电技术, 52(4): 115-123.

塔拉, 佟晨光, 2009. Solidworks 在混流式水轮机转轮叶片设计中的应用[J]. 内蒙古科技与经济(18): 99-100.

童星, 把多铎, 杨京广, 2009. 轴流转桨式水轮机特性神经网络三维建模[J]. 人民黄河, 31(6): 100-101.

宛航, 2021. 采用轮缘翼前置叶片设计理念改造转轮的探讨[D]. 兰州: 兰州理工大学.

王苗, 张小莹, 周天驰, 等, 2021. 轴流转桨式水轮机协联关闭规律选择及优化分析[J]. 中国农村水利水电(2): 192-196.

徐文善, 1989. 水电站尾水波动对机组运行的影响[J]. 浙江水利科技(1): 25-29.

阎伟, 2007. 轴流式水轮机转轮叶片三维设计与性能预估[D]. 北京: 中国农业大学.

杨秀维, 俞晓东, 张磊, 等, 2019. 设置尾水连通管的抽水蓄能电站引水发电系统小波动稳定分析[J]. 水利学报, 50(9): 1145-1154.

朱国俊, 郭鹏, 程锜, 等, 2014. 贯流式水轮机转轮叶片的多学科优化设计[J]. 农业工程学报, 30(2): 47-55.

HIRT C W, NICHOLS B D, 1981. Volume of fluid(VOF) method for the dynamics of free boundaries[J]. Journal of computational physics, 39(1): 201-225.

SOULAIMANI A, SALAH N B. SAAD Y, 2002. Enhanced GMRES acceleration techniques for some CFD problems[J]. International journal of computational fluid dynamics, 16(1): 1-20.

附　　图

防控，打赢首
机组发

中国水电七局
川投攀枝花公司
二滩国际
热烈祝贺金沙水电站1#机组转子成功吊装
台机组发电攻坚战！
四川省能投
攀枝花公司
宣